普通高等院校“十三五”规划教材

电工技术实验与实践

王彦军　李雨欣　万增利　主　编

西南交通大学出版社
·成　都·

图书在版编目（CIP）数据

电工技术实验与实践 / 王彦军，李雨欣，万增利主编. —成都：西南交通大学出版社，2017.10（2022.12 重印）
普通高等院校“十三五”规划教材
ISBN 978-7-5643-5818-1

Ⅰ. ①电… Ⅱ. ①王… ②李… ③万… Ⅲ. ①电工技术 - 实验 - 高等学校 - 教材 Ⅳ. TM-33

中国版本图书馆 CIP 数据核字（2017）第 247198 号

普通高等院校“十三五”规划教材
电工技术实验与实践
王彦军　李雨欣　万增利　主编

责任编辑　张华敏
特邀编辑　杨开春　唐建明
封面设计　墨创文化

出版发行　西南交通大学出版社
（四川省成都市二环路北一段 111 号
西南交通大学创新大厦 21 楼）
邮政编码　610031
发行部电话　028-87600564
官网　http://www.xnjdcbs.com
印刷　成都勤德印务有限公司

成品尺寸　185 mm × 260 mm
印张　15
字数　367 千
版次　2017 年 10 月第 1 版
印次　2022 年 12 月第 3 次
定价　32.00 元
书号　ISBN 978-7-5643-5818-1

课件咨询电话：028-81435775
图书如有印装质量问题　本社负责退换

前　言

为了加速培养一批适应现代化生产需要的技术型人才，全面落实教育部提出的“以就业为导向，以能力为本位”的教育指导思想，本教材以电工技术相关行业所需要的技术能力为依托，与理论教材相结合，力求突出实践，面向应用，意在提高读者的动手实践能力和创新思维能力。

本教材共包括五个部分：电工实验基本知识，电路基础实验，电子技术实验，电工基础实验，创新性设计实验。本教材的教学内容力求结合生产实际，强化实用环节。

本书主要作为理工类本科相关专业的实验教学指导教材，也可作为物业管理、路灯所培训、电工技能培训、工矿企业技术培训等的教材。

全书由李增生教授担任主审，第一章、第二章由王彦军编写，第三章由李雨欣编写，第四章、第五章由万增利编写。

由于编者水平有限，不足之处请读者提出宝贵意见。

编　者

2017 年 5 月

目 录

第一部分

电工实验基本知识

一、电　阻

电阻的英文名称为 resistance，通常缩写为 R，它是导体的一种基本性质，与导体的尺寸、材料、温度有关。

电阻器是电气、电子设备中用得最多的基本元件之一，主要用于控制和调节电路中的电流和电压或用作消耗电能的负载。

1. 电阻的分类

电阻器有不同的分类方法。按材料分，有碳膜电阻、水泥电阻、金属膜电阻和线绕电阻等不同类型；按功率分，有 $\frac{1}{16}$ W 、$\frac{1}{8}$ W 、$\frac{1}{4}$ W 、$\frac{1}{2}$ W 、1 W、2 W 等额定功率的电阻。

按电阻值的精确度分，有精确度为±5%、±10%、±20% 等的普通电阻，还有精确度为±0.1%、±0.2%、±0.5%、±1% 和±2% 等的精密电阻。

按电阻器的用途分，通常有三大类：固定电阻，可变电阻，特种电阻。在电子产品中，以固定电阻应用最多。而固定电阻以其制造材料又可分为好多种类，但常用的有 RT 型碳膜电阻、RJ 型金属膜电阻、RX 型线绕电阻，还有近年来开始广泛应用的片状电阻。电阻型号命名很有规律，第一个字母 R 代表电阻；第二个字母的意义是：T—碳膜，J—金属，X—线绕，这些符号是汉语拼音的第一个字母。在国产的老式电子产品中，常可以看到外表涂覆绿漆的电阻，这就是 RT 型电阻，而红颜色的电阻是 RJ 型电阻。

2. 固定电阻

2.1　符　号

固定电阻符号如图 1-1-1 所示。

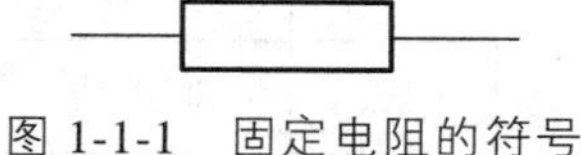

图 1-1-1　固定电阻的符号

2.2　电阻器型号命名方法

电阻器的型号命名方法可依据 GB2471—81，见表 1-1-1。

2.3　电阻值的标识

按部颁标准规定，电阻值的标称值应为表 1-1-2 所列数字的 10^n 倍，其中，n 为正整数、负整数或零。

表 1-1-1　电阻器型号的命名方法

第一部分：主称		第二部分：材料		第三部分：特征			第四部分：序号
符号	意义	符号	意义	符号	电阻器	电位器	
R W	电阻器 电位器	T	碳膜	1	普通	普通	对主称、材料相同，仅性能指标和尺寸大小有区别，但基本不影响互换使用的产品，给同一序号；若性能指标、尺寸大小明显影响互换时，则在序号后面用大写字母作为区别代号
		H	合成膜	2	普通	普通	
		S	有机实芯	3	超高频	—	
		N	无机实芯	4	高阻	—	
		J	金属膜	5	高温	—	
		Y	氧化膜	6	—	—	
		C	沉积膜	7	精密	精密	
		I	玻璃釉膜	8	高压	特殊函数	
		P	硼酸膜	9	特殊	特殊	
		U	硅酸膜	G	高功率	—	
		X	线绕	T	可调	—	
		M	压敏	W	—	微调	
		G	光敏	D	—	多圈	
		R	热敏	B	温度补偿用	—	
				C	温度测量用	—	
				P	旁热式	—	
				W	稳压式	—	
				Z	正温度系数	—	

表 1-1-2　电阻器（电位器、电容器）的标称系列及误差

系列	允许误差	电阻器的标称值
E24	Ⅰ级（±5%）	1.0　1.1　1.2　1.3　1.5　1.6　1.8　2.0　2.2　2.4　2.7　3.0　3.3　3.6 3.9　4.3　4.7　5.1　5.6　6.2　6.8　7.5　8.2　9.1
E12	Ⅱ级（±10%）	1.0　1.2　1.5　1.8　2.2　2.7　3.3　3.9　4.7　5.6　6.8　8.2
E6	Ⅲ级（±20%）	1.0　1.5　2.2　3.3　4.7　6.8

电阻的阻值和允许偏差的标注方法有直标法、色标法和文字符号法。

（1）直标法

将电阻的阻值和误差直接用数字和字母印在电阻上（无误差标示为允许误差±20%）。也有厂家采用习惯标记法，例如：

3Ω3　　表示电阻值为 3.3 Ω、允许误差为±5%。

1K8　　表示电阻值为 1.8 kΩ、允许误差为±20%。

5M1　　表示电阻值为 5.1 MΩ、允许误差为±10%。

（2）色标法

将不同颜色的色环涂在电阻器（或电容器）上来表示电阻（电容器）的标称值及允许误差，各种颜色所对应的数值见表 1-1-3。固定电阻器的色环标志读数识别规则如图 1-1-2 所示。

表 1-1-3　电阻器色标符号的意义

颜色	有效数字第一位数	有效数字第二位数	倍乘数	允许误差
棕	1	1	10^{1}	±1
红	2	2	10^{2}	±2
橙	3	3	10^{3}	—
黄	4	4	10^{4}	—
绿	5	5	10^{5}	±0.5
蓝	6	6	10^{6}	±0.2
紫	7	7	10^{7}	±0.1
灰	8	8	10^{8}	—
白	9	9	10^{9}	—
黑	0	0	10^{0}	—
金	—	—	10^{-1}	±5
银	—	—	10^{-2}	±10
无色	—	—	—	±20

例如：红红棕金，表示 220 Ω±5%；黄紫橙银，表示 47 kΩ±10%；棕紫绿金棕，表示 17.5 Ω±1%。

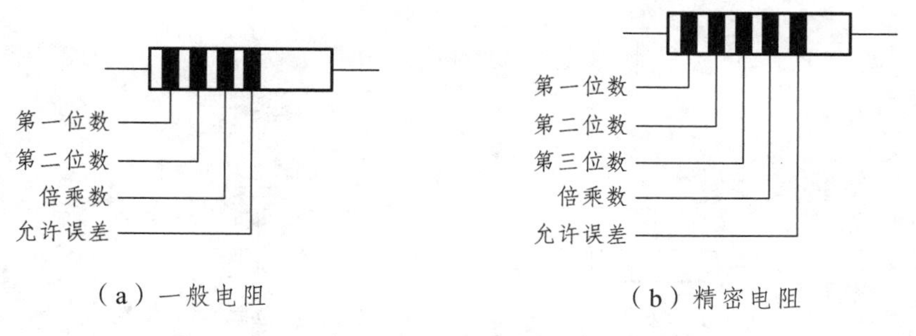

图 1-1-2　固定电阻器的色环标志读数识别规则

（3）文字符号法

例如：3M3K、3M3 表示 3.3 MΩ，K 表示允许偏差为±10%。

允许偏差与字母的对应关系见表 1-1-4。

表 1-1-4　电阻器的阻值偏差标志符号

允许偏差	标志符号	允许偏差	标志符号	允许偏差	标志符号
± 0.001	E	± 0.1	B	± 10	K
± 0.002	Z	± 0.2	C	± 20	M
± 0.005	Y	± 0.5	D	± 30	N
± 0.01	H	± 1	F		
± 0.02	U	± 2	G		
± 0.05	W	± 5	J		

（4）电阻器额定功率的识别

电阻器的额定功率是指电阻器在直流或交流电路中，长期连续工作所允许消耗的最大功率。有两种标志方法：2 W 以上的电阻，直接用数字印在电阻体上；2 W 以下的电阻，以自身体积大小来表示功率。在电路图上表示电阻功率时，采用图 1-1-3 所示的符号。

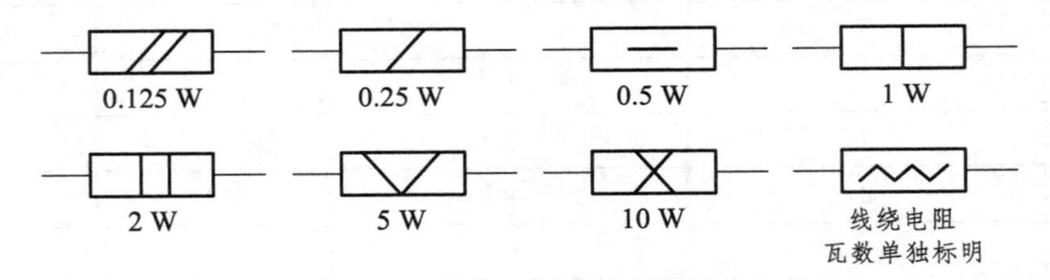

图 1-1-3　电阻额定功率的电路符号

（5）电阻器的阻值偏差标志符号

电阻器的阻值偏差标志符号如表 1-1-4 所示。

3. 可变电阻器

3.1 符　号

可变电阻器的符号如图 1-1-4（a）所示。

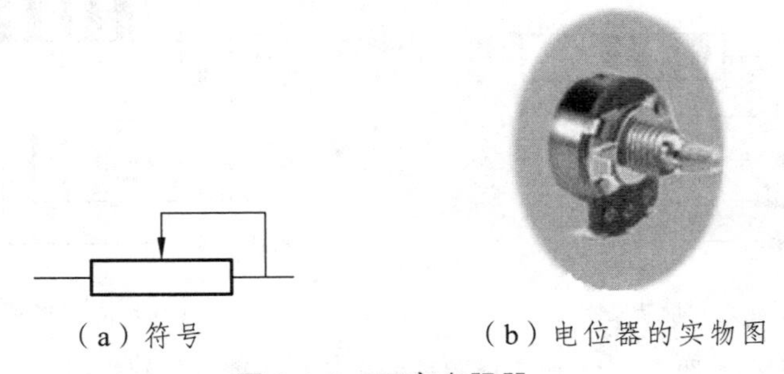

（a）符号　　（b）电位器的实物图

图 1-1-4　可变电阻器

3.2 功能简介

可变式电阻器一般称为电位器，从形状上分有圆柱形、长方体形等多种形状；从结构上分有直滑式、旋转式、带开关式、带紧锁装置式、多连式、多圈式、微调式和无接触式等多种形式；从材料上分有碳膜、合成膜、有机导电体、金属玻璃釉和合金电阻丝等多种电阻体材料。碳膜电位器是较常用的一种。电位器在旋转时，其相应的阻值依旋转角度的变化而变化，其变化规律有三种不同形式，参见图 1-1-5。

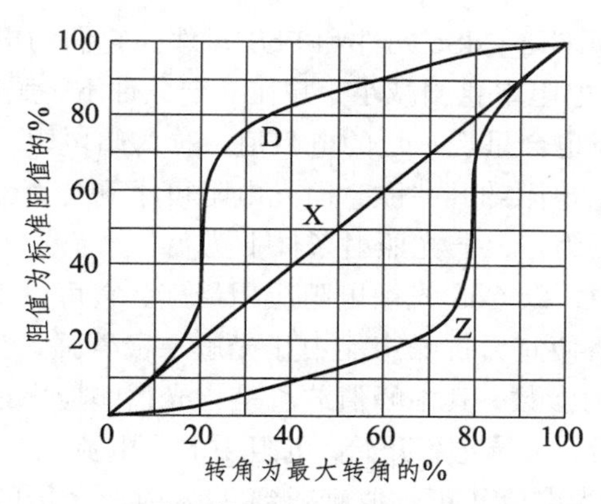

图 1-1-5　电位器旋转角与实际阻值的变化关系

X 型为直线型，其阻值按角度均匀变化。它适于作分压、调节电流等用，如在电视机中作场频调整。

Z 型为指数型，其阻值按旋转角度依指数关系变化（阻值变化开始缓慢，以后变快），它普遍使用在音量调节电路里。由于人耳对声音响度的听觉特性是接近于对数关系的，在音量从零开始逐渐变大的一段过程中，人耳对音量变化的听觉最灵敏，当音量大到一定程度后，人耳听觉逐渐变迟钝。所以音量调整一般采用指数式电位器，使声音变化听起来显得平稳、舒适。

D 型为对数型，其阻值按旋转角度依对数关系变化（即阻值变化开始快，以后缓慢），这种方式多用于仪器设备的特殊调节。在电视机中采用这种电位器调整黑白对比度，可使对比度更加适宜。

在电路中进行一般调节时，采用价格低廉的碳膜电位器；在进行精确调节时，宜采用多圈电位器或精密电位器。

4. 光敏电阻

4.1 符　号

光敏电阻的符号如图 1-1-6 所示。

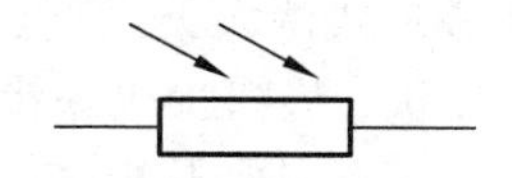

图 1-1-6　光敏电阻的符号

光敏电阻是一种电阻值随外界光照强弱（明暗）变化而变化的元件，光越强阻值越小，光越弱阻值越大。如果把光敏电阻的两个引脚接在万用表的表笔上，用万用表的 R×1 k 挡测量在不同的光照下光敏电阻的阻值：将光敏电阻从较暗的抽屉里移到阳光下或灯光下，万用表读数将会发生变化；在完全黑暗处，光敏电阻的阻值可达几兆欧以上（万用表指示电阻为无穷大，即指针不动），而在较强光线下，阻值可降到几千欧甚至 1 kΩ 以下。

4.2 特性与参数

光敏电阻主要有 CdS 元件、CdSe 元件和 PbS 元件。它们的电阻率对某段波长的照度变化很敏感，当照度增加时，电阻率急剧减小，并在一定条件下，照度和电阻率可呈线性关系。在完全无光照时，光敏电阻也会呈现一定的电阻值，称为暗电阻，而光照时的电阻称为光电阻。对于 CdS 光敏电阻，暗电阻约几兆欧，而光电阻可小到几百欧。光敏电阻的温度系数和照度有关，强光照射条件下为正，弱光照射条件下为负。

在上述三种光敏电阻中，以 CdS 光敏电阻应用最广，它可以工作在交流状态，对可见光敏感，输出信号较大，价格便宜，抗噪声能力比光敏二极管强，但响应速度较慢。表 1-1-5 列出了几种 CdS 光敏电阻的参数，其中峰值波长是指光谱响应中最敏感的波长值；响应时间是指光敏电阻两端加电压后，从受光照开始，电阻中的光电流从 0 增加到正常电流值的 63% 所经历的时间 t，遮光后，光电流从正常值衰减到 37% 时所经历的时间 t_f。

当选用 CdS 作开关元件时，应注意它的允许功耗和响应速度能否满足要求。

表 1-1-5　几种 CdS 光敏电阻的参数

参数 型号	光谱响应范围/m	峰值波长/m	允许功耗/mW	最高工作电压/V	响应时间		光电特性		电阻温度系数 %/°C（20 ~ 60 °C）
					t/ms	t_f/ms	暗电阻/MΩ	光电阻/kΩ(100lx)	
UR-74A	0.4 ~ 0.8	0.54	50	100	40	30	1	0.7 ~ 1.2	− 0.2
UR-74B	0.4 ~ 0.8	0.54	30	50	20	15	10	1.2 ~ 4	− 0.2
UR-74C	0.5 ~ 0.9	0.57	50	100	6	4	100	0.5 ~ 2	− 0.5

5. 最灵敏的感温元件——热敏电阻

半导体热敏电阻是利用半导体材料的热敏特性工作的半导体电阻，它是用对温度变化极为敏感的半导体材料制成的，其阻值随温度的变化会发生极其明显的变化。

热敏电阻主要用在温度测量、温度控制、温度补偿、自动增益调整、微波功率测量、火灾报警、红外探测及稳压、稳幅等方面，是自动控制设备中的重要元件。

热敏电阻按其结构分为直热式和旁热式两大类。直热式热敏电阻一般是用锰、镁、钴、镍铁等金属氧化物粉料挤压成杆状、片状、垫圈状或珠状的电阻体，经 1 000 ~ 1 500 °C 高温烧结后，再烧制附银电极，焊接引线而成；其加热电流直接通过电阻体。旁热式热敏电阻由电阻体和加热器构成，电阻体旁装有金属丝绕制的加热器（加热线圈），二者紧紧耦合在一起，但又彼此绝缘；电阻体和加热器密封在内部抽成高真空的玻璃外壳中，引出电极；加热器通过加热电流时，电阻体周围温度变化，导致阻值改变。

根据电阻的温度系数不同，热敏电阻又分为正温度系数热敏电阻和负温度系数热敏电阻。在工作温度范围内，正温度系数热敏电阻的阻值随温度升高而急剧增大，负温度系数电阻的阻值随温度升高而急剧减小。后者应用较为广泛。此外，热敏电阻由于具有热敏特性，其电压和电流之间不再保持线性关系，成为一种非线性元件。

二、电　容

电容是一种最基本的电子元器件，基本上所有的电子设备都要用到。小小一只电容能体现一个国家的工业技术能力，世界上最先进的电容设计和生产国是美国和日本，我国自主力量还很薄弱，并且生产的产品也都以低端为主。

电容的基本单位为法拉（F），常采用微法（μF）、纳法（nF）、皮法（pF）（皮法又称微微法）等。

1. 电容的分类和技术指标

1.1　电解电容

（1）铝电解电容

电容量：0.47 ~ 10 000 μF。

额定电压：6.3 ~ 450 V。

主要特点：体积小，容量大，损耗大，漏电大。

应用：电源滤波，低频耦合，去耦，旁路等。

（2）钽电解电容（CA）铌电解电容（CN）

电容量：0.1 ~ 1 000 μF。

额定电压：6.3 ~ 125 V。

主要特点：损耗、漏电小于铝电解电容。

应用：在要求高的电路中代替铝电解电容。

1.2　无极电容

（1）瓷片电容

① 低频瓷介电容（CT）：

电容量：10 pF ~ 4.7 μF。

电压：50 ~ 100 V。

特点：体积小，价廉，损耗大，稳定性差。

应用：用于要求不高的低频电路。

② 高频瓷介电容（CC）：

电容量：1 ~ 6 800 pF。

额定电压：63 ~ 500 V。

主要特点：高频损耗小，稳定性好。

应用：高频电路。

（2）独石电容

独石又叫多层瓷介电容，分两种类型，Ⅰ型性能较好，但容量小，一般小于 0.2 μF；另一种叫Ⅱ型，容量大，但性能一般。

容量范围：0.5 pF ~ 1 μF。

耐压：二倍额定电压。

主要特点：电容量大、体积小、可靠性高、电容量稳定，耐高温、耐湿性好，温度系数很高。

应用：广泛应用于电子精密仪器，各种小型电子设备作谐振、耦合、滤波、旁路。

（3）CY-云母电容

电容量：10 pF ~ 0.1 μF。

额定电压：100 V ~ 7 kV。

主要特点：高稳定性，高可靠性，温度系数小。

应用：高频振荡、脉冲等要求较高的电路。

（4）CI-玻璃釉电容

电容量：10 pF ~ 0.1 μF。

额定电压：63 ~ 400 V。

主要特点：稳定性较好，损耗小，耐高温（200 °C）。

应用：脉冲、耦合、旁路等电路。

（5）空气介质可变电容器

可变电容量：100 ~ 1 500 pF。

主要特点：损耗小，效率高；可根据要求制成直线式、直线波长式、直线频率式及对数式等。

应用：电子仪器，广播电视设备。

（6）薄膜介质可变电容器

可变电容量：15 ~ 550 pF。

主要特点：体积小，质量小；损耗比空气介质的大。

应用：通信，广播接收机等。

（7）薄膜介质微调电容器

可变电容量：1 ~ 29 pF。

主要特点：损耗较大，体积小。

应用：收录机、电子仪器等电路作电路补偿。

（8）陶瓷介质微调电容器

可变电容量：0.3 ~ 22 pF。

主要特点：损耗较小，体积较小。

应用：精密调谐的高频振荡回路。

（9）**CL-聚酯涤纶电容（常见绿皮封装 CL11）**

电容量：40 pF ~ 4 μF。

额定电压：63 ~ 630 V。

主要特点：小体积，大容量，耐热耐湿，稳定性差。

应用：对稳定性和损耗要求不高的低频电路。

CL21：金属化聚脂膜电容，红皮环氧树脂封装/或黄皮塑壳封装（外观类似 CBB 电容）。

CL21X/CL23/CL233X：超小型金属化聚脂膜电容，红皮、环氧树脂封装或多色塑壳封装。

（10）**CB/PS-聚苯乙烯电容（常见水晶封装）**

电容量：10 pF ~ 1 μF。

额定电压：100 V ~ 30 kV。

主要特点：稳定，低损耗，体积较大。

应用：对稳定性和损耗要求较高的电路。

（11）**CBB/PP-聚丙烯电容**

电容量：1 000 pF ~ 10 μF。

额定电压：63 ~ 2 000 V。

主要特点：性能与聚苯乙烯电容相似，但体积小、稳定性略差。

应用：代替大部分聚苯电容或云母电容，用于要求较高的电路。

CBB81：高压金属化/箔式聚丙烯膜电容器。

CBB13：聚丙烯膜电容器。

CBB21：金属化聚丙烯膜电容器。

CBB20：轴向金属化聚丙烯膜电容器。

CBB62：盒式金属化聚丙烯交流电容（安规认证：对应 MKP/MPX 电容）。

CBB65：金属化聚丙烯膜马达运转电容。

（12）**MKP/MPP-金属化聚丙烯电容**

特点：引出损耗小，内部温升小，负电容量温度系数，优异的阻燃性能。

应用：广泛应用于高压高频脉冲电路，电视机中的 S 校正和行逆程波形及显示器中，照明电路中的电子整流吸收和 SCR 整流电路。用于安规方面。有时也用于 RC 降压时。

（13）**MKS-金属化聚苯乙烯电容**

（14）**MPX-金属化聚丙烯膜介质电容**

用于安规用途。

（15）**CBF-特富龙（聚四氟乙烯）电容**

2. 各种电容的优缺点

各种电容的优缺点如表 1-2-1 所示。

表 1-2-1　各种电容的优缺点

名　称	极　性	制　作	优　点	缺　点
无感 CBB 电容	无	两层聚丙乙烯塑料和两层金属箔交替夹杂然后捆绑而成	无感，高频特性好，体积较小	不适合做大容量，价格比较高，耐热性能较差
CBB 电容	无	两层聚乙烯塑料和两层金属箔交替夹杂然后捆绑而成	有感，其他同“无感 CBB 电容”	
瓷片电容	无	薄瓷片、两面渡金属膜银而成	体积小，耐压高，价格低，频率高（有一种是高频电容）	易碎，容量低
云母电容	无	云母片上镀两层金属薄膜	容易生产，技术含量低	体积大，容量小
独石电容	无		体积比 CBB 更小，其他同 CBB，有感	
电解电容	有	两片铝带和两层绝缘膜相互层叠，转捆后浸泡在电解液（含酸性的合成溶液）中	容量大	高频特性不好
钽电容	有	用金属钽作为正极，在电解质外喷上金属作为负极	稳定性好，容量大，高频特性好	造价高

3. 电容的标称及识别方法

3.1　电容的标称

（1）直接标称法

由于电容体积要比电阻大，所以一般都使用直接标称法。如果数字是 0.001，那它代表的是 0.001 μF = 1 nF，如果是 10 n，那么就是 10 nF，同样 100 p 就是 100 pF。

（2）不标单位的直接表示法

用 1～4 位数字表示，容量单位为 pF，如 350 为 350 pF，3 为 3 pF，0.5 为 0.5 pF。

（3）色码表示法

沿电容引线方向，用不同的颜色表示不同的数字，第一、第二种环表示电容量，第三种颜色表示有效数字后零的个数（单位为 pF）。颜色意义：黑=0、棕=1、红=2、橙=3、黄=4、绿=5、蓝=6、紫=7、灰=8、白=9。

3.2　电容的识别

看电容上面的标称，一般有标出容量和正负极，也有用引脚长短来区别正负极，长脚为正，短脚为负。

三、二极管

二极管（Diode）是一种具有两个电极的电子元件，只允许电流由单一方向流过，它在许多电子设备中用于整流。而变容二极管（Varicap Diode）则用来当作电子式的可调电容器。

大部分二极管所具备的电流方向性通常被称为“整流（Rectifying）”功能，就是只允许电流由单一方向通过（称为顺向偏压），反向时阻断（称为逆向偏压）。因此，二极管可以看成是电子版的逆止阀。

二极管是一种具有单向导电的二端器件，有电子二极管和晶体二极管之分，电子二极管现已很少见到，比较常见和常用的多是晶体二极管。二极管是诞生最早的半导体器件之一，其应用也非常广泛，几乎在所有的电子电路中，都要用到半导体二极管，它在电路中起着重要的作用。

1. 基本概念

在半导体二极管内部有一个 PN 结、两个引线端子，这种电子器件按照外加电压的方向，具备单向电流的转导性。一般来讲，晶体二极管是一个由 P 型半导体和 N 型半导体烧结形成的 P-N 结界面。在其界面的两侧形成空间电荷层，构成自建电场。当外加电压等于零时，由于 P-N 结两边载流子浓度差引起的扩散电流与由自建电场引起的漂移电流相等而处于电平衡状态，这也是常态下的二极管特性。

2. 作 用

二极管是最常用的电子元件之一，它最大的特性就是单向导电性，也就是说，电流只可以从二极管的一个方向流过。二极管的作用有整流、检波、稳压，各种调制功能等。

3. 主要特点

3.1 正向性

外加正向电压时，在正向特性的起始部分，正向电压很小，不足以克服 PN 结内电场的阻挡作用，正向电流几乎为零，这一段称为死区。这个不能使二极管导通的正向电压称为死区电压。当正向电压大于死区电压后，PN 结内电场被克服，二极管导通，电流随电压增大而迅速上升。在正常使用的电流范围内，导通时二极管的端电压几乎维持不变，这个电压称为二极管的正向电压。

二极管的电压与电流不是呈线性关系，所以在将不同的二极管并联的时候要接相适应的电阻。

3.2 反向性

外加反向电压不超过一定范围时，通过二极管的电流是少数载流子漂移运动所形成反向电流，由于反向电流很小，二极管处于截止状态。这个反向电流又称为反向饱和电流或漏电流，二极管的反向饱和电流受温度影响很大。

3.3 击 穿

外加反向电压超过某一数值时，反向电流会突然增大，这种现象称为电击穿。引起电击穿的临界电压称为二极管反向击穿电压。电击穿时二极管失去单向导电性。如果二极管没有因电击穿而引起过热，则单向导电性不一定会被永久破坏，在撤除外加电压后，其性能仍可恢复；否则二极管就损坏了。因此，二极管在使用时应避免外加的反向电压过高。

4. 二极管的管压降

硅二极管（不发光类型）的正向管压降为 0.7 V，锗管的正向管压降为 0.3 V。发光二极管正向管压降会随不同发光颜色而不同，主要有三种颜色，具体压降参考值如下：红色发光二极管的压降为 2.0 ~ 2.2 V，黄色发光二极管的压降为 1.8 ~ 2.0 V，绿色发光二极管的压降为 3.0 ~ 3.2 V，正常发光时的额定电流约为 20 mA。

5. 二极管的分类

根据用途分类，二极管可分为：整流二极管，检波（也称解调）二极管，变容二极管，快速二极管（快恢复二极管，肖特基（Schottky）二极管），稳压二极管，开关二极管，发光二极管，光敏（光电）二极管，恒流二极管，补偿二极管，双基极二极管，磁敏二极管，精密二极管，隧道二极管。

四、晶闸管

晶闸管又称为晶体闸流管或可控硅整流器，它能承受的电压和电流容量更高，工作更可靠，已被广泛应用于相控整流、逆变、交流调压、直流变换等领域，成为低频（200 Hz 以下）功率装置中的主要器件。一般所说的晶闸管往往专指晶闸管的基本类型——普通晶闸管。广义上讲，晶闸管还包括许多类型的派生器件。

1. 晶闸管的基本结构

晶闸管是一种四层结构（PNPN）的大功率半导体器件，它同时又被称作可控整流器或可控硅元件。它有三个引出电极，即阳极（A）、阴极（K）和门极（G）。其符号表示法和器件剖面图如图 1-4-1 所示。

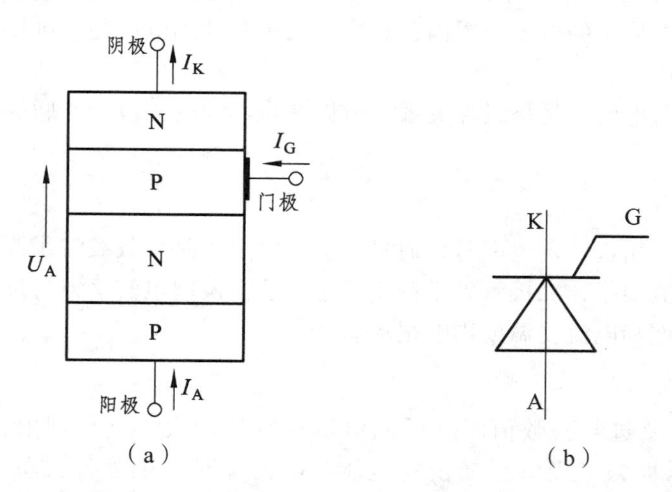

图 1-4-1 晶闸管的符号表示法和器件剖面图

普通晶闸管是在 N 型硅片中双向扩散 P 型杂质（铝或硼），形成 $P_1N_1P_2$ 结构，然后在 P_2 的大部分区域扩散 N 型杂质（磷或锑）形成阴极，同时在 P_2 上引出门极，在 P_1 区域形成欧姆接触作为阳极。

2. 晶闸管的工作特点

可将内部是四层 PNPN 结构的晶闸管看成是由一个 PNP 型和一个 NPN 型晶体管连接而成的等效电路，其连接形式如图 1-4-2 所示。

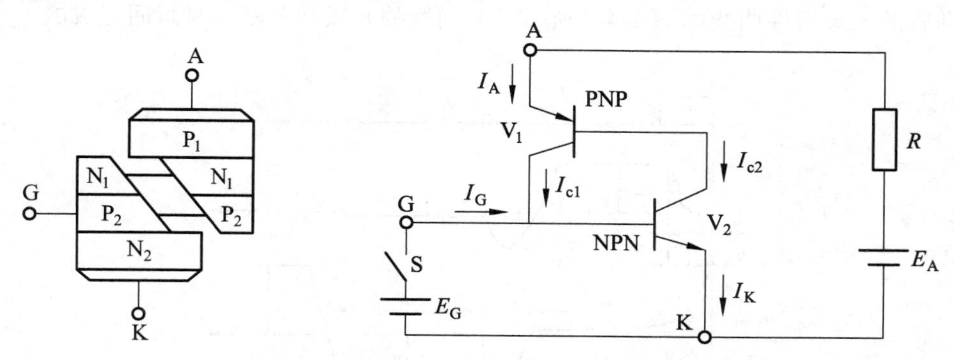

图 1-4-2 晶闸管的内部结构和工作原理等效电路

晶闸管的阳极 A 相当于 PNP 型晶体管 V_1 的发射极，阴极 K 相当于 NPN 型晶体管 V_2 的发射极。

晶闸管的工作特点是：晶闸管电路由两部分组成，一是阳-阴极电路，二是门-阴极控制电路；阳-阴极之间具有可控的单向导电特性；门极仅起触发导通作用，不能控制关断；晶闸管的导通与关断两个状态相当于开关的作用，这样的开关又称为无触点开关。

3. 晶闸管的基本特性

3.1 晶闸管的伏安特性

晶闸管的伏安特性是指晶闸管阳、阴极间电压 U_A 和阳极电流 I_A 之间的关系特性，如图 1-4-3 所示。

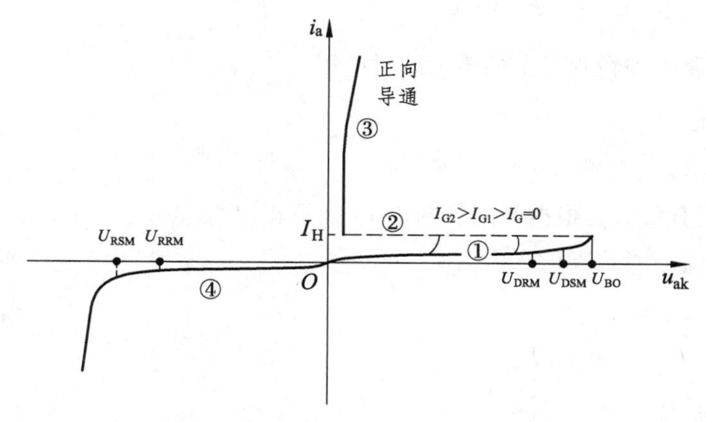

图 1-4-3 晶闸管的伏安特性曲线

图中各物理量的含义如下：

U_{DRM}、U_{RRM}——正、反向断态重复峰值电压。

U_{DSM}、U_{RSM}——正、反向断态不重复峰值电压。

U_{BO}——正向转折电压。

U_{RO}——反向击穿电压。

3.2 晶闸管的开关特性

晶闸管的开关特性曲线如图 1-4-4 所示。晶闸管的开通和关断不是瞬间完成的。

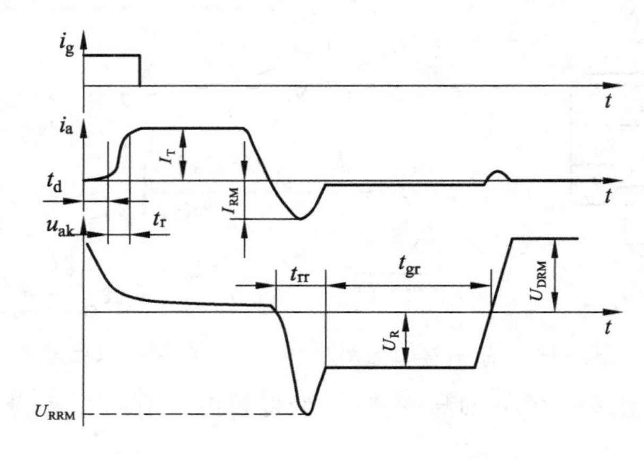

图 1-4-4 晶闸管的开关特性曲线

3.3 晶闸管的基本参数

（1）额定电压 U_{Tn}

通常取 U_{DRM} 和 U_{RRM} 中较小的，再取靠近标准的电压等级作为晶闸管型的额定电压。在选用管子时，额定电压应为正常工作峰值电压的 2 ~ 3 倍，以保证电路的工作安全。

晶闸管的额定电压 $U_{Tn}=\{\min U_{DRM},U_{RRM}\}$

$$U_{Tn}=（2\sim3）U_{TM}$$

U_{TM}：工作电路中加在管子上的最大瞬时电压。

（2）额定电流 $I_{T(AV)}$

$I_{T(AV)}$ 又称为额定通态平均电流。

I_{Tn}：额定电流有效值，根据晶闸管的 $I_{T(AV)}$ 换算得出。

$I_{T(AV)}$、I_{TM}、I_{Tn} 三者之间的关系为：

$$I_{Tn}=0.5I_{TM}$$

$$I_{T(AV)}=0.318I_{TM}$$

（3）维持电流 I_H

维持电流是指晶闸管维持导通所必需的最小电流，一般为几十到几百毫安。维持电流与结温有关，结温越高，维持电流越小，晶闸管越难关断。

（4）掣住电流 I_L

晶闸管刚从阻断状态转变为导通状态并撤除门极触发信号，此时要维持元件导通所需要的最小阳极电流，称为掣住电流。一般掣住电流比维持电流大 2 ~ 4 倍。

（5）通态平均管压降 $U_{T(AV)}$

$U_{T(AV)}$是指在规定的工作温度条件下，使晶闸管导通的正弦波半个周期内阳极与阴极间电压的平均值，一般为 0.4 ~ 1.2 V。

（6）门极触发电流 I_g

在常温下，阳极电压为 6 V 时，使晶闸管能完全导通所需要的电流，称为门极电流，一般为毫安级。

（7）断态电压临界上升率 du/dt

在额定结温和门极开路的情况下，不会导致晶闸管从断态到通态转换的最大正向电压上升率。一般为每微秒几十伏。

（8）通态电流临界上升率 di/dt

在规定条件下，晶闸管能承受的最大通态电流上升率。若晶闸管导通时电流上升太快，则会在晶闸管刚开通时，有很大的电流集中在门极附近的小区域内，从而造成局部过热而损坏晶闸管。

五、晶体三极管

晶体三极管：是一种利用输入电流控制输出电流的电流控制型器件。
特点：① 管内有两种载流子参与导电；② 有三个电极，故称三极管。

1. 三极管的结构、分类和符号

1.1 晶体三极管的基本结构

三极管的外形如图 1-5-1（a）所示。
三极管的结构如图 1.5.1（b）所示。

（a）三极管的外形

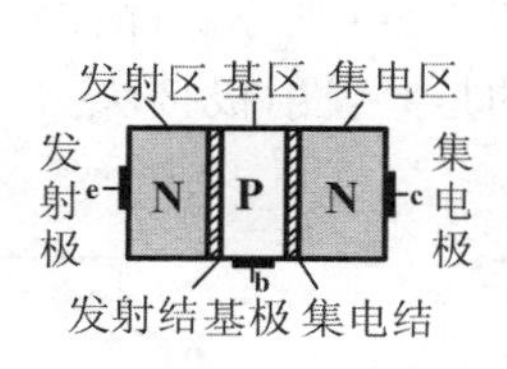

（b）三极管的结构

图 1-5-1 三极管的外形及结构

晶体三极管有：三个区——发射区、基区、集电区；两个 PN 结——发射结（BE 结）、集电结（BC 结）；三个电极——发射极 e（E）、基极 b（B）和集电极 c（C）；两种类型——PNP 型管和 NPN 型管。

工艺要求：发射区掺杂浓度较大；基区很薄且掺杂最少；集电区比发射区体积大且掺杂少。

1.2　晶体三极管的电气符号

晶体三极管的电气符号如图 1-5-2 所示。图中，箭头表示发射结加正向电压时的电流方向。文字符号：V（或 VT）。

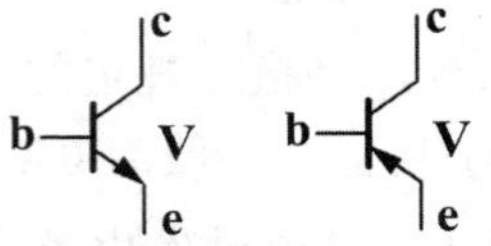

1.3　晶体三极管的分类

三极管有多种分类方法：

① 按内部结构分：有 NPN 型和 PNP 型管。

② 按工作频率分：有低频和高频管。

③ 按功率分：有小功率和大功率管。

④ 按用途分：有普通管和开关管。

⑤ 按半导体材料分：有锗管和硅管等。

（a）NPN 型　（b）PNP 型

图 1-5-2　三极管符号

2. 三极管的工作电压和基本连接方式

2.1　晶体三极管的工作电压

三极管的基本作用是放大电信号；工作在放大状态的外部条件是发射结加正向电压，集电结加反向电压。

如图 1-5-3 所示：V 为三极管，G_C 为集电极电源，G_B 为基极电源，又称偏置电源，R_b 为基极电阻，R_c 为集电极电阻。

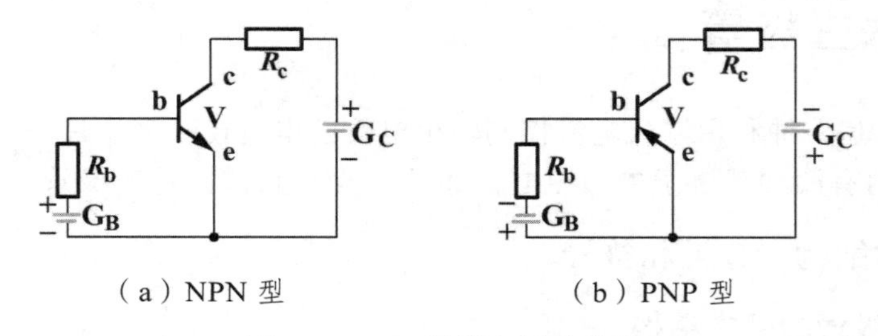

（a）NPN 型　　（b）PNP 型

图 1-5-3　三极管电源的接法

2.2　晶体三极管在电路中的基本连接方式

如图 1-5-4 所示，晶体三极管有三种基本连接方式：共发射极、共基极和共集电极接法。最常用的是共发射极接法。

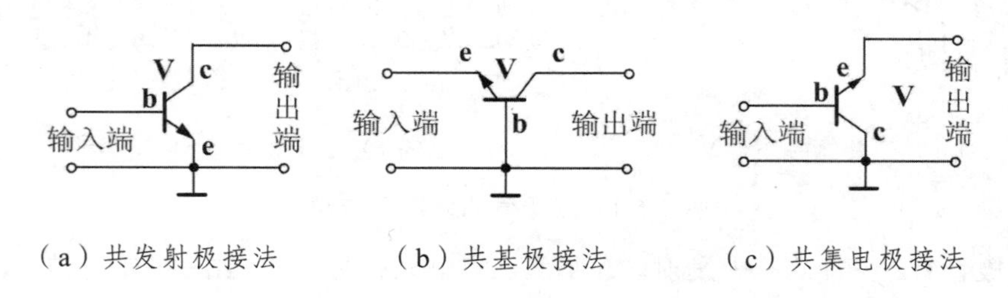

（a）共发射极接法　（b）共基极接法　（c）共集电极接法

图 1-5-4　三极管在电路中的三种基本连接方式

3. 三极管内的电流分配和放大作用

3.1 电流分配关系

测量电路如图 1-5-5 所示：调节电位器 R_P，测得发射极电流 I_E、基极电流 I_B 和集电极电流 I_C 的对应数据如表 1-5-1 所示。

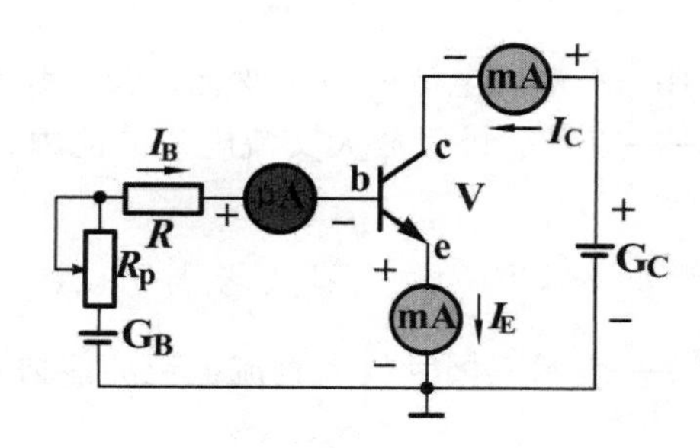

图 1-5-5　三极管三个电流的测量

表 1-5-1　图 1-5-5 所示电路的测量数据

I_B/mA	−0.001	0	0.01	0.02	0.03	0.04	0.05
I_C/mA	0.001	0.01	0.56	1.14	1.74	2.33	2.91
I_E/mA	0	0.01	0.57	1.16	1.77	2.37	2.96

由表 1-5-1 可见，三极管中电流的分配关系如下：

$$I_E = I_C + I_B$$

因 I_B 很小，则

$$I_C \approx I_E$$

说明：

① $I_E = 0$时，$I_C = -I_B = I_{CBO}$。I_{CBO}称为集电极-基极反向饱和电流，见图 1-5-6（a）。一般 I_{CBO} 很小，与温度有关。

② $I_B = 0$ 时，$I_C = I_E = I_{CEO}$。I_{CEO}称为集电极-发射极反向电流，又叫穿透电流，见图 1-5-6（b）。I_{CEO} 越小，三极管温度稳定性越好。硅管的温度稳定性比锗管好。

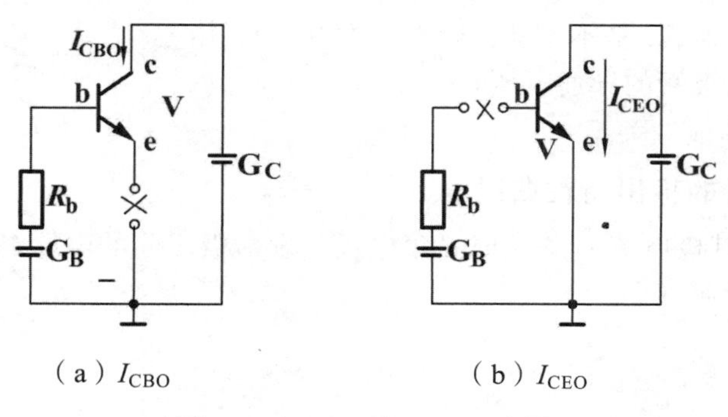

（a）I_{CBO}　　（b）I_{CEO}

图 1-5-6　I_{CBO} 和 I_{CEO} 示意图

3.2 晶体三极管的电流放大作用

由表 1-5-1 得出

$$\frac{\Delta I_C}{\Delta I_B}=\frac{0.58\ \text{mA}}{0.01\ \text{mA}}=58$$

结论：

① 三极管有电流放大作用——基极电流的微小变化，会引起集电极电流 I_C 的较大变化。

② 交流电流放大系数 β——表示三极管放大交流电流的能力：

$$\beta=\frac{\Delta I_C}{\Delta I_B}$$

③ 直流电流放大系数 $\bar{\beta}$——表示三极管放大直流电流的能力：

$$\bar{\beta}=\frac{I_C}{I_B}$$

④ 通常，$\beta\approx\bar{\beta}$，所以 $I_C=\bar{\beta}I_B$ 可表示为：

$$I_C=\beta I_B$$

考虑 I_{CEO}，则

$$I_C=\beta I_B+I_{CEO}$$

4. 三极管的输入和输出特性

4.1 共发射极输入特性曲线

输入特性曲线：集射极之间的电压 U_{CE} 一定时，发射结电压 U_{BE} 与基极电流 I_B 之间的关系曲线，如图 1-5-7 所示。由图可见：

① 当 $U_{CE}\geqslant 2$ V 时，特性曲线基本重合。

② 当 U_{BE} 很小时，I_B 等于零，三极管处于截止状态。

③ 当 U_{BE} 大于门槛电压（硅管约 0.5 V，锗管约 0.2 V）时，I_B 逐渐增大，三极管开始导通。

④ 三极管导通后，U_{BE} 基本不变。硅管约为 0.7 V，锗管约为 0.3 V，称为三极管的导通电压。

⑤ U_{BE} 与 I_B 呈非线性关系。

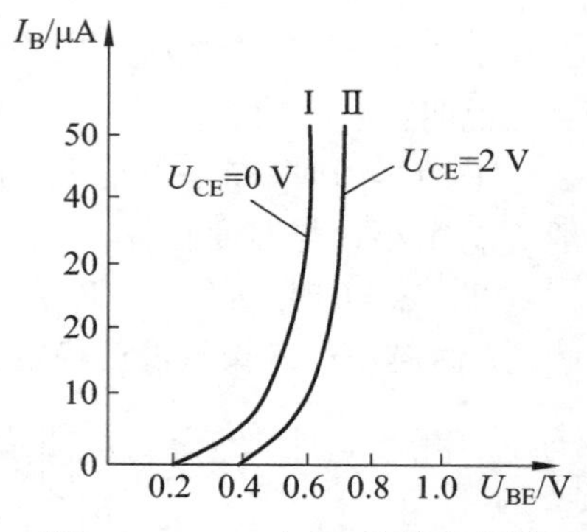

图 1-5-7 U_{BE} 与 I_B 的关系曲线

4.2 晶体三极管的输出特性曲线

输出特性曲线：基极电流 I_B 一定时，集电极、发射极之间的电压 U_{CE} 与集电极电流 I_C 的关系曲线，如图 1-5-8 所示。

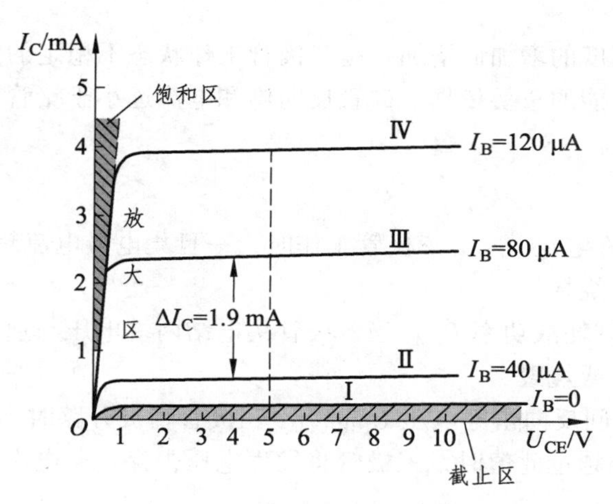

图 1-5-8　三极管的输出特性曲线

由图可见，输出特性曲线可分为三个工作区：

（1）截止区

条件：发射结反偏或两端电压为零。

特点：$I_B = 0$，$I_C = I_{CEO}$。

（2）饱和区

条件：发射结和集电结均为正偏。

特点：$U_{CE} = U_{CES}$。

U_{CES} 称为饱和管压降，小功率硅管约 0.3 V，锗管约为 0.1 V。

（3）放大区

条件：发射结正偏，集电结反偏。

特点：I_C 受 I_B 控制，即 $\Delta I_C = \beta \Delta I_B$。

在放大状态，当 I_B 一定时，I_C 不随 U_{CE} 变化，即放大状态的三极管具有恒流特性。

5. 三极管的主要技术参数

三极管的技术参数是表征管子的性能和适用范围的参考数据。

5.1 共发射极电流放大系数

① 直流放大系数 $\bar{\beta}$。

② 交流放大系数 β。

电流放大系数一般为 10 ~ 100。太小，放大能力弱；太大则易使管子性能不稳定。一般取 30 ~ 80 为宜。

5.2 极间反向饱和电流

① 集电极-基极反向饱和电流 I_{CBO}。

② 集电极-发射极反向饱和电流 I_{CEO}。

$$I_{CEO} = (1+\beta) I_{CBO}$$

反向饱和电流随温度的增加而增加，是三极管工作状态不稳定的主要因素。因此，通常把它作为判断三极管性能的重要依据。硅管反向饱和电流远小于锗管，在温度变化范围大的工作环境中应选用硅管。

5.3 极限参数

① 集电极最大允许电流 I_{CM}。三极管工作时，一旦集电极电流超过 I_{CM}，三极管性能将显著下降，并有可能被烧坏。

② 集电极最大允许耗散功率 P_{CM}。当三极管集电结两端电压与通过电流的乘积超过此值时，三极管性能将变坏或烧毁。

③ 集电极-发射极间反向击穿电压 $U_{(BR)CEO}$：三极管基极开路时，集电极和发射极之间的最大允许电压。当电压越过此值时，三极管将发生电压击穿，若电击穿导致热击穿，则会损坏三极管。

6. 三极管的简单测试

6.1 硅管或锗管的判别

判别电路如图 1-5-9 所示。当 $U = 0.6 \sim 0.7$ V 时，为硅管；当 $U = 0.1 \sim 0.3$ V 时，为锗管。

6.2 估计比较 β 值的大小

NPN 管的 β 值估测电路如图 1-5-10 所示。

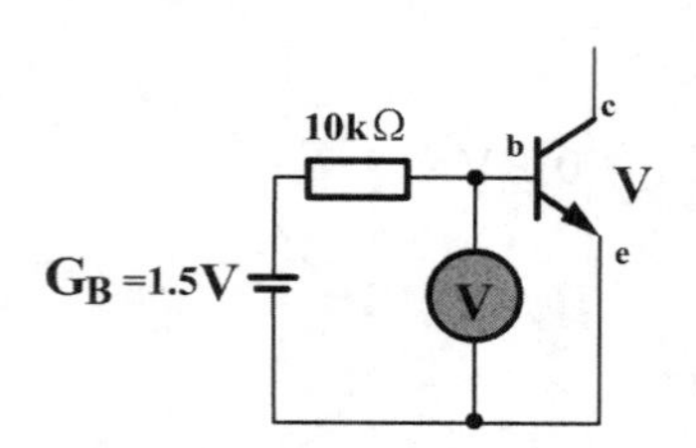

图 1-5-9 硅管和锗管的判别电路

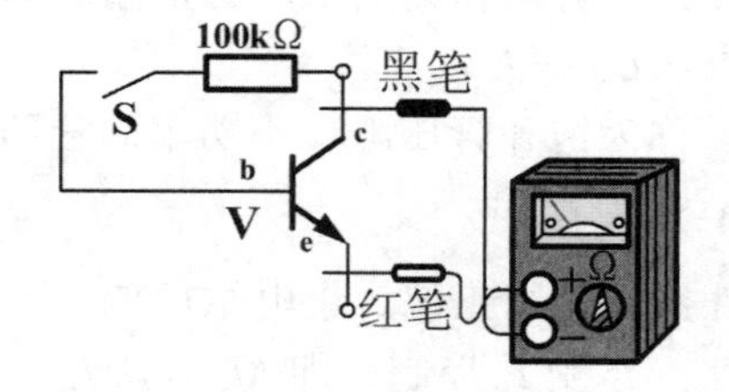

图 1-5-10 估测 β 的电路

万用表设置在 R×1 kΩ 挡，测量并比较开关 S 断开和接通时的电阻值。前后两个读数相差越大，说明三极管的 β 值越高，即电流放大能力越大。

估测 PNP 管时，将万用表两只表笔对换位置。

6.3 估测 I_{CEO} 值

NPN 管的估测电路如图 1-5-11 所示。所测阻值越大，说明三极管的 I_{CEO} 越小。若阻值无穷大，三极管开路；若阻值为零，三极管短路。

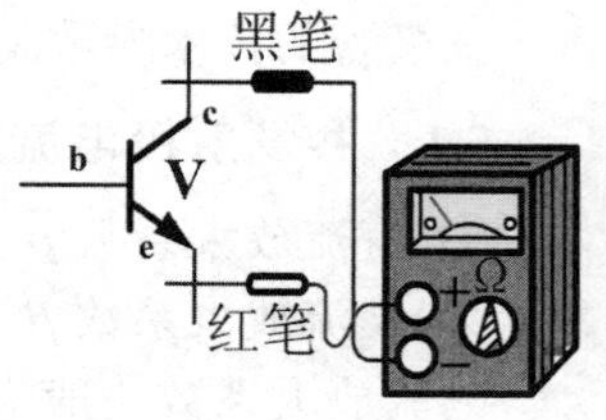

图 1-5-11 I_{CEO} 值的估测

测 PNP 型管时，红、黑表笔对调，方法同前。

6.4 NPN 管型和 PNP 管型的判断

将万用表设置在 R × 1 kΩ 或 R × 100 Ω 挡，用黑表笔和任一管脚相接（假设它是基极 b），红表笔分别和另外两个管脚相接，如果测得两个阻值都很小，则黑表笔所连接的就是基极，而且是 NPN 型的管子。如图 1-5-12（a）所示。如果按上述方法测得的结果均为高阻值，则黑表笔所连接的是 PNP 管的基极，如图 1-5-12（b）所示。

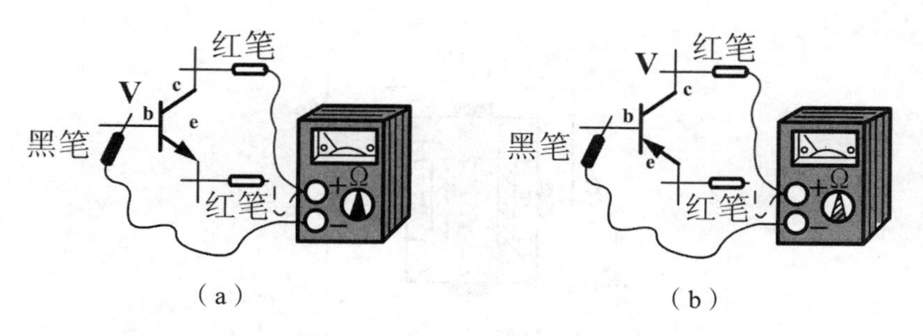

图 1-5-12　NPN 和 PNP 的判断

6.5　e、b、c 三个管脚的判断

首先确定三极管的基极和管型，然后采用估测 β 值的方法判断 c、e 极。方法是：先假定一个待定电极为集电极（另一个假定为发射极）接入电路，记下欧姆表的摆动幅度，然后再把两个待定电极对调一下接入电路，并记下欧姆表的摆动幅度；摆动幅度大的一次，黑表笔所连接的管脚是集电极 c，红表笔所连接的管脚为发射极 e，如图 1-5-10 所示。测 PNP 管时，只要把图 1-5-10 所示电路中的红、黑表笔对调位置，仍照上述方法测试。

六、场效应管

场效应管：是利用输入电压产生的电场效应来控制输出电流的电压控制型器件。

特点：管子内部只有一种载流子参与导电，称为单极型晶体三极管。

1. 结型场效应管

1.1　结构和符号

N 沟道结型场效应管的结构、符号如图 1-6-1 所示；P 沟道结型场效应管如图 1-6-2 所示。

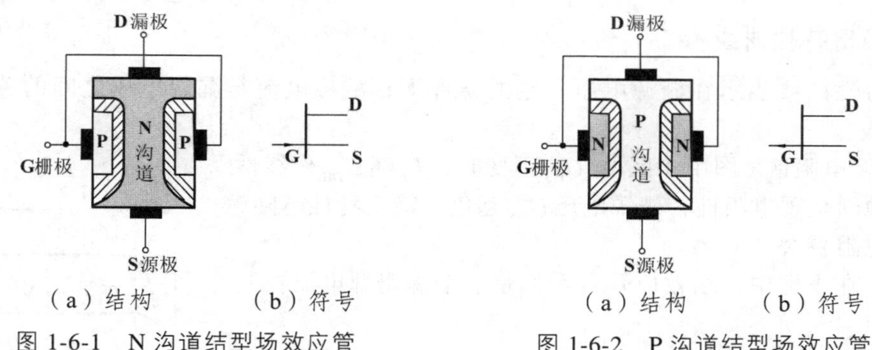

（a）结构　　（b）符号

图 1-6-1　N 沟道结型场效应管

（a）结构　　（b）符号

图 1-6-2　P 沟道结型场效应管

特点：由两个 PN 结和一个导电沟道所组成。三个电极分别为源极 S、漏极 D 和栅极 G。漏极和源极具有互换性。

工作条件：两个 PN 结加反向电压。

1.2　工作原理

以 N 沟道结型场效应管为例，原理电路如图 1-6-3 所示。

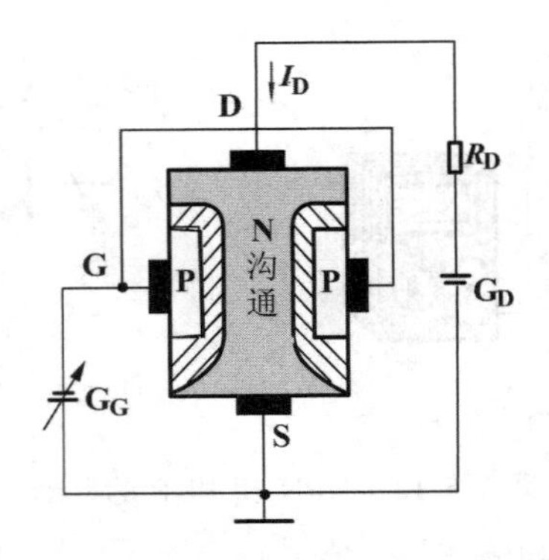

图 1-6-3　N 沟道结型场效应管的工作原理

工作原理如下：$U_{DS}>0$；$U_{GS}<0$；在漏源电压 U_{DS} 不变条件下，改变栅源电压 U_{GS}，通过 PN 结的变化，控制沟道宽窄，即沟道电阻的大小，从而控制漏极电流 I_D。

结论：

① 结型场效应管是一个电压控制电流的电压控制型器件。

② 输入电阻很大。一般可达 $10^7 \sim 10^8\ \Omega$。

1.3　特性曲线和跨导

（1）转移特性曲线

转移特性曲线反映了栅源电压 U_{GS} 对漏极电流 I_D 的控制作用。如图 1-6-4 所示，若漏源电压一定，则：

① 当栅源电压 $U_{GS}=0$ 时，漏极电流 $I_D=I_{DSS}$，I_{DSS} 称为饱和漏极电流。

② 当栅源电压 U_{GS} 向负值方向变化时，漏极电流 I_D 逐渐减小。

③ 当栅源电压 $U_{GS}=U_P$ 时，漏极电流 $I_D=0$，U_P 称为夹断电压。

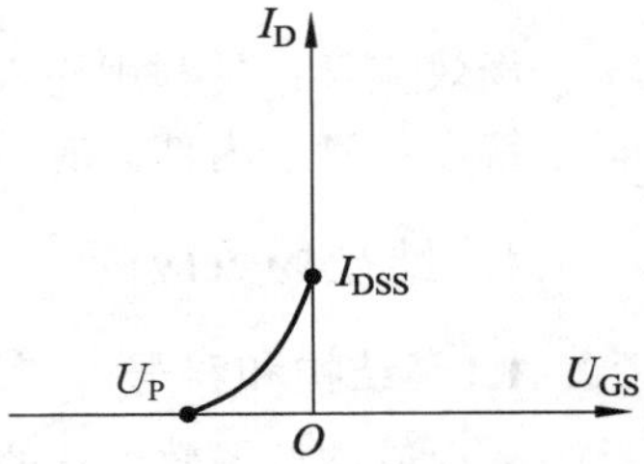

图 1-6-4　结型场效应管的转移特性曲线

（2）输出特性曲线

输出特性曲线表示在栅源电压一定的条件下，漏极电流与漏源电压之间的关系，如图 1-6-5 所示。

① 可调电阻区（图中Ⅰ区）：U_{GS} 不变时，I_D 随 U_{DS} 作线性变化，漏源间呈现电阻性；栅源电压 U_{GS} 越负，输出特性越陡，漏源间的电阻越大。

结论：在Ⅰ区中，场效应管可看作是一个受栅源电压控制的可变电阻。

② 饱和区（图中Ⅱ区）：U_{DS} 一定时，U_{GS} 的少量变化引起 I_D 较大变化，即 I_D 受 U_{GS} 控制；当 U_{GS} 不变时，I_D 不随 U_{DS} 变化，基本上维持恒定值，即 I_D 对 U_{DS} 呈饱和状态。

结论：在Ⅱ区中，场效应管具有线性放大作用。

③ 击穿区（图中Ⅲ区）：当 U_{DS} 增至一定数值后，I_D 剧增，出现电击穿。如果对此不加限制，将损坏管子。因此，管子不允许工作在这个区域。

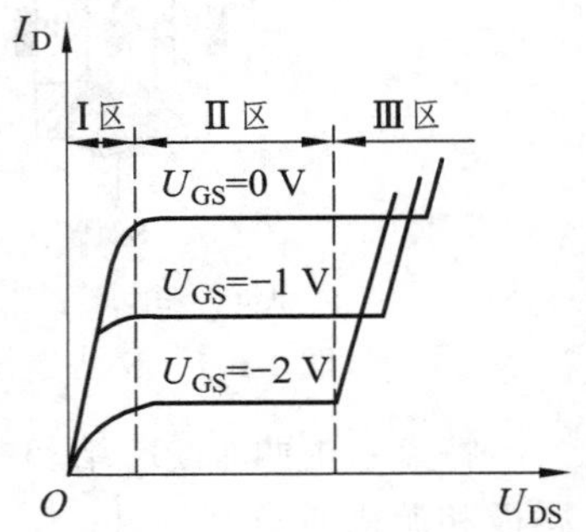

图 1-6-5　结型场效应管的输出特性曲线

（3）跨导（g_m）

g_m 反映了在线性放大区 ΔU_{GS} 对 ΔI_D 的控制能力，单位是 μA/V。

$$g_m = \frac{\Delta I_D}{\Delta U_{GS}}$$

2. 绝缘栅场效应管

绝缘栅场效应管是一种栅极与源极、漏极之间有绝缘层的场效应管，简称 MOS 管。

特点：输入电阻高，噪声小。

分类：有 P 沟道和 N 沟道两种类型；每种类型又分为增强型和耗尽型两种。

2.1 结构和工作原理

（1）N 沟道增强型绝缘栅场效应管

N 沟道增强型绝缘栅场效应管的结构及符号如图 1-6-6 所示。

N 沟道增强型绝缘栅场效应管的工作原理如图 1-6-7 所示。

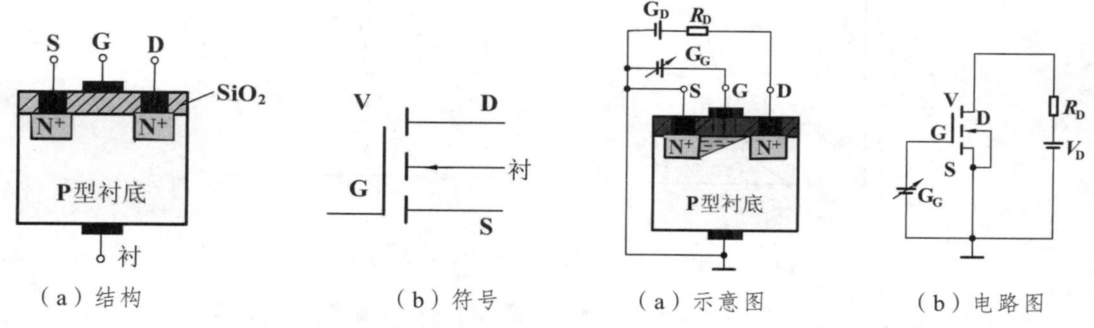

（a）结构　　（b）符号

图 1-6-6　N 沟道增强型绝缘栅场效应管

（a）示意图　　（b）电路图

图 1-6-7　N 沟道增强型绝缘栅场效应管的工作原理

① 当 $U_{GS}=0$，在漏、源极间加一正向电压 U_{DS} 时，漏源极之间的电流 $I_D=0$。

② 当 $U_{GS}>0$，在绝缘层和衬底之间感应出一个反型层，使漏极和源极之间产生导电沟道。在漏、源极间加一正向电压 U_{DS} 时，将产生电流 I_D。

③ 开启电压 U_T：增强型 MOS 管开始形成反型层的栅源电压。

④ 在 $U_{DS}>0$ 时：

若 $U_{GS}<U_T$，反型层消失，无导电沟道，$I_D=0$；

若 $U_{GS}>U_T$，出现反型层即导电沟道，D、S 之间有电流 I_D 流过；

若 U_{GS} 逐渐增大，导电沟道变宽，I_D 也随之逐渐增大，即 U_{GS} 控制 I_D 的变化。

（2）N 沟道耗尽型绝缘栅场效应管

N 沟道耗尽型绝缘栅场效应管的结构及符号如图 1-6-8 所示。

① 特点：管子本身已形成导电沟道。

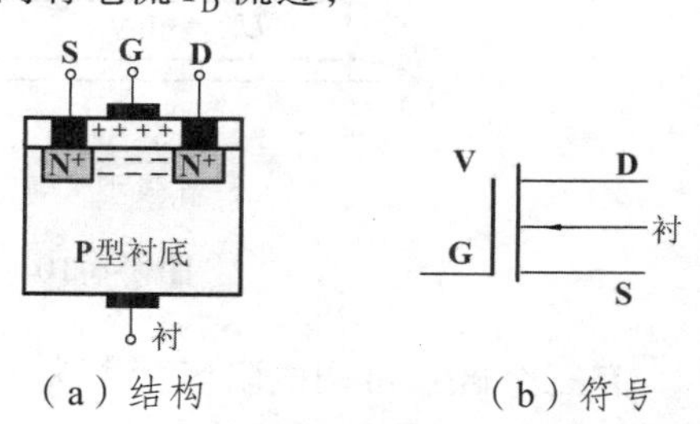

（a）结构　　（b）符号

图 1-6-8　N 沟道耗尽型绝缘栅场效应管

② 工作原理：在 $U_{DS}>0$ 时，

若 $U_{GS}=0$，导电沟道有电流 I_D；

当 $U_{GS}>0$，并逐渐增大时，导致沟道变宽，使 I_D 增大；

当 $U_{GS}<0$，并逐渐增大此负电压，导致沟道变窄，使 I_D 减小，实现 U_{GS} 对 I_D 的控制。

③ 夹断电压 U_P：使 $I_D=0$ 时的栅源电压。

2.2 特性曲线和跨导

以 N 沟道 MOS 管为例。

（1）转移特性曲线

N 沟道 MOS 管的转移特性曲线如图 1-6-9 所示。

增强型：当 $U_{GS}=0$ 时，$I_D=0$；当 $U_{GS}>U_T$ 时，$I_D>0$。

耗尽型：当 $U_{GS}=0$ 时，$I_D\neq0$；当 U_{GS} 为负电压时 I_D 减小；当 $U_{GS}=U_P$ 时，$I_D=0$。

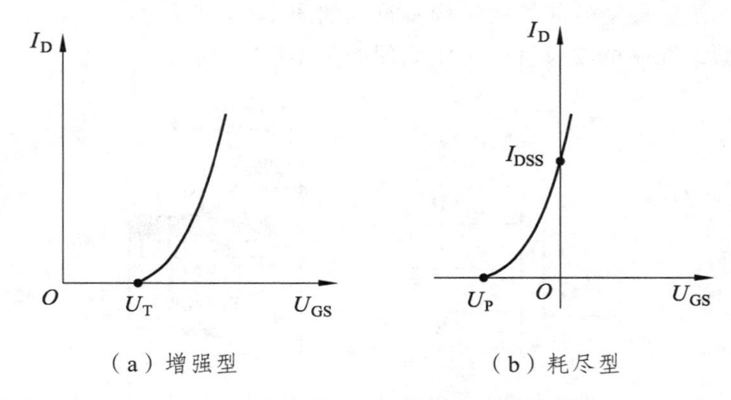

（a）增强型　　（b）耗尽型

图 1-6-9　N 沟道 MOS 管的转移特性曲线

（2）输出特性曲线

N 沟道 MOS 管的输出特性曲线如图 1-6-10 所示。

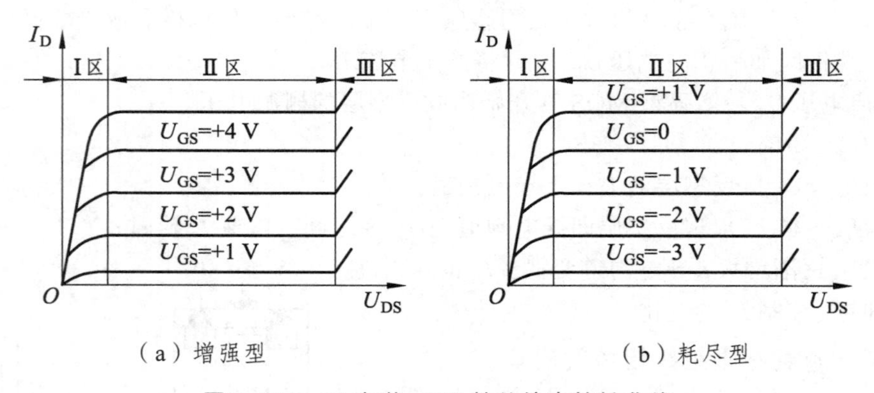

（a）增强型　　（b）耗尽型

图 1-6-10　N 沟道 MOS 管的输出特性曲线

有三个区：可调电阻区（Ⅰ区）、饱和区（Ⅱ区）和击穿区（β区）。其含义与结型管输出特性曲线的三个区相同。

（3）跨导

$$g_m = \frac{\Delta I_D}{\Delta U_{GS}}$$

2.3　图形符号

绝缘栅场效应管的符号如图 1-6-11 所示。N、P 沟道的区别在于图中箭头的指向相反。

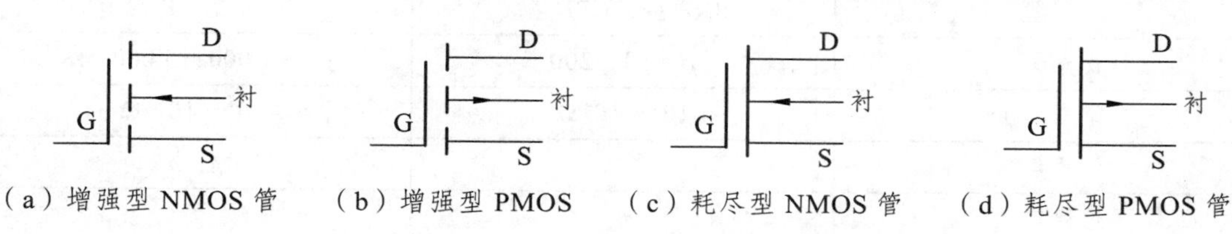

（a）增强型 NMOS 管　（b）增强型 PMOS　（c）耗尽型 NMOS 管　（d）耗尽型 PMOS 管

图 1-6-11　MOS 管的图形符号

3. 场效应管的主要参数和特点

3.1　主要参数

（1）直流参数

① 开启电压 U_T：在 U_{DS} 为定值的条件下，增强型场效应管开始导通（ I_D 达到某一定值，如 10 μA）时，所需加的 U_{GS} 值。

② 夹断电压 U_P：在 U_{DS} 为定值的条件下，耗尽型场效应管 I_D 减小到近于零时的 U_{GS} 值。

③ 饱和漏极电流 I_{DSS}：耗尽型场效应管工作在饱和区且 $U_{GS}=0$ 时，所对应的漏极电流。

④ 直流输入电阻 R_{GS}：栅源电压 U_{GS} 与对应的栅极电流 I_G 之比。

场效应管的输入电阻很高，结型管一般在 $10^7\ \Omega$ 以上；绝缘栅管则更高，一般在 $10^9\ \Omega$ 以上。

（2）交流参数

① 跨导 g_m：U_{DS} 一定时，漏极电流变化量 ΔI_D 和引起这个变化的栅源电压变化量 ΔU_{GS} 之比。它表示了栅源电压对漏极电流的控制能力。

② 极间电容：场效应管三个电极之间的等效电容 C_{GS}、C_{GD}、C_{DS}。一般为几个皮法，极间电容小的管子，高频性能好。

（3）极限参数

① 漏极最大允许耗散功率 P_{DM}： I_D 与 U_{DS} 的乘积不应超过的极限值。

② 漏极击穿电压 $U_{(BR)DS}$：漏极电流 I_D 开始剧增时所加的漏源间的电压。

3.2　场效应管的特点

场效应管的特点列于表 1-6-1 中，供比较参考。

表 1-6-1　场效应管与普通三极管的比较

项　目	器件名称	
	晶体三极管	场效应管
极型特点	双极型	单极型
控制方式	电流控制	电压控制
类型	PNP 型、NPN 型	N 沟道、P 沟道
放大参数	$\beta = 50 \sim 200$	$g_m = 1\,000 \sim 5\,000$ A/V
输入电阻	$10^2 \sim 10^4\,\Omega$	$10^7 \sim 10^{15}\,\Omega$
噪声	较大	较小
热稳定性	差	好
抗辐射能力	差	强
制造工艺	较复杂	简单、成本低

七、万用表

1. 概　述

万用表是常用的一种测量与检测仪表。它有两种类型：一种是指针式万用表，另一种是数字式万用表。它们分别有自己特点。万用表能够测量电压、电流、电阻、二极管、三极管、电容、线路。通过测量得到的读数来判断故障。

2. 技术标准与要求

① 直流电压挡可测量 0 ~ 1 000 V。
② 交流电压挡可测量 0 ~ 700 V。
③ 直流电流挡可测量 0 ~ 20 A。
④ 电阻挡可测量 0 ~ 200 MΩ。
⑤ 二极管挡可测量正向、反向电阻，判断二极管好坏，同时还判断正、负极。
⑥ 三极管挡可测量三极管的放大系数与穿透电流。

3. 万用表的组成与使用方法

3.1　万用表的组成

指针式万用表由表壳、表头、测量挡位组合开关、微调电位器、电子原件、电池、表笔组成。数字式万用表由表壳、表头、测量挡位组合开关、电源开关、电子原件、电池、表笔组成。

3.2　使用方法

① 将红表笔插在万用表的正极插孔内、红黑笔插在万用表的负极插孔内。
② 打开电源开关待显示数字后方可正常使用。
③ 指针万用表测量直流电源时，必须红表笔接电源正极、黑表笔电源负极，否则会损坏表头。

④ 指针万用表测量电阻时要根据电阻值的大小分别将测量挡位组合开关拨至 R×1、R×10、R×100、R×1 k、R×10 k 的挡位上。每调一次挡位都要两个表笔连接一起，通过微调电位器校零位。

⑤ 数字万用表测量直流电源时，可以不考虑表笔的正负极。如果接反了正负极表头显示的是负数。

4. 万用表测量

4.1 电压测量

（1）交流电压

① 将万用表拨至交流电压挡位上，根据电压大小选择量程。

② 两表笔分别触接在交流电源的两个极上。

③ 从万用表的表头显示器上读取电压数值。

（2）直流电压

① 将万用表拨至直流电压挡位上，根据电压大小选择量程。

② 两表笔分别触接在直流电源的两个极上。

③ 从万用表的显示器上读取电压数值。

4.2 电流测量

测量电流与测量电压的方法大体相同，不同之处是：测量电流是把万用表的两个表笔串联在电路中。

4.3 电阻测量

① 将万用表测量挡位组合开关拨至电阻挡位上。

② 根据被测量的电阻大小选择相应的量程，即 R20 Ω ~ 200 MΩ。

③ 两个表笔分别触接在被测电阻两端。

④ 从万用表的显示器上读取电阻数值。

4.4 二极管测量

① 将万用表测量挡位组合开关拨至二极管挡位上。

② 两个表笔分别触接在二极管的两个极上，测得电阻值记下。

③ 然后对换表笔再分别触接在二极管的两个极上。

④ 若第一次测得的电阻值为无穷大，表示是二极管的反向电阻。

⑤ 若第二次测得的电阻值为 650 Ω 左右，表示是二极管的正向电阻。

⑥ 这两次测量得到的读数结果，说明二极管是好的。

⑦ 若两次测得的电阻值都为无穷大，说明二极管断路。

⑧ 若两次测得的电阻值都很小，说明二极管已被击穿。

⑨ 当测得的电阻值为 650 Ω 左右时，红表笔触接是二极管的正极。

⑩ 当测得的电阻值为无穷大时，黑表笔触接是二极管的正极。

⑪ 指针式万用表测量二极管时，要用 R×100 Ω 或者 R×1 kΩ 挡位测量，不能用 R×1 Ω 和 R×10 kΩ 挡位测量。因为，R×1 Ω 挡位电流大会烧坏二极管；R×10 kΩ 挡位电压高会击穿二极管。

⑫ 指针式万用表可以测得二极管的真实正向电阻，以此来判断二极管的性能。

八、示波器

1. 示波器的基本结构

示波器的规格和型号较多，但所有示波器所具有的基本结构都相同，大致可分为：示波管（又称阴极射线管）、X 轴放大器和 Y 轴放大器（含各自的衰减器）、锯齿波发生器等，如图 1-8-1 所示。

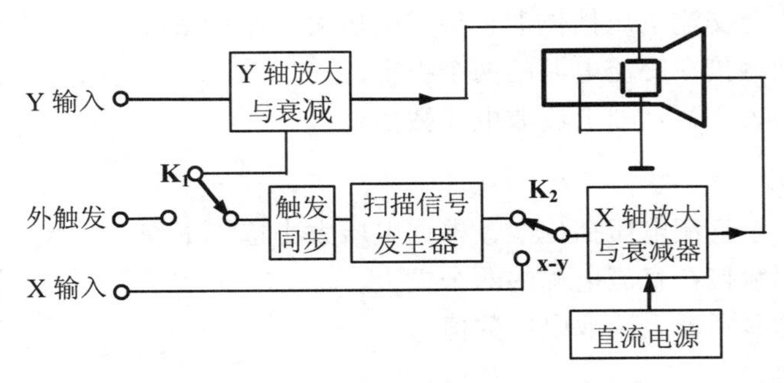

图 1-8-1 示波器的基本结构

1.1 示波管

示波管是示波器的核心部件，它主要包括电子枪、偏转系统和荧光屏三部分，这三部分全部被密封在高真空的玻璃外壳内，如图 1-8-2 所示。电子枪由灯丝、阴极、控制栅极、第一阳极和第二阳极共五部分组成。灯丝通电后加热表面涂有氧化物的金属圆筒（即阴极），使之发射电子。控制栅极是一个套在阴极外面的金属圆筒，其顶端有一小孔，它的电位比阴极低，对阴极发射出来的电子起减速作用，只有初速度较大的电子才可能穿过栅极顶端的小孔，进入加速区的阳极。因此，控制栅极实际上起着控制电子流密度的作用。调整示波器面板上的“亮度”旋钮，其实就是调节栅极电位来改变飞出栅极的电子数目，飞出的电子数目越多，荧光屏上的亮斑就越亮。从栅极飞出来的电子再经过第一阳极和第二阳极的加速与聚焦后打到荧光屏上，形成一个明亮清晰的小圆点。偏转系统是由两对相互垂直的电极板组成。电子束通过偏转系统时，同时受到两个相互垂直方向的电场的作用，荧光屏上小亮点的运动轨迹就是电子束在这两个方向运动的叠加。

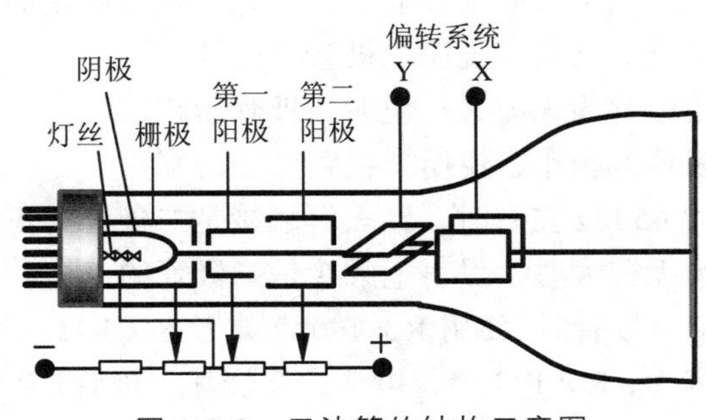

图 1-8-2 示波管的结构示意图

1.2　X、Y 轴电压放大器和衰减器

由于示波管本身的 X 及 Y 偏转板的灵敏度不高（0.1 ~ 1 mm/V），当加在偏转板上的信号电压较小时，电子束不能发生足够的偏转，屏上的光点位移较小，不便观测，这就需要预先将该小电压通过电压放大器进行放大。衰减器的作用是使过大的电压信号衰减变小，以适应轴放大器的要求，否则放大器不能正常工作，甚至受损。

1.3　锯齿波信号（扫描信号）发生器

锯齿波信号发生器的作用就是产生周期性锯齿波信号（见图 1-8-3）。将锯齿波信号加在 X 偏转板上，可以证明，此时电子束打在荧光屏上的亮点将向一个方向做匀速直线运动。经过一个周期后，荧光屏上的亮点又回到左侧，重复运动。如果锯齿波的频率较大，由于荧光材料具有一定的余辉时间，在荧光屏上能看到一条水平亮线。

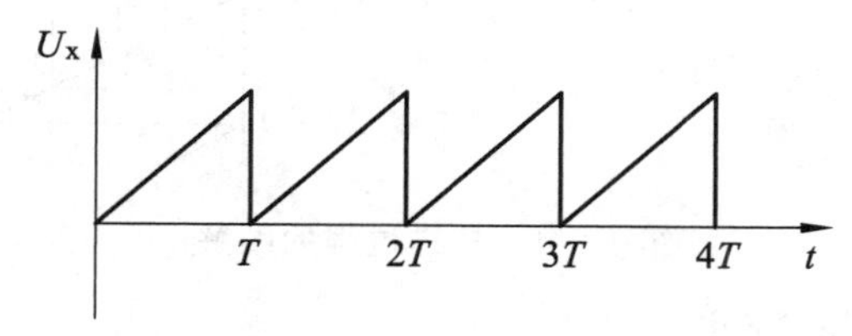

图 1-8-3　锯齿波信号

2. 扫描原理

将一正弦电压信号加到 Y 轴偏转板上，即 $U_y \neq 0$，若 X 轴偏转板上为零电压信号，则荧光屏上的光点将随着正弦电压信号做正弦振荡。若 Y 轴上的电压信号频率较快，则屏上只出现一条亮线。要直观地看到正弦波信号随时间的变化波形，必须将屏上光点在 x 方向（即时间方向）上“拉开”，这就要借助与锯齿波信号的作用。将锯齿波信号加到 X 偏转板上（本实验中只要将“扫速选择开关”不要置于“x-y”挡位即可），此时示波器内的电子束既要在 y 方向按正弦电压信号的规律做正弦振荡，又要在 x 方向做匀速直线运动，y 方向的正弦振荡被“展开”，屏上光点留下的轨迹就是一条正弦曲线。锯齿波信号完成一个周期变化后，屏上光点又回到屏幕的左侧，又准备重复以前的运动，这一过程称为扫描过程，图 1-8-4 所示就是这一过程的图解。图中假设加在 Y 偏转板上的电压信号为待测正弦电压信号，其频率与加在 X 偏转板上的锯齿波信号的频率相同，并将一个周期分为相同的四个时间间隔，U_y 和 U_x 的值分别对应光点在 y 轴和 x 轴偏离的位置。将 U_y 和 U_x 各自对应的投影交汇点连接起来，即得被测电压波形。完成一个波形后的瞬间，屏上光点立刻反跳回原点，并在荧光屏上留下一条“反跳线”，称为回归线。因这段时间很短，线条比较暗，有的示波器采用措施将其消除。

上面所讨论的波形因 U_y 和 U_x 的周期相等，荧光屏上出现一个正弦波。当 $f_y = nf_x$，$n = 1$，2，3，…时，荧光屏上将出现 1 个、2 个、3 个…稳定的波形。

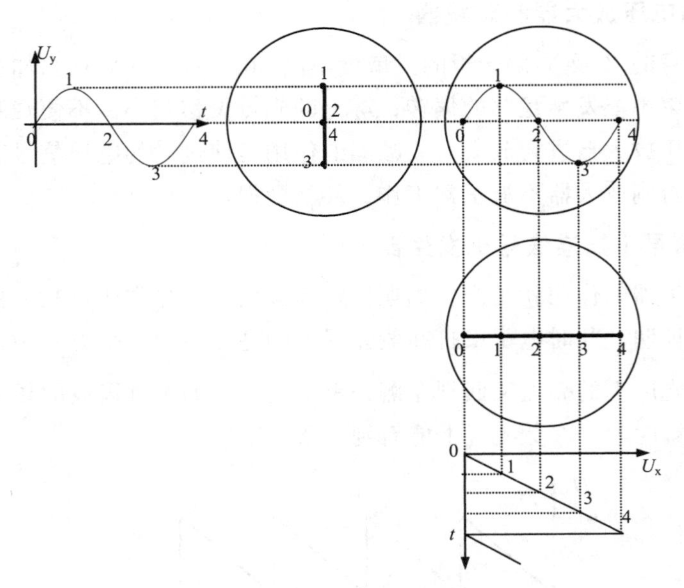

图 1-8-4　扫描过程的图解

3. 示波器的整步（或同步）

若待测正弦信号的频率与锯齿波信号的频率不成整数比，则每当扫描一个周期后，荧光屏上的光点回到左侧起点时，U_y 不能回到一个扫描周期以前的值，即每扫描一个周期，荧光屏上的光点回到起点时的位置将不一样，以至于整个波形在屏幕上“走动”，或者说，波形不稳定。虽然锯齿波信号的频率是可调的，但 f_y 和 f_x 是来自于两个不同系统的频率，在实验中总是有不可避免的变化，因此很难长时间地维持两者成整数比的关系。为了得到稳定的波形，示波器采用整步的方法，即把 y 轴输入的信号电压接至锯齿波信号发生器电路中，强迫 f_x 跟随 y 轴信号频率 f_y 变化而变化，以保证 $f_y = nf_x$ 成立。

4. 李萨如图形

若同时分别在 X、Y 偏转极板上加载两个正弦电压信号，结果又怎样呢？其实，此时荧光屏上运动的光点同时参与两个相互垂直方向的运动，荧光屏上的“光迹”就是两个相互垂直方向上的简谐振动合成的结果。可以证明，当这两个垂直方向上信号频率的比值为简单整数比时，光点的轨迹为一稳定的封闭图形，称为李萨如图形。表 1-8-1 示出了几个常见的李萨如图形。

利用李萨如图形可以测量待测信号的频率。令 N_x、N_y 分别代表 x、y 方向切线和李萨如图形的切点数，则

$$\frac{f_y}{f_x} = \frac{x\text{方向的切点数}N_x}{y\text{方向的切点数}N_y}$$

实验中，若加载在 X 偏转板上的信号频率 f_x 已知，则待测信号频率 f_y 可由上式求出。

表 1-8-1　几种常见的李萨如图形

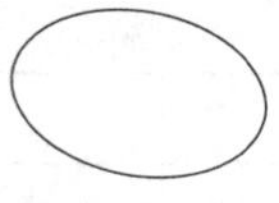 $f_x : f_y = 1:1$	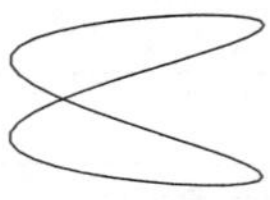 $f_x : f_y = 2:1$	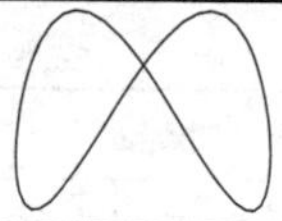 $f_x : f_y = 1:2$	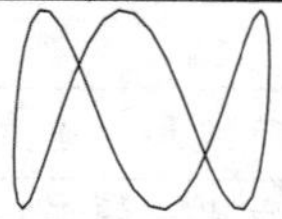 $f_x : f_y = 1:3$	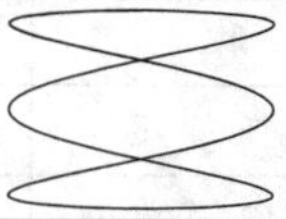 $f_x : f_y = 3:1$	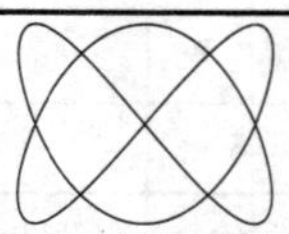 $f_x : f_y = 2:3$

5. 数字示波器面板

数字示波器面板如图 1-8-5 所示。

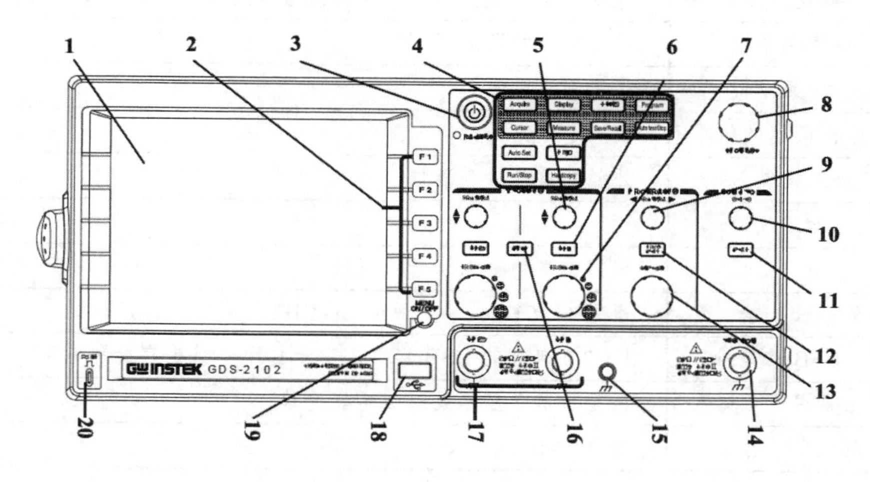

图 1-8-5　数字示波器面板示意图

数字示波器面板的功能说明如表 1-8-2 所示。

表 1-8-2　数字示波器面板的功能说明（编号参见图 1-8-5）

编 号	名　称	功能说明
1	LCD 显示器	TFT 彩色 LCD 显示器，具有 320×234 的分辨率
2	主菜单显示键	在显示器上显示或隐藏功能选单
3	开关/待机键	按一次为开机（亮绿灯），再按一次为待机状态（亮红灯）
4	主要功能键	Acquire 键为波形撷取模式。 Display 键为显示模式的设定。 Utility 键为系统设定，用于 Go-No Go 测试、打印，与 Hardcopy 键并用可作数据传输和校正。 Program 键与 Auto test/Stop 键并用可用于程序设定和播放。 Cursor 键为水平与垂直设定的光标。 Measure 键用于自动测试。 Help 键为操作辅助的说明。 Save/Recall 键为储存/读取 USB 和内部存储器之间的图像、波形和设定储存。 Auto Set 键为自动搜寻信号和设定。 Run/Stop 键进行或停止浏览的信号。

编 号	名 称	功能说明
5	垂直位置旋钮	调节波形在垂直方向的位置
6	CH1～CH2 菜单键	开启或关闭通道波形显示和垂直功能选单
7	波形 y 轴灵敏度旋钮	调节波形在 y 轴的电压标度
8	参数旋钮	调节参数和变换参数
9	水平位置旋钮	将波形往右（顺时针旋转）移动或往左（反时针旋转）移动
10	触发水平	设定触发位置：顺时针旋转为增加刻度，反时针旋转为减少刻度
11	触发菜单键	触发信号的设定
12	水平菜单键	水平浏览信号
13	时间刻度旋钮	设置水平方向时间刻度
14	外触发输入	外触发信号输入端口
15	接地端	
16	数学键	根据信道的输入信号执行数学处理
17	信号输入端口	通道 1：CH1　　通道 2：CH2
18	USB 接口	1.1/2.0 兼容的 USB 接口，用于打印与数据存储和读取
19	主菜单显示键	在显示器上显示或隐藏功能选单
20	测试信号输出	输出 2Vpp 的测试棒补偿信号

6. 示波器的显示说明

示波器的显示如图 1-8-6 所示，其说明见表 1-8-3。

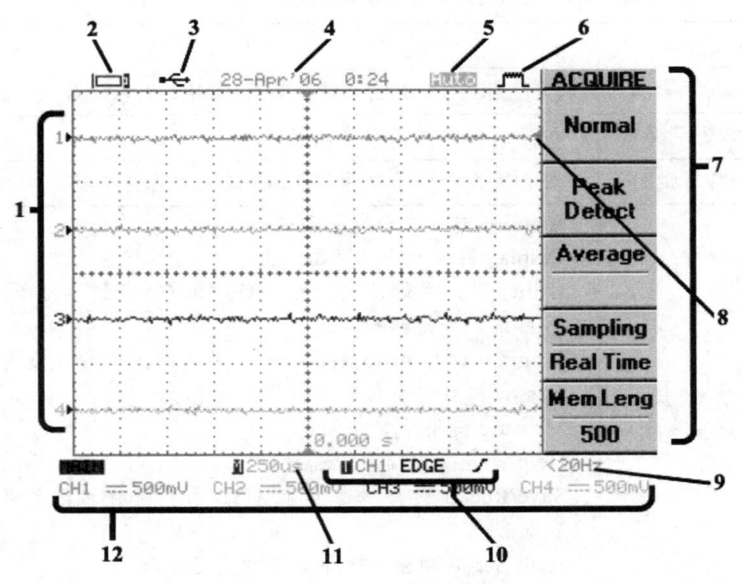

图 1-8-6　示波器的显示

表 1-8-3　示波器的显示说明（编号参见图 1-8-6）

编号	名　称	说　明
1	波形	图中所括 1、2、3、4 为四个信道的信号波形 Channel1：琥珀色　　Channel2：蓝色
2	电池状态	
3	远程控制的连接状态	
4	显示日期	28-Apr'06　00：24
5	触发状态	Auto：自动　Trig?：找不到触发　Stop：停止触发
6	撷取状态	有三种：Normal（正常模式）；Peak Detect（峰值侦测模式）；Average（平均模式）
7	功能键	这些功能键可通过 F1～F5 调节
8	触发水平指示	
9	触发频率计数器	选择的信道输入信号的频率 $CH_1 < 20$ Hz
10	触发状态	EDGE
11	时间刻度	M250μs
12	信道状态	CH_1，直流，500 mV；CH_2，…

7. 示波器的按键说明

示波器的按键使用方法如表 1-8-4 所示。

表 1-8-4　示波器的按键使用方法

撷取和光标设置		量测信号	
撷取模式	Acquire→F1～F4	自动设定刻度	Auto Set
记忆长度	Acquire→F5	自动量测时间	Measure→F1→F3（重复）
水平光标	Cursor→F1～F2	自动量测电压	Measure→F1→F3（重复）
垂直光标	Cursor→F1，F3	检视量测结果	Measure→Measure
显示器		系统设置	
固定波形	Run/Stop	远程控制接口	Utility→F2→F1（重复）
更新显示画面	Display→F3	显示系统数据	Utility→F5→F2
显示网格线	Display→F5	选择语言	Utility→F4
F1～F5 功能选单开关	Menu ON/OFF	设定日期/时间	Utility→F5→F5→F2→F1
选择 vectors/dots 波形	Display→F1	快速存到 USB	Utility→F1→F1 Hardcopy
缩放水平画面	HORIMENU→F2～F3	储存图像	Save/Recall→F5→F1→F1～F4
转动水平画面	HORIMENU→F4	储存设定	Save/Recall→F3→F1～F4
检视 XY 模式	HORIMENU→F5	储存波形	Save/Recall→F4→F1～F4
反转波形	CH1/2/3/4→F2	使用边缘（Edge）触发	Trigger→F1（重复）→F2～F3→F5→F1～F4
限制频宽	CH1/2/3/4→F3	加/减	MATH→F1（重复）→F2～F4
选择耦合模式	CH1/2/3/4→F1		
选择测棒衰减	CH1/2/3/4→F4		

8. F05A 型数字合成函数发生器/计数器前面板介绍

如图 1-8-7 所示，仪器启动：按下面板上的电源按钮，电源接通，先闪烁显示“WELCOME” 2 s，再闪烁显示仪器型号例如“F05A-DDS” 1 s，之后根据系统功能中开机状态的设置，进入“点频”功能状态，波形显示区显示当前波形“～”，频率为 10.00000000 kHz；或者进入上次关机前的状态。

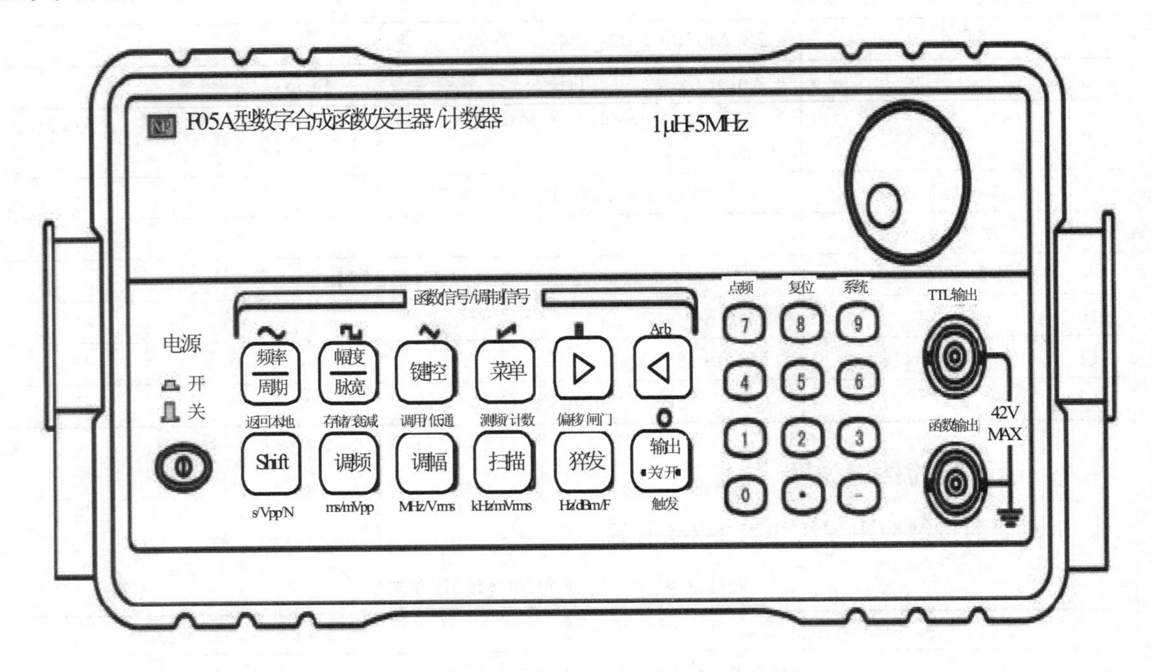

图 1-8-7　F05A 型数字合成函数发生器/计数器前面板示意图

F05A 型数字合成函数发生器/计数器前面板的数字输入键和功能键的说明如表 1-8-5 和表 1-8-6 所示。

表 1-8-5　数字输入键的说明

键名	主功能	第二功能	键名	主功能	第二功能
0	输入数字 0	Shift0 进入 A 通道	7	输入数字 7	Shift 7：进入点频状态
1	输入数字 1	无	8	输入数字 8	Shift 8：系统复位到初始状态
2	输入数字 2	无	9	输入数字 9	Shift 9：进入系统
3	输入数字 3	无	●	输入小数点	Shift●：进入 B 通道
4	输入数字 4	无	−	输入负号	无
5	输入数字 5	无	◀	闪烁数字左移*	shift◀：选择脉冲波
6	输入数字 6	无	▶	闪烁数字右移**	shif ▶：选择 ARB 波形

注：*：输入数字未输入单位时，按下此键，删除当前数字的最低位数字，可用来修改当前输错的数字。
*：外计数时，按下此键，计数停止，并显示当前计数值，再按动一次，继续计数。
**：外计数时，按下此键，计数清零，重新开始计数。

表 1-8-6　功能键的说明

键　名	主功能	第二功能	计数第二功能	单位功能
频率/周期	频率/周期选择(可用数据键或调节旋钮输入频率值和周期值，用数据键输入时，数据后面必须输入单位，否则输入数据不起作用)	正弦波选择(按下【shift】频率/周期键选择正弦波形，在波形显示区会显示其波形)	无	无
幅度/脉宽	幅度/脉宽选择	方波选择(按下【shift】幅度/脉宽键，选择方波波形)	无	无
键控	键控功能[通过和其他键连用实现频移键控(FSK)、相移键控(PSK)标志“◀”“FSK”两种功能内部参数的设置]	三角波选择按键(按下【shift】【键控】键，选择三角波波形)	无	
菜单	进入FSK、PSK、调频、调幅、扫描、猝发和系统功能模式时，可通过【菜单】键选择各功能的不同选项，并改变相应选项的参数。在点频功能时且当前处于幅度时可用【菜单】键进行峰-峰值、有效值和dBm数值的转换	升锯齿波波形选择按键(按下【shift】【菜单】键，选择升锯齿波波形)	无	无
调频	调频功能选择，显示标志“FM”(通过使用【调频】键进入调频功能模式，通过使用【菜单】键可对其内部参数进行修改和设置)	存储功能选择	衰减选择(在频率计数器功能模式下，按【Shift】键和【衰减】键设置当前输入信号经过衰减进行测量。显示区右侧的频率计数状态显示区显示衰减状态标志“ATT”)	ms/mVpp：分别表示时间的单位“ms”、幅度的峰-峰值单位“mV”
调幅	调幅功能选择，显示标志“AM”。按【调幅】键进入调幅功能模式，显示区显示载波频率。连续按【菜单】键对调幅的调制深度[AM LEVEL]、调制频率[AM FREQ]、调制波形[AM WAVE]、调制信号源[AM SOURCE]选项的参数进行修改	调用功能选择	低通选择(在频率计数器功能模式下，按【Shift】键和【低通】键设置当前输入信号经过低通进行测量。显示区右侧的频率计数状态显示区显示低通状态标志“Filter”)	MHz/Vrms：分别表示频率的单位“MHz”、幅度的有效值单位“Vrms”

续表

键名	主功能	第二功能	计数第二功能	单位功能
扫描	扫描功能选择：操作同上。当进入扫描功能模式，此时显示区下端的功能状态显示区显示扫描功能模式标志“Sweep”	测频功能选择	测频/计数选择（按【Shift】键和【测频】键，进入频率测量。功能模式显示区下端的功能状态显示区显示频率测量功能模式标志“Ext”“Freq”。若再按【Shift】键和【计数】键设置当前处于计数测量功能模式，此时显示区下端的功能状态显示区显示计数测量功能模式标志“Ext”和“Count”	KHz/mVrms：分别表示频率的单位“kHz”、幅度的有效值单位“mVrms”
猝发	猝发功能选择：操作同上。当进入猝发功能模式时，状态显示区会显示猝发功能模式标志“Burst”	直流偏移选择（按【Shift】键和【偏移】键来设定直流偏移值，当出现Offset时表示输出信号直流偏移不为0	闸门选择（在测频功能模式下，按【Shift】键和【闸门】键进入闸门时间设置状态，可用数据键或调节旋钮输入闸门时间值，在闸门开启时，显示区右侧频率计态显示区显示闸门开启标志“GATE”	Hz/dBm：分别表示频率的单位“Hz”、幅度的单位“dBm”

F05A型函数发生器/计数器的其他键还包括：

①“输出”键：信号输出与关闭切换。它是扫描功能和猝发功能的单次触发、信号输出控制键。连续使用可使“信号输出（信号灯亮）”“禁止信号输出（信号灯灭）”交替出现。

②“Shift”键：作为其他键的第二功能复用键，按下该键后，“Shift”标志亮，此时按其他键则实现第二功能；再按一次该键则该标志灭，此时按其他键则实现基本功能。s/Vpp/N分别表示时间的单位“s”、幅度的峰-峰值单位“V”和其他不确定单位。

9. 函数信号发生器

9.1 概述

函数信号发生器是一台具有高度稳定性、多功能等特点的函数信号发生器，能直接产生正弦波、三角波、方波、斜波、脉冲波，波形对称可调并具有反向输出，直流电平可连续调节。

9.2 使用说明

函数信号发生器的面板标志说明及功能见图1-8-8和表1-8-7。

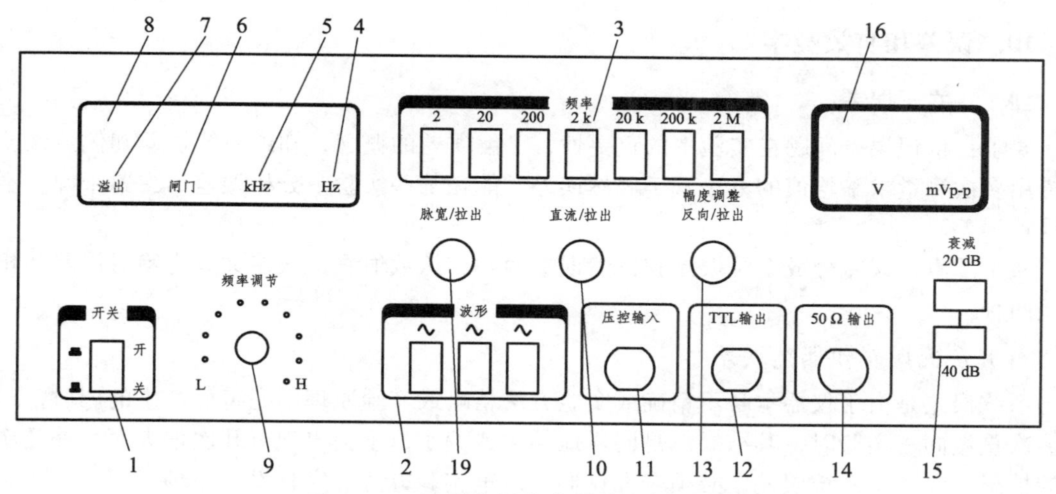

图 1-8-8　函数信号发生器的面板示意图

表 1-8-7　函数信号发生器的面板标志说明

序号	面板标志	名　称	作　　用
1	电源	电源开关	按下开关，电源接通，电源指示灯亮
2	波形	波形选择	① 输出波形选择 ② 与 13、19 配合使用可得到正负相锯齿波和脉冲波
3	频率	频率选择开关	频率选择开关与“9”配合选择工作频率 外测频率时选择闸门时间
4	Hz	频率单位	指示频率单位，灯亮有效
5	kHz	频率单位	指示频率单位，灯亮有效
6	闸门	闸门显示	此灯闪烁，说明频率计正在工作
7	溢出	频率溢出显示	当频率超过 5 个 LED 所显示范围时灯亮
8		频率 LED	所有内部产生频率或外测时的频率均由此 5 个 LED 显示
9	频率调节	频率调节	与“3”配合选择工作频率
10	直流/拉出	直流偏置调节输出	拉出此旋钮可设定任何波形的直流工作点，顺时针方向为正，逆时针方向为负
11	压控输入	压控信号输入	外接电压控制频率输入端
12	TTL 输出	TTL 输出	输出波形为 TTL 脉冲，可做同步信号
13	幅度调整 反向/拉出	斜波倒置开关 幅度调节旋钮	① 与“19”配合使用，拉出时波形反向 ② 调节输出幅度大小
14	50 Ω 输出	信号输出	主信号波形由此输出，阻抗为 50 Ω
15	衰减	输出衰减	按下按键可产生－20 dB/－40 dB 衰减
16	V　mV_{P-P}	电压 LED	
17	外测 －20dB	外接输入衰减 －20dB	① 频率计内测和外测频率（按下）信号选择 ② 外测频率信号衰减选择，按下是信号衰减 20 dB
18	外测输入	计数器外信号输入端	外测频率时，信号由此输出
19	50 Hz 输出	50 Hz 固定信号输出	50 Hz 固定频率正弦波由此输出
20	AC220 V	电源插座	50 Hz/220 V 交流电源由此输出
21	FUSE：0.5 A	电源保险丝盒	安装电源保险丝
22	标准输出 10 MHz	标频输出	10 MHz 标频信号由此输出

10. 误差和有效数字

10.1 关于误差

要求：认识误差问题在实验中的重要性，了解误差的概念，知道系统误差和偶然误差，知道用多次测量求平均值的方法减小偶然误差，能在某些实验中分析误差的主要来源，不要求计算误差。

从来源看，误差分成系统误差和偶然误差两种；从数值看，误差又分为绝对误差和相对误差两种。

（1）系统误差和偶然误差

系统误差是由于仪器本身不精确或实验方法粗略或实验原理不完善而产生的。其特点是，在多次重做同一实验时，其结果总是同样地偏大或偏小，不会出现有几次偏大而另外几次偏小的情况。要减小系统误差，必须校准仪器、改进实验方法、完善设计原理。

偶然误差是由于各种偶然因素对实验者、测量仪器、被测物理量的影响而产生的。偶然误差的特点是，多次重做同一实验时，结果有时偏大、有时偏小，并且偏大和偏小的机会相同。减小偶然误差的一般方法是多次测量，取其平均值。

（2）绝对误差和相对误差

绝对误差：即测量值和真实值之差。它反映了测量值偏离真实值的大小。

相对误差：即绝对误差（ Δx ）与真实值 (x_0) 的百分比，可用 $\eta = \Delta x / x_0 \times 100\%$ 表示；它反映了实验结果的精确程度，衡量一次实验的精确程度就采用相对误差。

10.2 有效数字

要求：了解有效数字的概念，会用有效数字表达直接测量的结果。间接测量的有效数字运算不作要求，运算结果一般可用 2 ~ 3 位有效数字表示。

第二部分
电路基础实验

实验一　电阻元件伏安特性的测绘

一、实验目的

1. 掌握线性电阻、非线性电阻元件伏安特性的逐点测试法；
2. 学习恒压源、直流电压表、电流表的使用方法。

二、原理说明

任一二端电阻元件的特性可用该元件上的端电压 U 与通过该元件的电流 I 之间的函数关系 $U=f(I)$ 来表示，即用 U-I 平面上的一条曲线来表征，这条曲线称为该电阻元件的伏安特性曲线。根据伏安特性的不同，电阻元件分为两大类：线性电阻和非线性电阻。线性电阻元件的伏安特性曲线是一条通过坐标原点的直线，如图 2-1-1（a）所示，该直线的斜率只由电阻元件的电阻值 R 决定，其阻值为常数，与元件两端的电压 U 和通过该元件的电流 I 无关；非线性电阻元件的伏安特性是一条经过坐标原点的曲线，其阻值 R 不是常数，即在不同的电压作用下，电阻值是不同的，常见的非线性电阻如白炽灯丝、普通二极管、稳压二极管等，它们的伏安特性如图 2-1-1（b）、（c）、（d）所示。在图 2-1-1 中，$U>0$ 的部分为正向特性，$U<0$ 的部分为反向特性。绘制伏安特性曲线通常采用逐点测试法，即在不同的端电压作用下，测量出相应的电流，然后逐点绘制出伏安特性曲线，根据伏安特性曲线便可计算其电阻值。

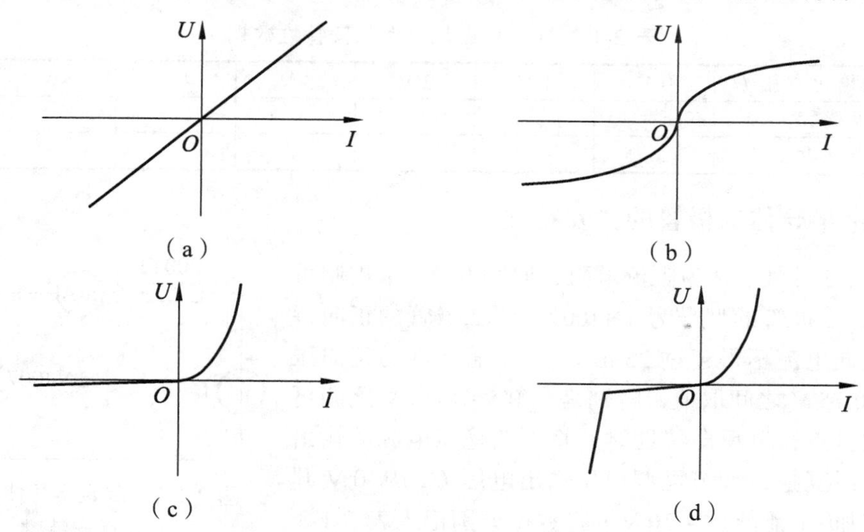

图 2-1-1　电阻元件的伏安特性曲线

三、实验设备

1. 直流数字电压表、直流数字电流表。
2. 恒压源（双路 0 ~ 30 V 可调）。
3. 电阻箱、固定电阻、电位器。

四、实验内容

1. 测定线性电阻的伏安特性

按图 2-1-2 接线，图中的电源 U 选用恒压源的可调稳压输出端，通过直流数字毫安表与 1 kΩ 线性电阻相连，电阻两端的电压用直流数字电压表测量。

调节恒压源可调稳压电源的输出电压 U，从 0 V 开始缓慢地增加（不能超过 10 V），在表 2-1-1 中记下相应的电压表和电流表的读数。

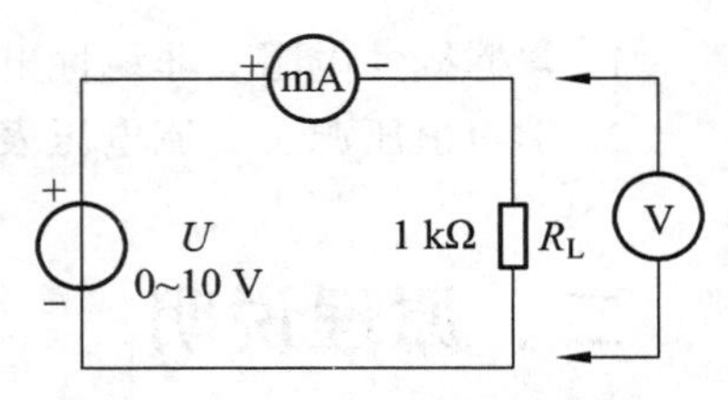

图 2-1-2　测定线性电阻的伏安特性

表 2-1-1　线性电阻伏安特性测试数据

稳压电源的输出电压 U	0 V	2 V	4 V	6 V	8 V	10 V
电压表读数						
电流表读数						

2. 测定 6.3 V 白炽灯泡的伏安特性

将图 2-1-2 中的 1 kΩ 线性电阻换成一只 6.3 V 的灯泡，重复实验内容 1 的步骤，电压不能超过 6.3 V，在表 2-1-2 中记下相应的电压表和电流表的读数。

表 2-1-2　6.3 V 白炽灯泡伏安特性数据

稳压电源的输出电压 U	0 V	1 V	2 V	3 V	4 V	5 V	6.3 V
电压表读数							
电流表读数							

3. 测定半导体二极管的伏安特性

按图 2-1-3 接线，R 为限流电阻，取 200 Ω（十进制可变电阻箱），二极管的型号为 1N4007。测二极管的正向特性时，其正向电流不得超过 25 mA，二极管 VD 的正向压降可在 0 ~ 0.75 V 之间取值，特别是在 0.5 ~ 0.75 V 之间更应取几个测量点；测反向特性时，将可调稳压电源的输出端正、负连线互换，调节可调稳压输出电压 U，从 0 V 开始缓慢地增加（不能超过 – 30 V），将数据分别记入表 2-1-3 和表 2-1-4 中。

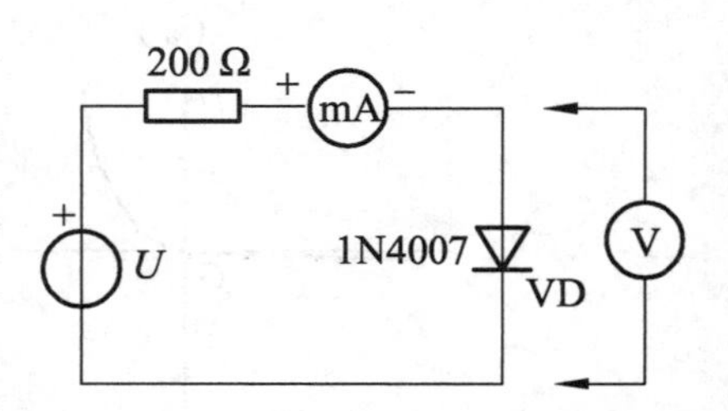

图 2-1-3　测定半导体二极管的伏安特性

表 2-1-3　二极管正向特性实验数据

稳压输出电压 U/V	0	0.2	0.4	0.45	0.5	0.55	0.60	0.65	0.70	0.75
电压表读数										
电流表读数										

表 2-1-4　二极管反向特性实验数据

稳压输出电压 U/V	0	−5	−10	−15	−20	−25	−30
电压表读数							
电流表读数							

4. 测定稳压管的伏安特性

将图 2-1-3 中的二极管 1N4007 换成稳压管 2CW51，重复实验内容 3 的测量，其正、反向电流不得超过 ± 20 mA，将数据分别记入表 2-1-5 和表 2-1-6 中。

表 2-1-5　稳压管正向特性实验数据

稳压输出电压 U/V	0	0.2	0.4	0.45	0.5	0.55	0.60	0.65	0.70	0.75
电压表读数										
电流表读数										

表 2-1-6　稳压管反向特性实验数据

稳压输出电压 U/V	0	−1	−1.5	−2.	−2.5	−2.8	−3	−3.2	−3.5	−3.55
电压表读数										
电流表读数										

五、实验注意事项

1. 测量时，可调稳压电源的输出电压由 0 缓慢逐渐增加，应时刻注意电压表和电流表，不能超过规定值。

2. 稳压电源输出端切勿碰线短路。

3. 在测量中，随时注意电流表读数，及时更换电流表量程，勿使仪表超量程，注意仪表的正负极性。

六、预习与思考题

1. 线性电阻与非线性电阻的伏安特性有何区别？它们的电阻值与通过的电流有无关系？
2. 如何计算线性电阻与非线性电阻的电阻值？
3. 请举例说明哪些元件是线性电阻，哪些元件是非线性电阻，它们的伏安特性曲线是什么形状？
4. 设某电阻元件的伏安特性函数式为 $U = f(I)$，如何用逐点测试法绘制出伏安特性曲线？

七、实验报告要求

1. 根据实验数据，分别在方格纸上绘制出各个电阻的伏安特性曲线。

2. 根据伏安特性曲线，计算线性电阻的电阻值，并与实际电阻值比较。

3. 根据伏安特性曲线，计算白炽灯在额定电压（6.3 V）时的电阻值，当电压降低 20% 时，阻值为多少？

实验二　电位、电压的测定及电路电位图的绘制

一、实验目的

1. 学会测量电路中各点电位和电压的方法，理解电位的相对性和电压的绝对性；
2. 学会电路电位图的测量、绘制方法；
3. 掌握直流稳压电源、直流电压表的使用方法。

二、原理说明

在一个确定的闭合电路中，各点电位的大小视所选的电位参考点的不同而异，但任意两点之间的电压（即两点之间的电位差）则是不变的，这一性质称为电位的相对性和电压的绝对性。据此性质，我们可用一只电压表来测量出电路中各点的电位及任意两点间的电压。

若以电路中的电位值作纵坐标，电路中各点位置（电阻或电源）作横坐标，将测量到的各点电位在该坐标平面中标出，并把标出点按顺序用直线条相连接，就可以得到电路的电位图，每一段直线段即表示该两点电位的变化情况。而且，任意两点的电位变化，即为该两点之间的电压。

在电路中，电位参考点可任意选定，对于不同的参考点，所绘出的电位图形是不同，但其各点电位变化的规律却是一样的。

三、实验设备

1. 直流数字电压表、直流数字电流表。
2. 恒压源（双路 0 ~ 30 V 可调）。
3. 电阻箱、固定电阻、电位器。

四、实验内容

实验电路如图 2-2-1 所示，图中的电源 U_{S1} 用恒压源Ⅰ路 0 ~ +30 V 可调电源输出端，并将输出电压调到 + 6 V；U_{S2} 用Ⅱ路 0 ~ +30 V 可调电源输出端，并将输出电压调到 + 12 V。开关 S_1 投向 U_{S1} 侧，开关 S_2 投向 U_{S2} 侧，开关 S_3 投向 R_3 侧。

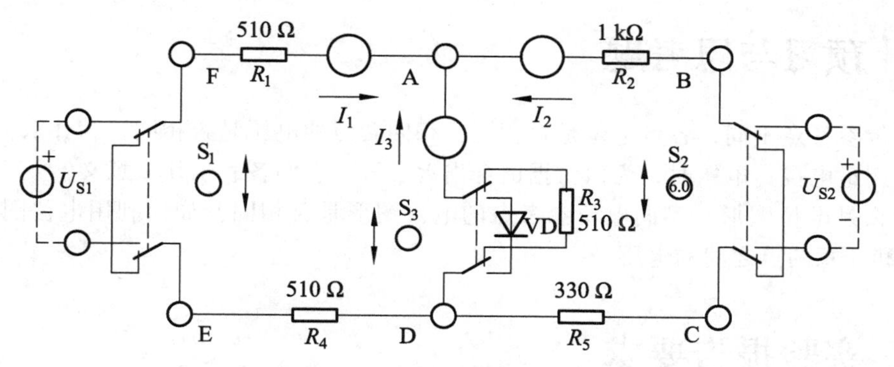

图 2-2-1　测量电路中各点电位

1. 测量电路中各点电位

以图 2-2-1 中的 A 点作为电位参考点，分别测量 B、C、D、E、F 各点的电位。

用电压表的负端（黑色接线柱）与 A 点相连，正端（红色接线柱）分别对 B、C、D、E、F 各点进行测量，数据记入表 2-2-1 中。

以 D 点作为电位参考点，重复上述步骤，测得数据记入表 2-2-1 中。

2. 测量电路中相邻两点之间的电压值

在图 2-2-1 中，测量电压 U_{AB}：将电压表的正端（红色接线柱）与 A 点相连，负端（黑色接线柱）与 B 点相连，读电压表读数，记入表 2-2-1 中。按同样方法测量 U_{BC}、U_{CD}、U_{DE}、U_{EF} 及 U_{FA}，测量数据记入表 2-2-1 中。

表 2-2-1　电路中各点电位和电压数据

参考点	测量各点电位/V						测量相邻两点之间的电压值/V					
	V_A	V_B	V_C	V_D	V_E	V_F	U_{AB}	U_{BC}	U_{CD}	U_{DE}	U_{EF}	U_{FA}
A												
D												

五、实验注意事项

1. 实验电路中使用的电源 U_{S1} 和 U_{S2} 用 0~+30 V 可调电源，应分别将输出电压调到 +6 V 和 +12 V 后，再接入电路中，并防止电源输出端短路。

2. 使用数字直流电压表测量电位时，用黑笔端插入参考电位点，红笔端插入被测各点，若显示正值，则表明该点电位为正（即高于参考点电位）；若显示负值，则表明该点电位为负（即该点电位低于参考点电位）。

3. 使用数字直流电压表测量电压时，红笔端插入被测电压参考方向的正 (+) 端，黑笔端插入被测电压参考方向的负 (−) 端，若显示正值，则表明电压参考方向与实际方向一致；若显示负值，表明电压参考方向与实际方向相反。

六、预习与思考题

1. 电位参考点不同，各点电位是否相同？相同两点的电压是否相同，为什么？

2. 在测量电位、电压时，为何数据前会出现 ± 号，它们各表示什么意义？

3. 什么是电位图形？不同电位参考点的电位图形是否相同？如何利用电位图形求出各点的电位和任意两点之间的电压。

七、实验报告要求

1. 根据实验数据，分别绘制出电位参考点为 A 点和 D 点的两个电位图形。

2. 根据电路参数计算出各点电位和相邻两点之间的电压值，与实验数据相比较，对误差作必要的分析。

实验三　基尔霍夫定律的验证

一、实验目的

1. 验证基尔霍夫定律，加深对基尔霍夫定律的理解；
2. 掌握直流电流表的使用以及学会用电流插头、插座测量各支路电流的方法；
3. 培养检查、分析电路简单故障的能力。

二、原理说明

基尔霍夫电流定律和电压定律是电路的基本定律，它们分别用来描述结点电流和回路电压，即对电路中的任一结点而言，设定了电流的参考方向，应有$\sum I = 0$，一般流出结点的电流取负号，流入结点的电流取正号；对任何一个闭合回路而言，设定了电压的参考方向，绕行一周，应有$\sum U = 0$，一般电压方向与绕行方向一致的电压取正号，电压方向与绕行方向相反的电压取负号。

在实验前，必须设定电路中所有电流、电压的参考方向，其中电阻上的电压方向应与电流方向一致，如图 2-3-1 所示。

三、实验设备

1. 直流数字电压表、直流数字电流表。
2. 恒压源（双路 0 ~ 30 V 可调）。
3. 叠加原理实验电路组件。

四、实验内容

实验电路如图 2-3-1 所示，图中的电源 U_{S1} 用恒压源 I 路 0~ +30 V 可调电压输出端，并将输出电压调到 + 6 V，U_{S2} 用恒压源Ⅱ路 0~ +30 V 可调电压输出端，并将输出电压调到 + 12 V（以直流数字电压表读数为准）。开关 S_1 投向 U_{S1} 侧，开关 S_2 投向 U_{S2} 侧，开关 S_3 投向 R_3 侧。

实验前先设定三条支路的电流参考方向，如图中的 I_1、I_2、I_3 所示，并熟悉线路结构，掌握各开关的操作使用方法。

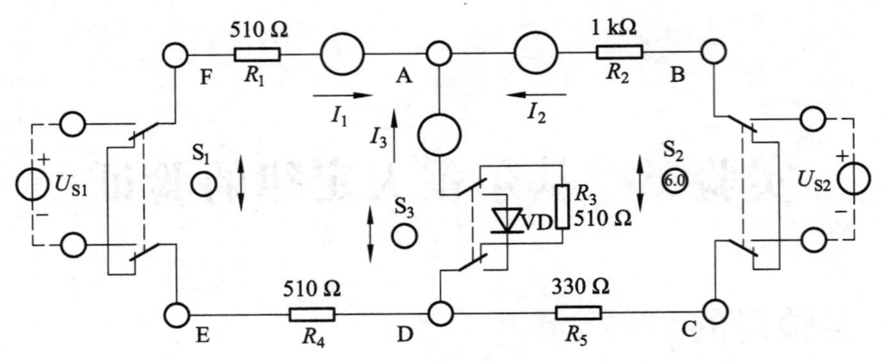

图 2-3-1　基尔霍夫定律的验证电路

1. 熟悉电流插头的结构

将电流插头的红接线端插入数字电流表的红（正）接线端，电流插头的黑接线端插入数字电流表的黑（负）接线端。

2. 测量支路电流

将电流插头分别插入三条支路的三个电流插座中，读出各个电流值。按规定：在结点 A，电流表读数为“＋”，表示电流流入结点，读数为“－”，表示电流流出结点，然后根据图 2-3-1 中的电流参考方向，确定各支路电流的正、负号，并记入表 2-3-1 中。

表 2-3-1　支路电流数据

支路电流/mA	I_1	I_2	I_3
计算值			
测量值			
相对误差			

3. 测量元件电压

用直流数字电压表分别测量两个电源及电阻元件上的电压值，将数据记入表 2-3-2 中。测量时电压表的红（正）接线端应插入被测电压参考方向的高电位端，黑（负）接线端插入被测电压参考方向的低电位端。

表 2-3-2　各元件的电压数据

各元件电压/V	U_{S1}	U_{S2}	U_{R1}	U_{R2}	U_{R3}	U_{R4}	U_{R5}
计算值/V							
测量值/V							
相对误差							

五、实验注意事项

1. 所有需要测量的电压值，均以电压表测量的读数为准，不以电源表盘指示值为准。

2. 防止电源两端碰线短路。

3. 若用指针式电流表进行测量时，要识别电流插头所接电流表的“+”“-”极性，倘若不换接极性，则电表指针可能反偏而损坏设备（电流为负值时），此时必须调换电流表极性，重新测量，此时指针正偏，但读得的电流值必须冠以负号。

六、预习与思考题

1. 根据图 2-3-1 所示的电路参数，计算出待测的电流 I_1、I_2、I_3 和各电阻上的电压值，记入表 2-3-2 中，以便实验测量时，可正确地选定毫安表和电压表的量程。

2. 在图 2-3-1 所示的电路中，A、D 两结点的电流方程是否相同？为什么？

3. 在图 2-3-1 所示的电路中，可以列出几个电压方程？它们与绕行方向有无关系？

4. 实验中，若用指针万用表直流毫安挡测各支路电流，什么情况下可能出现毫安表指针反偏，应如何处理，在记录数据时应注意什么？若用直流数字毫安表进行测量，会有什么显示呢？

七、实验报告要求

1. 根据实验数据，选定实验电路中的任何一个结点，验证基尔霍夫电流定律（KVL）的正确性。

2. 根据实验数据，选定实验电路中的任何一个闭合回路，验证基尔霍夫电压定律（KCL）的正确性。

3. 列出求解电压 U_{EA} 和 U_{CA} 的方程，并根据实验数据求出它们的数值。

4. 写出实验中检查、分析电路故障的方法，总结查找故障的体会。

实验四　线性电路叠加性和齐次性的研究

一、实验目的

1. 验证叠加原理；
2. 了解叠加原理的应用场合；
3. 理解线性电路的叠加性和齐次性。

二、原理说明

叠加原理指出：在有几个电源共同作用下的线性电路中，通过每一个元件的电流或其两端的电压，可以看成是由每一个电源单独作用时在该元件上所产生的电流或电压的代数和。叠加原理反映了线性电路的叠加性。具体方法是：一个电源单独作用时，其他的电源必须去掉（电压源短路，电流源开路）；在求电流或电压的代数和时，当电源单独作用时电流或电压的参考方向与共同作用时的参考方向一致时，符号取正，否则取负。在图 2-4-1 中：

$$I_1 = I_1' - I_1'',\quad I_2 = -I_2' + I_2'',\quad I_3 = I_3' + I_3'',\quad U = U' + U''$$

线性电路的齐次性是指：当激励信号（如电源作用）增加或减小 K 倍时，电路的响应（即在电路其他各电阻元件上所产生的电流和电压值）也将增加或减小 K 倍。叠加性和齐次性都只适用于求解线性电路中的电流、电压。对于非线性电路，叠加性和齐次性都不适用。

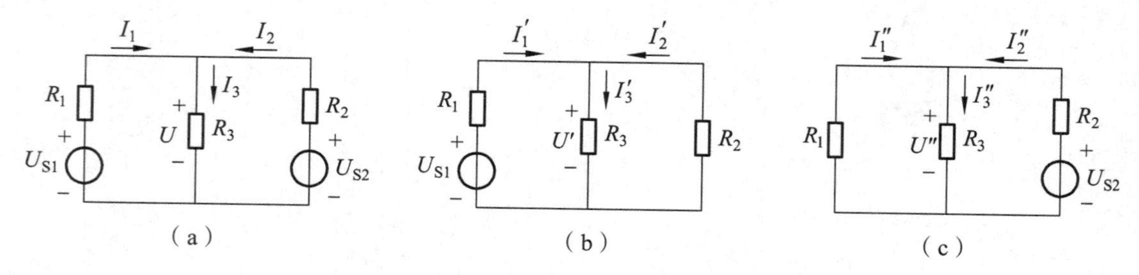

图 2-4-1　线性电路的叠加性和齐次性

三、实验设备

1. 直流数字电压表、直流数字电流表。
2. 恒压源（双路 0 ~ 30 V 可调）。
3. 叠加原理实验电路组件。

四、实验内容

实验电路如图 2-4-2 所示，图中：$R_1 = R_3 = R_4 = 510\ \Omega$，$R_2 = 1\ \text{k}\Omega$，$R_5 = 330\ \Omega$，图中的电源 U_{S1} 用恒压源 I 路 0~ +30 V 可调电压输出端，并将输出电压调到 + 12 V，U_{S2} 用恒压源 Ⅱ 路 0~ +30 V 可调电压输出端，并将输出电压调到 + 6 V（以直流数字电压表读数为准），开关 S_3 投向 R_3 侧。

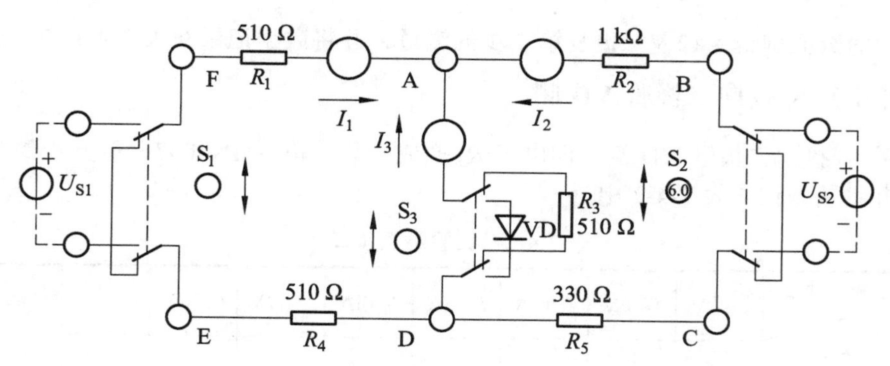

图 2-4-2　实验电路

1. U_{S1} 电源单独作用

将开关 S_1 投向 U_{S1} 侧，开关 S_2 投向短路侧，参考图 2-4-1（b），画出电路图，标明各电流、电压的参考方向。

用直流数字毫安表接电流插头测量各支路电流：将电流插头的红接线端插入数字电流表的红（正）接线端，电流插头的黑接线端插入数字电流表的黑（负）接线端，测量各支路电流。按规定：在结点 A，电流表读数为“+”，表示电流流入结点，读数为“-”，表示电流流出结点，然后根据电路中的电流参考方向，确定各支路电流的正、负号，并将数据记入表 2-4-1 中。

用直流数字电压表测量各电阻元件两端电压：电压表的红（正）接线端应插入被测电阻元件电压参考方向的正端，电压表的黑（负）接线端插入电阻元件的另一端（电阻元件电压参考方向与电流参考方向一致），测量各电阻元件两端的电压，数据记入表 2-4-1 中。

表 2-4-1　实验数据（一）

测量项目 / 实验内容	U_{S1}/V	U_{S2}/V	I_1/mA	I_2/mA	I_3/mA	U_{AB}/V	U_{CD}/V	U_{AD}/V	U_{DE}/V	U_{FA}/V
U_{S1} 单独作用	12	0								
U_{S2} 单独作用	0	6								
U_{S1}、U_{S2} 共同作用	12	6								
U_{S2} 单独作用	0	12								

2. U_{S2} 电源单独作用

将开关 S_1 投向短路侧，开关 S_2 投向 U_{S2} 侧，参考图 2-4-1（c），画出电路图，标明各电流、电压的参考方向。

重复步骤 1 的测量并将数据记录记入表格 2-4-1 中。

3. U_{S1} 和 U_{S2} 共同作用时

开关 S_1 和 S_2 分别投向 U_{S1} 和 U_{S2} 侧，各电流、电压的参考方向见图 2-4-2。
完成上述电流、电压的测量并将数据记录记入表格 2-4-1 中。

4. U_{S2} 调至 + 12 V，重复第 2 步测量

将 U_{S2} 的数值调至 + 12 V，重复第 2 步的测量，并将数据记录在表 2-4-1 中。

5. 将开关 S_3 投向二极管 VD 侧

将开关 S_3 投向二极管 VD 侧，即电阻 R_3 换成一只二极管 1N4007，重复步骤 1～4 的测量过程，并将数据记入表 2-4-2 中。

表 2-4-2　实验数据（二）

测量项目 / 实验内容	U_{S1}/V	U_{S2}/V	I_1/mA	I_2/mA	I_3/mA	U_{AB}/V	U_{CD}/V	U_{AD}/V	U_{DE}/V	U_{FA}/V
U_{S1} 单独作用	12	0								
U_{S2} 单独作用	0	6								
U_{S1}、U_{S2} 共同作用	12	6								
U_{S2} 单独作用	0	12								

五、实验注意事项

1. 用电流插头测量各支路电流时，应注意仪表的极性及数据表格中“+”“-”号的记录。
2. 注意仪表量程的及时更换。
3. 电压源单独作用时，去掉另一个电源，只能在实验板上用开关 S_1 或 S_2 操作，而不能直接将电压源短路。

六、预习与思考题

1. 叠加原理中 U_{S1}、U_{S2} 分别单独作用，在实验中应如何操作？可否将要去掉的电源（U_{S1} 或 U_{S2}）直接短接？
2. 实验电路中，若有一个电阻元件改为二极管，试问叠加性与齐次性还成立吗？为什么？

七、实验报告要求

1. 根据表 2-4-1 中的实验数据，通过求各支路电流和各电阻元件两端的电压，验证线性电路的叠加性与齐次性。
2. 各电阻元件所消耗的功率能否用叠加原理计算得出？试用上述实验数据计算、说明。
3. 根据表 2-4-1 中的实验数据，当 $U_{S1} = U_{S2} = 12$ V 时，用叠加原理计算各支路电流和各电阻元件两端的电压。
4. 根据表 2-4-2 中的实验数据，说明叠加性与齐次性是否适用该实验电路。

实验五　电压源、电流源及其电源等效变换的研究

一、实验目的

1. 掌握建立电源模型的方法；
2. 掌握电源外特性的测试方法；
3. 加深对电压源和电流源特性的理解；
4. 研究电源模型等效变换的条件。

二、原理说明

1. 电压源和电流源

电压源具有端电压保持恒定不变，而输出电流的大小由负载决定的特性。其外特性，即端电压 U 与输出电流 I 的关系 $U=f(I)$ 是一条平行于 I 轴的直线。实验中使用的恒压源在规定的电流范围内，具有很小的内阻，可以将它视为一个电压源。

电流源具有输出电流保持恒定不变，而端电压的大小由负载决定的特性。其外特性，即输出电流 I 与端电压 U 的关系 $I=f(U)$ 是一条平行于 U 轴的直线。实验中使用的恒流源在规定的电流范围内，具有极大的内阻，可以将它视为一个电流源。

2. 实际电压源和实际电流源

实际上任何电源内部都存在电阻，通常称为内阻。因而，实际电压源可以用一个内阻 R_S 和电压源 U_S 串联表示，其端电压 U 随输出电流 I 的增大而降低。在实验中，可以用一个小阻值的电阻与恒压源相串联来模拟一个实际电压源。

实际电流源是用一个内阻 R_S 和电流源 I_S 并联表示，其输出电流 I 随端电压 U 的增大而减小。在实验中，可以用一个大阻值的电阻与恒流源相并联来模拟一个实际电流源。

3. 实际电压源和实际电流源的等效互换

一个实际的电源，就其外部特性而言，既可以看成是一个电压源，又可以看成是一个电流源。若视为电压源，则可用一个电压源 U_S 与一个电阻 R_S 相串联表示；若视为电流源，则可用一个电流源 I_S 与一个电阻 R_S 相并联来表示。若它们向同样大小的负载供出同样大小的电流和端电压，则称这两个电源是等效的，即具有相同的外特性。

实际电压源与实际电流源等效变换的条件为：

① 取实际电压源与实际电流源的内阻均为 R_S。

② 已知实际电压源的参数为 U_S 和 R_S，则实际电流源的参数为 $I_S=\frac{U_S}{R_S}$ 和 R_S；若已知实际电流源的参数为 I_S 和 R_S，则实际电压源的参数为 $U_S=I_SR_S$ 和 R_S。

三、实验设备

1. 直流数字电压表、直流数字电流表。
2. 恒压源（双路 0 ~ 30 V 可调）。
3. 恒源流（0 ~ 200 mA 可调）。
4. NEEL-23 组件（含固定电阻、电位器）或 NEEL-51 组件、NEEL-52 组件。

四、实验内容

1. 测定电压源（恒压源）与实际电压源的外特性

实验电路如图 2-5-1 所示，图中的电源 U_S 用恒压源 0~ +30 V 可调电压输出端，并将输出电压调到 + 6 V，R_1 取 200 Ω 的固定电阻，R_2 取 470 Ω 的电位器。调节电位器 R_2，令其阻值由大至小变化，将电流表、电压表的读数记入表 2-5-1 中。

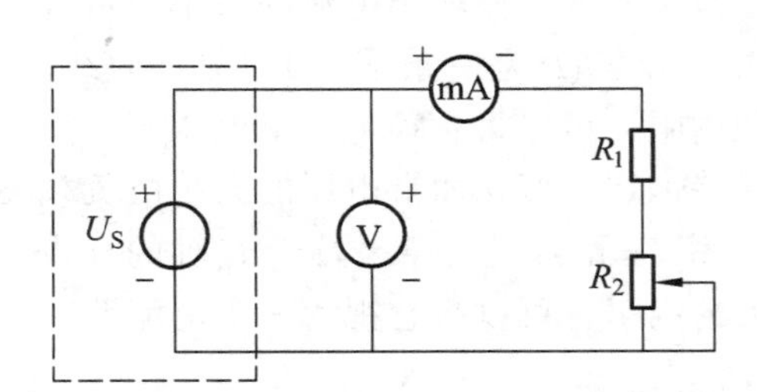

图 2-5-1　测定电压源与实际电源的外特性（一）

表 2-5-1　电压源（恒压源）外特性数据

R_2/Ω							
I/mA							
U/V							

在图 2-5-1 所示电路中，将电压源改成实际电压源，如图 2-5-2 所示，图中内阻 R_S 取 51 Ω 的固定电阻，调节电位器 R_2，令其阻值由大至小变化，将电流表、电压表的读数记入表 2-5-2 中。

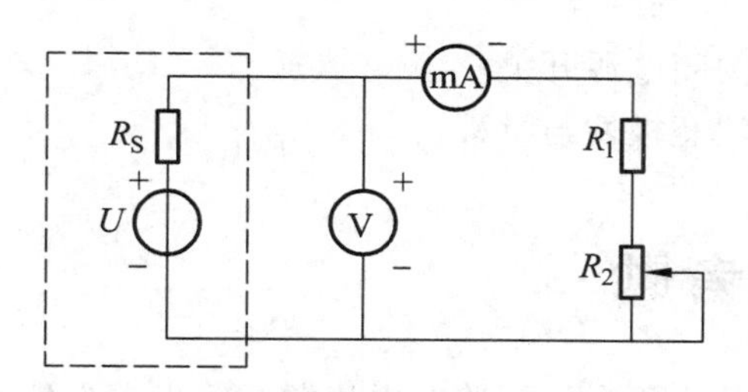

图 2-5-2　测定电压源与实际电源的外特性（二）

表 2-5-2　实际电压源外特性数据

R_2/Ω							
I/mA							
U/V							

2. 测定电流源（恒流源）与实际电流源的外特性

按图 2-5-3 接线，图中 I_S 为恒流源，调节其输出为 5 mA（用毫安表测量），R_2 取 470 Ω 的电位器，在 R_S 分别为 1 kΩ 和 ∞ 两种情况下，调节电位器 R_2，令其阻值由大至小变化，将电流表、电压表的读数记入自拟的数据表格中。

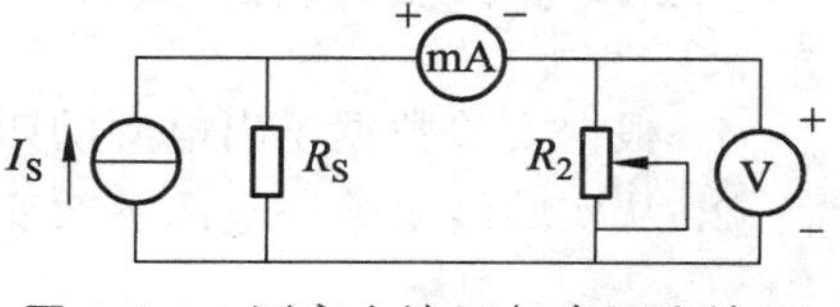

图 2-5-3　测定电流源与实际电流源的外特性

3. 研究电源等效变换的条件

按图 2-5-4 所示电路接线，其中图（a）、（b）中的内阻 R_S 均为 51 Ω，负载电阻 R 均为 200 Ω。

在图 2-5-4（a）所示电路中，U_S 用恒压源 0 ~ +30 V 可调电压输出端，并将输出电压调到 +6 V，记录电流表、电压表的读数，然后调节图 2-5-4（b）所示电路中的恒流源 I_S，令两表的读数与图 2-5-4（a）所示两表的数值相等，记录 I_S 之值，验证等效变换条件的正确性。

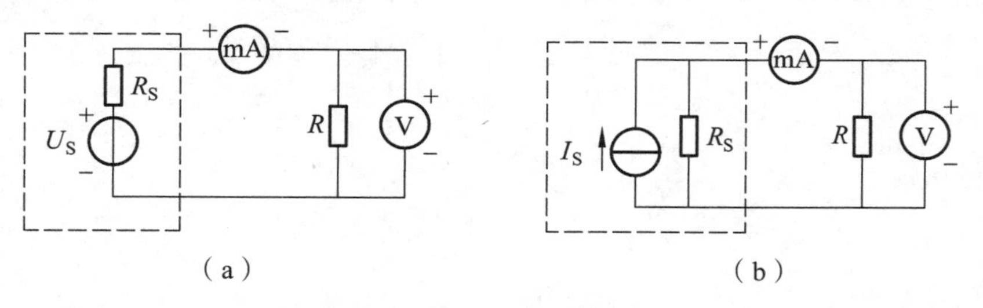

图 2-5-4　验证电源等效变换

五、实验注意事项

1. 在测电压源外特性时，不要忘记测空载（$I = 0$）时的电压值；测电流源外特性时，不要忘记测短路（$U = 0$）时的电流值，注意恒流源负载电压不可超过 20 V，负载更不可开路。

2. 换接线路时，必须关闭电源开关。

3. 直流仪表的接入应注意极性与量程。

六、预习与思考题

1. 电压源的输出端为什么不允许短路？电流源的输出端为什么不允许开路？

2. 说明电压源和电流源的特性，其输出是否在任何负载下能保持恒值？

3. 实际电压源与实际电流源的外特性为什么呈下降变化趋势，下降的快慢受哪个参数的影响？

4. 实际电压源与实际电流源等效变换的条件是什么？所谓“等效”是对谁而言？电压源与电流源能否等效变换？

七、实验报告要求

1. 根据实验数据绘出电源的四条外特性，并总结、归纳两类电源的特性。

2. 从实验结果验证电源等效变换的条件。

实验六　戴维南定理——有源二端网络等效参数的测定

一、实验目的

1. 验证戴维南定理、诺顿定理的正确性，加深对该定理的理解；
2. 掌握测量有源二端网络等效参数的一般方法。

二、实验原理

1. 戴维南定理和诺顿定理

戴维南定理指出：任何一个有源二端网络［见图 2-6-1（a）］，总可以用一个电压源 U_S 和一个电阻 R_S 串联组成的实际电压源来代替［见图 2-6-1（b）］，其中：电压源 U_S 等于这个有源二端网络的开路电压 U_{OC}，内阻 R_S 等于该网络中所有独立电源均置零（电压源短接，电流源开路）后的等效电阻 R_O。

诺顿定理指出：任何一个有源二端网络［见图 2-6-1（a）］，总可以用一个电流源 I_S 和一个电阻 R_S 并联组成的实际电流源来代替［见图 2-6-1（c）］，其中：电流源 I_S 等于这个有源二端网络的短路电源 I_{SC}，内阻 R_S 等于该网络中所有独立电源均置零（电压源短接，电流源开路）后的等效电阻 R_O。

U_S、R_S 和 I_S、R_S 称为有源二端网络的等效参数。

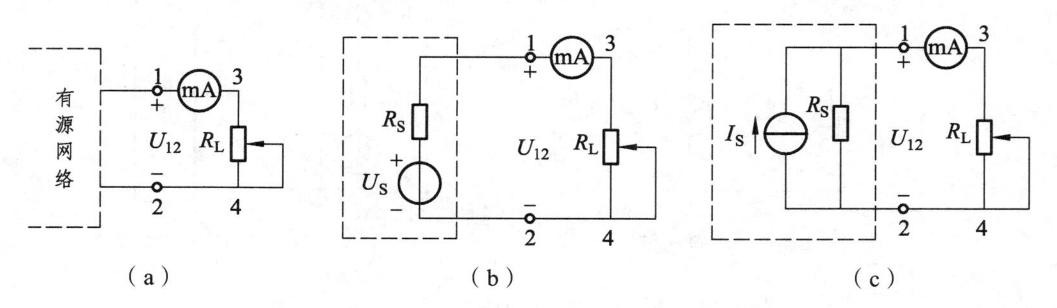

图 2-6-1　戴维南定理和诺顿定理

2. 有源二端网络等效参数的测量方法

2.1　开路电压、短路电流法

在有源二端网络输出端开路时，用电压表直接测其输出端的开路电压 U_{OC}，然后再将其输出端短路，测其短路电流 I_{SC}，且内阻为：

$$R_S = \frac{U_{OC}}{I_{SC}}$$

若有源二端网络的内阻值很低时，则不宜测其短路电流。

2.2 伏安法

一种方法是用电压表、电流表测出有源二端网络的外特性曲线，如图 2-6-2 所示。开路电压为 U_{OC}，根据外特性曲线求出斜率 $\tan\phi$，则内阻为：

$$R_S = \tan\phi = \frac{\Delta U}{\Delta I}$$

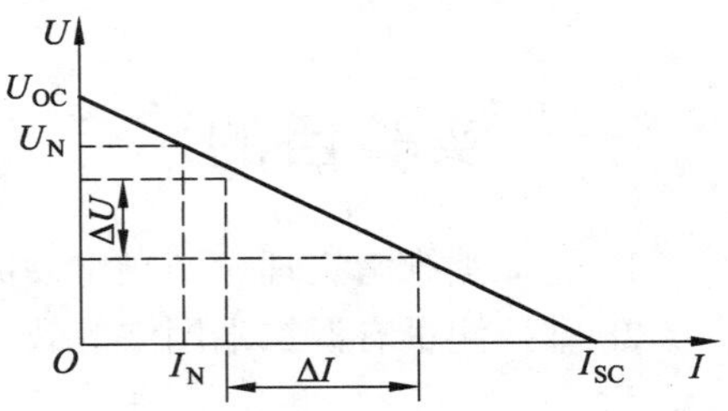

图 2-6-2　有源二端网络的外特性曲线

另一种方法是测量有源二端网络的开路电压 U_{OC} 以及额定电流 I_N 和对应的输出端额定电压 U_N，如图 2-6-1 所示，则内阻为：

$$R_S = \frac{U_{OC} - U_N}{I_N}$$

2.3 半电压法

如图 2-6-3 所示，当负载电压为被测网络开路电压 U_{OC} 的一半时，负载电阻 R_L 的大小（由电阻箱的读数确定）即为被测有源二端网络的等效内阻 R_S 的数值。

2.4 零示法

在测量具有高内阻有源二端网络的开路电压时，用电压表进行直接测量会造成较大的误差，为了消除电压表内阻的影响，往往采用零示测量法，如图 2-6-4 所示。零示法的测量原理是用一低内阻的恒压源与被测有源二端网络进行比较，当恒压源的输出电压与有源二端网络的开路电压相等时，电压表的读数将为“0”，然后将电路断开，测量此时恒压源的输出电压 U，即为被测有源二端网络的开路电压。

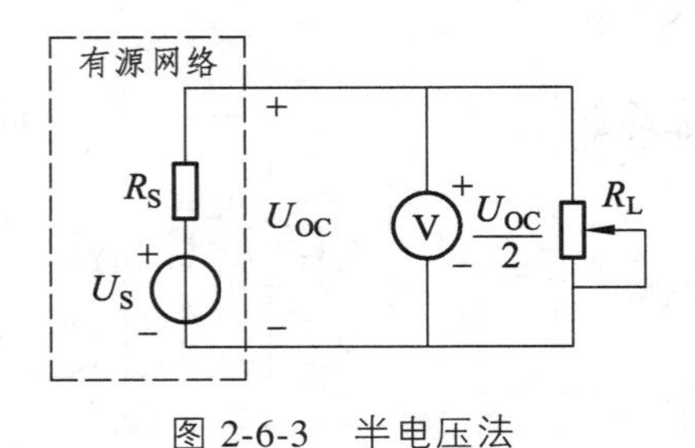

图 2-6-3　半电压法

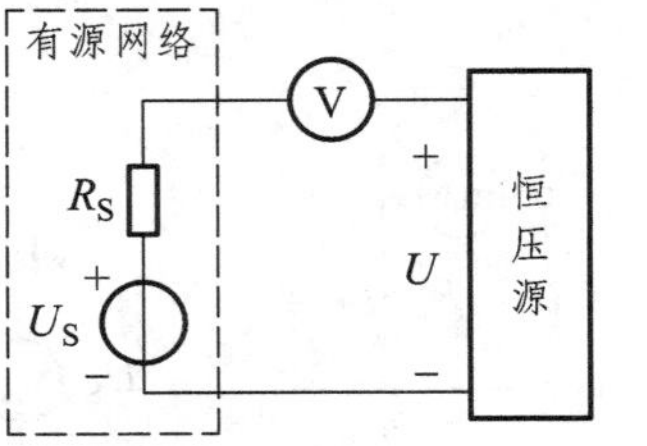

图 2-6-4　零示法

三、实验设备

1. 直流数字电压表、直流数字电流表。
2. 恒压源（双路 0 ~ 30 V 可调）。

3. 恒源流（0～200 mA 可调）。

4. NEEL-11 下组件（含固定电阻、电位器）或 NEEL-51 组件、NEEL-52 组件、NEEL-53 组件。

四、实验内容

注：配有 NEEL-30 组件的实验台可依照特殊配置实验指导书进行实验。配有 NEEL-11 下组件或 NEEL-53 组件的实验台的实验如下所示。

被测有源二端网络电路如图 2-6-5 所示。

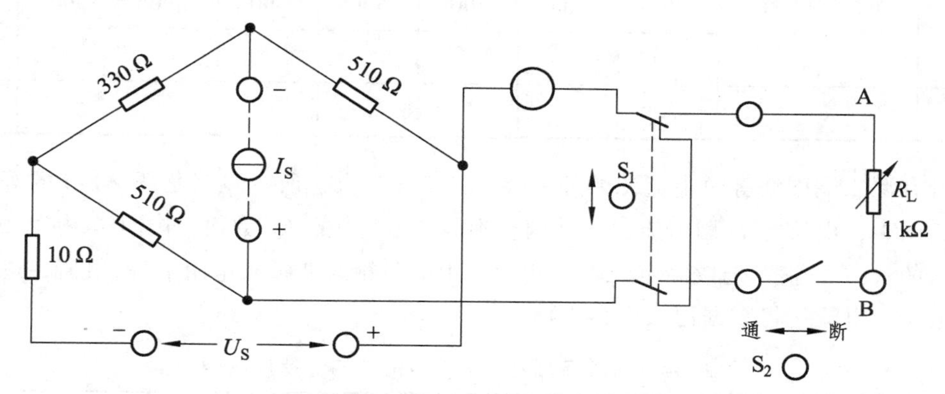

图 2-6-5　被测有源二端网络电路

1. 测试开路电压和短路电流

将图 2-6-5 所示线路接入恒压源 $U_S = 12$ V 和恒流源 $I_S = 20$ mA 及可变电阻 R_L。

测开路电压 U_{OC}：在图 2-6-5 所示电路中，断开负载 R_L，用电压表测量开路电压 U_{OC}，将数据记入表 2-6-1 中。

测短路电流 I_{SC}：在图 2-6-5 所示电路中，将负载 R_L 短路，用电流表测量短路电流 I_{SC}，将数据记入表 2-6-1 中。

表 2-6-1　测试开路电压、短路电流数据

U_{OC}/V	I_{SC}/mA	$R_S=U_{OC}/I_{SC}$

2. 负载实验

测量有源二端网络的外特性：在图 2-6-5 所示电路中，改变负载电阻 R_L 的阻值，逐点测量对应的电压、电流，将数据记入表 2-6-2 中，并计算有源二端网络的等效参数 U_S 和 R_S。

表 2-6-2　负载实验数据

R_L/Ω	990	900	800	700	600	500	400	300	200	100
U/V										

I/mA										

3. 验证戴维南定理

测量有源二端网络等效电压源的外特性：图 2-6-1（b）所示电路是图 2-6-5 的等效电压源电路，图中，电压源 U_S 用恒压源的可调稳压输出端，调整到表 2-6-1 中的 U_{OC} 数值，内阻 R_S 按表 2-6-1 中计算出来的 R_S（取整）选取固定电阻。然后，用电阻箱改变负载电阻 R_L 的阻值，逐点测量对应的电压、电流，将数据记入表 2-6-3 中。

表 2-6-3　有源二端网络等效电压源的外特性数据

R_L/Ω	990	900	800	700	600	500	400	300	200	100
U/V										
I/mA										

测量有源二端网络等效电流源的外特性：图 2-6-1（c）所示电路是图 2-6-5 的等效电流源电路，图中，电流源 I_S 用恒流源，并调整到表 2-6-1 中的 I_{SC} 数值，内阻 R_S 按表 2-6-1 中计算出来的 R_S（取整）选取固定电阻；然后，用电阻箱改变负载电阻 R_L 的阻值，逐点测量对应的电压、电流，将数据记入表 2-6-4 中。

表 2-6-4　有源二端网络等效电流源的外特性数据

R_L/Ω	990	900	800	700	600	500	400	300	200	100
U_{AB}/V										
I/mA										

4. 测定有源二端网络等效电阻（又称入端电阻）的其他方法

将被测有源网络内的所有独立源置零（将电流源 I_S 去掉，也去掉电压源，并在原电压端所接的两点用一根短路导线相连），然后用伏安法或者直接用万用表的欧姆挡去测定负载 R_L 开路后 A、B 两点间的电阻，此即为被测网络的等效内阻 R_{eq} 或称网络的入端电阻 R_1。

$R_{eq}=$　　　　（Ω）

5. 用半电压法和零示法测量有源二端网络的等效内阻 R_S 及其开路电压 U_{OC}

半电压法：在图 2-6-5 所示电路中，首先断开负载电阻 R_L，测量有源二端网络的开路电压 U_{OC}，然后接入负载电阻 R_L，调节 R_L 直到两端电压等于 $U_{OC}/2$ 为止，此时负载电阻 R_L 的大小即为等效电源的内阻 R_S 的数值。记录 U_{OC} 和 R_S 的数值。

零示法测开路电压 U_{OC}：实验电路如图 2-6-4 所示，其中，恒压源采用 0 ~ 30 V 可调输出端，调整输出电压 U，观察电压表数值，当其等于零时输出电压 U 的数值即为有源二端网络的开路电压 U_{OC}，并记录 U_{OC} 的数值。

五、实验注意事项

1. 测量时，注意电流表量程的更换。
2. 改接线路时，要关掉电源。

六、预习与思考题

1. 如何测量有源二端网络的开路电压和短路电流，在什么情况下不能直接测量开路电压和短路电流？
2. 说明测量有源二端网络开路电压及等效内阻的几种方法，并比较其优缺点。

七、实验报告要求

1. 根据表 2-6-1 和表 2-6-2 的数据，计算有源二端网络的等效参数 U_S 和 R_S。
2. 根据半电压法和零示法测量的数据，计算有源二端网络的等效参数 U_S 和 R_S。
3. 实验中用各种方法测得的 U_{OC} 和 R_S 是否相等？试分析其原因。
4. 根据表 2-6-2、表 2-6-3 和表 2-6-4 的数据，绘出有源二端网络和有源二端网络等效电路的外特性曲线，验证戴维南定理和诺顿定理的正确性。
5. 说明戴维南定理和诺顿定理的应用场合。

实验七　最大功率传输条件的研究

一、实验目的

1. 理解阻抗匹配，掌握最大功率传输的条件；
2. 掌握根据电源外特性设计实际电源模型的方法。

二、原理说明

电源向负载供电的电路如图 2-7-1 所示，图中 R_S 为电源内阻，R_L 为负载电阻。当电路电流为 I 时，负载 R_L 得到的功率为：

$$P_L = I^2 R_L = \left(\frac{U_S}{R_S + R_L}\right)^2 \times R_L$$

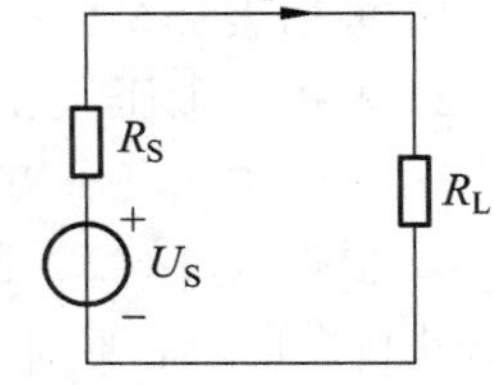

图 2-7-1　电源向负载供电的电路

可见，当电源 U_S 和 R_S 确定后，负载得到的功率大小只与负载电阻 R_L 有关。

令 $\frac{dP_L}{dR_L} = 0$，解得：$R_L = R_S$ 时，负载得到最大功率：

$$P_L = P_{Lmax} = \frac{U_S^2}{4R_S}$$

$R_L = R_S$ 称为阻抗匹配，即电源的内阻抗（或内电阻）与负载阻抗（或负载电阻）相等时，负载可以得到最大功率。也就是说，最大功率传输的条件是供电电路必须满足阻抗匹配。

负载得到最大功率时电路的效率：$\eta = \frac{P_L}{U_S I} = 50\%$。

实验中，负载得到的功率用电压表、电流表测量。

三、实验设备

1. 直流数字电压表、直流数字电流表（根据型号的不同有 NMEL-06 组件或主控制屏）。
2. 恒压源（双路 0 ~ 30 V 可调）。
3. 恒流源（0 ~ 200 mA 可调）。
4. NEEL-23 组件或 NEEL-51 组件、NEEL-52 组件。

四、实验内容

1. 根据电源外特性曲线设计一个实际电压源模型

已知电源外特性曲线如图 2-7-2 所示，根据图中给出的开路电压和短路电流数值，计算出实际电压源模型中的电压源 U_S 和内阻 R_S。实验中，电压源 U_S 选用恒压源的可调稳压输出端，内阻 R_S 选用固定电阻。

2. 测量电路传输功率

用上述设计的实际电压源与负载电阻 R_L 相连，电路如图 2-7-3 所示，图中 R_L 选用电阻箱，从 0 ~ 600 Ω 改变负载电阻 R_L 的数值，测量对应的电压、电流，将数据记入表 2-7-1 中。

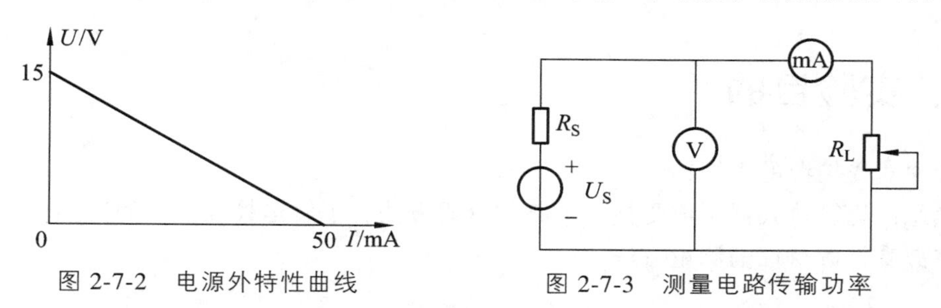

图 2-7-2 电源外特性曲线　　图 2-7-3 测量电路传输功率

表 2-7-1 电路传输功率数据

R_L/Ω	0	100	200	300	400	500	600
U/V							
I/mA							
P_L/mW							
η/%							

五、实验注意事项

电源用恒压源的可调电压输出端，其输出电压根据计算的电压源 U_S 数值进行调整，防止电源短路。

六、预习与思考题

1. 什么是阻抗匹配？电路传输最大功率的条件是什么？

2. 电路传输的功率和效率如何计算？

3. 根据图 2-7-2 给出的电源外特性曲线，计算出实际电压源模型中的电压源 U_S 和内阻 R_S，作为实验电路中的电源。

4. 电压表、电流表前后位置对换，对电压表、电流表的读数有无影响？为什么？

七、实验报告要求

1. 根据表 2-7-1 的实验数据，计算出对应的负载功率 P_L，并画出负载功率 P_L 随负载电阻 R_L 变化的曲线，找出传输最大功率的条件。

2. 根据表 2-7-1 的实验数据，计算出对应的效率 η，指明：① 传输最大功率时的效率；② 什么时候出现最大效率？由此说明电路在什么情况下，传输最大功率才比较经济、合理。

实验八　受控源研究

一、实验目的

1. 加深对受控源的理解；
2. 熟悉由运算放大器组成受控源电路的分析方法，了解运算放大器的应用；
3. 掌握受控源特性的测量方法。

二、实验原理

1. 受控源

受控源向外电路提供的电压或电流是受其他支路的电压或电流控制，因而受控源是双口元件：一个为控制端口或称输入端口，输入控制量（电压或电流），另一个为受控端口或称输出端口，向外电路提供电压或电流。受控端口的电压或电流受控制端口的电压或电流的控制。根据控制变量与受控变量的不同组合，受控源可分为四类：

① 电压控制电压源（VCVS），如图 2-8-1（a）所示，其特性为：

$$u_2 = \mu u_1$$

其中：$\mu = \frac{u_2}{u_1}$ 称为转移电压比（即电压放大倍数）。

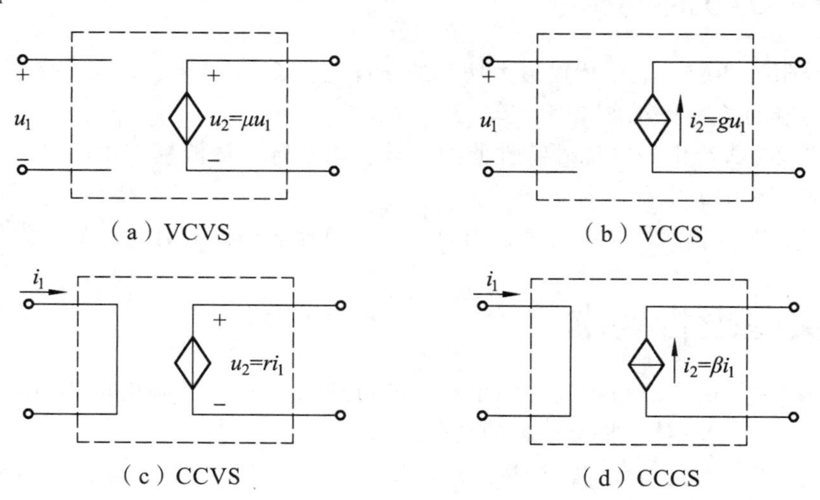

图 2-8-1　受控源的 4 种类型

② 电压控制电流源（VCCS），如图 2-8-1（b）所示，其特性为：

$$i_2 = gu_1$$

其中：$g = \dfrac{i_2}{u_1}$ 称为转移电导。

③ 电流控制电压源（CCVS），如图 2-8-1（c）所示，其特性为：

$$u_2 = ri_1$$

其中：$r = \dfrac{u_2}{i_1}$ 称为转移电阻。

④ 电流控制电流源（CCCS），如图 2-8-1（d）所示，其特性为：

$$i_2 = \beta i_1$$

其中：$\beta = \dfrac{i_2}{i_1}$ 称为转移电流比（即电流放大倍数）。

2. 用运算放大器组成的受控源

运算放大器的电路符号如图 2-8-2 所示，具有两个输入端：同相输入端 u_+ 和反相输入端 u_-，一个输出端 u_o，放大倍数为 A，则

$$u_o = A\times(u_+ - u_-)$$

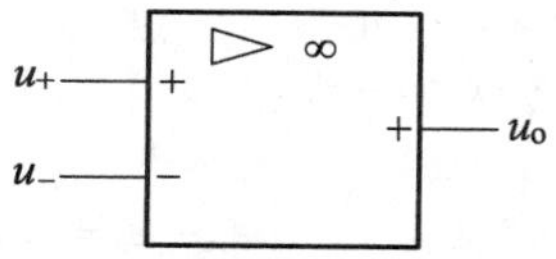

图 2-8-2　运算放大器的电路符号

对于理想运算放大器，放大倍数 A 为 ∞，输入电阻为 ∞，输出电阻为 0，由此可得出两个特性：

特性 1：　$u_+ = u_-$

特性 2：　$i_+ = i_- = 0$

2.1 电压控制电压源（VCVS）

电压控制电压源电路如图 2-8-3 所示。

由运算放大器的特性 1 可知：

$$u_+ = u_- = u_1$$

则

$$i_{R1} = \frac{u_1}{R_1}，\quad i_{R2} = \frac{u_2 - u_1}{R_2}$$

由运算放大器的特性 2 可知：

$$i_{R1} = i_{R2}$$

代入 i_{R1}、i_{R2}，得：

$$u_2 = \left(1 + \frac{R_2}{R_1}\right)u_1$$

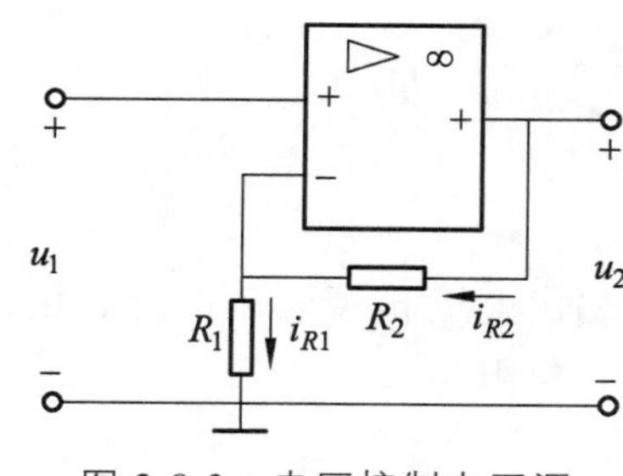

图 2-8-3　电压控制电压源

可见，运算放大器的输出电压 u_2 受输入电压 u_1 的控制，其电路模型如图 2-8-1（a）所示，

转移电压比：

$$\mu = \left(1 + \frac{R_2}{R_1}\right)$$

2.2　电压控制电流源（VCCS）

电压控制电流源电路如图 2-8-4 所示。

由运算放大器的特性 1 可知：

$$u_+ = u_- = u_1$$

则　　$$i_{R1} = \frac{u_1}{R_1}$$

由运算放大器的特性 2 可知：

$$i_2 = i_{R1} = \frac{u_1}{R_1}$$

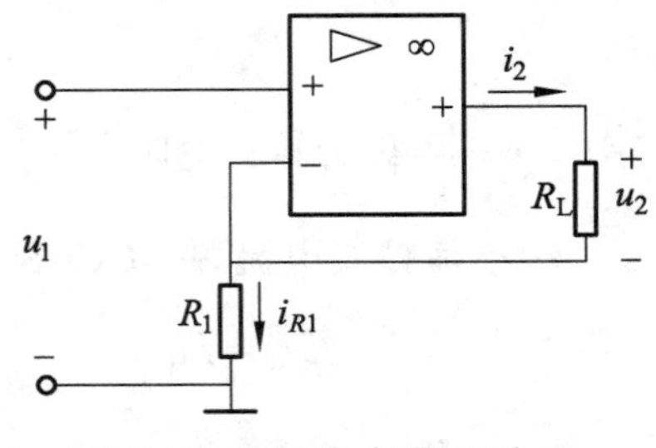

图 2-8-4　电压控制电流源

即 i_2 只受输入电压 u_1 的控制，与负载 R_L 无关（实际上要求 R_L 为有限值），其电路模型如图 2-8-1（b）所示。

转移电导为：

$$g = \frac{i_2}{u_1} = \frac{1}{R_1}$$

2.3　电流控制电压源（CCVS）

电流控制电压源电路如图 2-8-5 所示。

由运算放大器的特性 1 可知：

$$u_- = u_+ = 0 \qquad u_2 = Ri_R$$

由运算放大器的特性 2 可知：

$$i_R = i_1$$

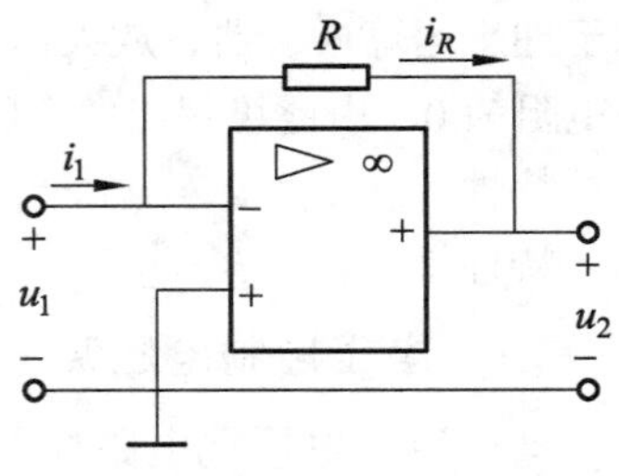

图 2-8-5　电源控制电压源

代入上式，得：

$$u_2 = Ri_1$$

即输出电压 u_2 受输入电流 i_1 的控制，其电路模型如图 2-8-1（c）所示。

转移电阻为：

$$r = \frac{u_2}{i_1} = R$$

2.4　电流控制电流源（CCCS）

电流控制电流源电路如图 2-8-6 所示。

由运算放大器的特性 1 可知：

$$u_{-}=u_{+}=0$$

$$i_{R1}=\frac{R_2}{R_1+R_2}i_2$$

由运算放大器的特性 2 可知：

$$i_{R1}=-i_1$$

代入上式，则：

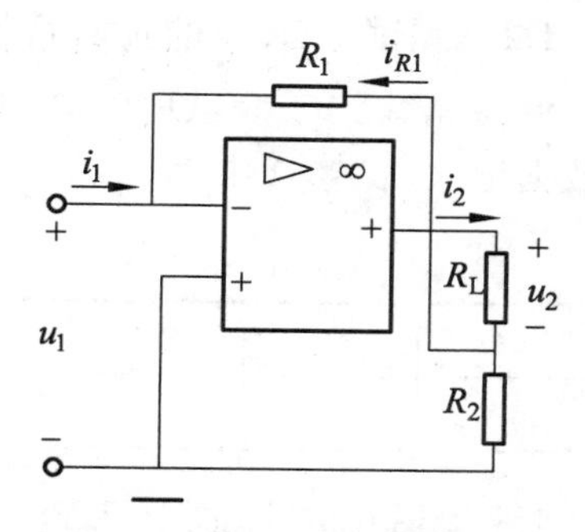

图 2-8-6　电流控制电流源

$$i_2=-\left(1+\frac{R_1}{R_2}\right)i_1$$

即输出电流 i_2 只受输入电流 i_1 的控制，与负载 R_L 无关，它的电路模型如图 2-8-1（d）所示。转移电流比

$$\beta=\frac{i_2}{i_1}=-\left(1+\frac{R_1}{R_2}\right)$$

三、实验设备

1. 直流数字电压表、直流数字电流表（根据型号的不同有 NMEL-06 组件或在主控制屏上）。
2. 恒压源（双路 0 ~ 30 V 可调）。
3. 恒流源（0 ~ 200 mA 可调）。
4. NEEL-24 组件或 NEEL-54A 组件。

四、实验内容

1. 测试电压控制电流源（VCCS）的特性

实验电路如图 2-8-1（b）所示，图中，u_1 用恒压源的可调电压输出端，i_2 两端接负载 R_L = 2 kΩ（用电阻箱）。

1.1　测试 VCCS 的转移特性 $i_2=f(u_1)$

调节恒压源输出电压 u_1（以电压表读数为准），用电流表测量对应的输出电流 i_2，将数据记入表 2-8-1 中。

表 2-8-1　VCCS 的转移特性数据

u_1/V	0	0.5	1	1.5	2	2.5	3	3.5	4
i_2/mA									

1.2　测试 VCCS 的负载特性 $i_2=f(R_L)$

保持 $u_1=2$ V，负载电阻 R_L 用电阻箱，并调节其大小，用电流表测量对应的输出电流 i_2，将数据记入表 2-8-2 中。

表 2-8-2　VCVS 的负载特性数据

R_L/kΩ	50	20	10	5	3	1	0.5	0.2	0.1
i_2/mA									

2. 测试电流控制电压源（CCVS）的特性

实验电路如图 2-8-1（c）所示，图中，i_1 用恒流源，输出 u_2 两端接负载 $R_L=2$ kΩ（用电阻箱）。

2.1　测试 CCVS 的转移特性 $u_2=f(i_1)$

调节恒流源输出电流 i_1（以电流表读数为准），用电压表测量对应的输出电压 u_2，将数据记入表 2-8-3 中。

表 2-8-3　CCVS 的转移特性数据

i_1/mA	0	0.05	0.1	0.15	0.2	0.25	0.3	0.4
u_2/V								

2.2　测试 CCVS 的负载特性 $u_2=f(R_L)$

保持 $i_1=0.2$ mA，负载电阻 R_L 用电阻箱，并调节其大小，用电压表测量对应的输出电压 u_2，将数据记入表 2-8-4 中。

表 2-8-4　CCVS 的负载特性数据

R_L/Ω	50	100	150	200	500	1 k	2 k	10 k	80 k
u_2/V									

3. 测试电压控制电压源（VCVS）的特性

电压控制电压源（VCVS）可由电压控制电流源（VCCS）和电流控制电压源（CCVS）串联而成。实验电路由 2-8-1（b）、（c）构成，将图 2-8-1（b）的输入端 u_1 接恒压源的可调输出端，输出端 i_2 与图 2-8-1（c）的输入端 i_1 相连，图 2-8-1（c）的输出端 u_2 接负载 $R_L=2$ kΩ（用电阻箱）。

3.1　测试 VCVS 的转移特性 $u_2=f(u_1)$

调节恒压源输出电压 u_1（以电压表读数为准），用电压表测量对应的输出电压 u_2，将数据记入表 2-8-5 中。

表 2-8-5　VCVS 的转移特性数据

u_1/V	0	1	2	3	4	5	6	7	8
u_2/V									

3.2 测试 VCVS 的负载特性 $u_2 = f(R_L)$

保持 $u_1 = 2$ V，负载电阻 R_L 用电阻箱，并调节其大小，用电压表测量对应的输出电压 u_2，将数据记入表 2-8-6 中。

表 2-8-6　VCVS 的负载特性数据

R_L/Ω	50	70	100	200	300	400	500	1 000	2 000
u_2/V									

4. 测试电流控制电流源（CCCS）特性

电流控制电流源（CCCS）可由电流控制电压源（CCVS）和电压控制电流源（VCCS）串联而成。实验电路由 2-8-1（c）、（b）构成，将图 2-8-1（c）的输入端 i_1 接恒流源，输出端 u_2 与图 2-8-1（b）的输入端 u_1 相连，图 2-8-1（b）的输出端 i_2 接负载 $R_L = 2$ kΩ（用电阻箱）。

4.1 测试 CCCS 的转移特性 $i_2 = f(i_1)$

调节恒流源输出电流 i_1（以电流表读数为准），用电流表测量对应的输出电流 i_2，i_1、i_2 分别用 EEL-31 组件中的电流插座 5-6 和 17-18 测量，将数据记入表 2-8-7 中。

表 2-8-7　CCCS 的转移特性数据

i_1/mA	0	0.05	0.1	0.15	0.2	0.25	0.3	0.4
i_2/mA								

4.2 测试 CCCS 的负载特性 $i_2 = f(R_L)$

保持 $i_1 = 0.2$ mA，负载电阻 R_L 用电阻箱，并调节其大小，用电流表测量对应的输出电流 i_2，将数据记入表 2-8-8 中。

表 2-8-8　CCCV 的负载特性数据

R_L/Ω	50	100	150	200	500	1 k	2 k	10 k	80 k
i_2/mA									

五、实验注意事项

1. 用恒流源供电的实验中，不允许恒流源开路。
2. 运算放大器输出端不能与地短路，输入端电压不宜过高（小于 5 V）。

六、预习与思考题

1. 什么是受控源？了解四种受控源的缩写、电路模型、控制量与被控量的关系。
2. 四种受控源中的转移参量 μ、g、r 和 β 的意义是什么？如何测得？
3. 若受控源控制量的极性反向，试问其输出极性是否发生变化？

4. 如何由两个基本的 CCVC 和 VCCS 获得其他两个 CCCS 和 VCVS，它们的输入输出如何连接？

5. 了解运算放大器的特性，分析四种受控源实验电路的输入、输出关系。

七、实验报告要求

1. 根据实验数据，在方格纸上分别绘出四种受控源的转移特性和负载特性曲线，并求出相应的转移参量 μ、g、r 和 β。

2. 参考实验数据，说明转移参量 μ、g、r 和 β 受电路中哪些参数的影响？如何改变它们的大小？

3. 对实验的结果作出合理地分析和结论，总结对四种受控源的认识和理解。

实验九　直流双口网络的研究

一、实验目的

1. 加深理解双口网络的基本理论；
2. 掌握直流双口网络传输参数的测试方法。

二、原理说明

1. 双口网络的基本概念

对于任何一个线性双口网络，通常关心的往往只是输入端口和输出端口电压与电流间的相互关系。双口网络端口的电压和电流四个变量之间的关系，可以用多种形式的参数方程来表示。本实验采用输出端口的电压 U_2 和电流 I_2 作为自变量，以输入端口的电压 U_1 和电流 I_1 作为应变量，所得的方程称为双口网络的传输方程。

如图 2-9-1 所示的无源线性双口网络（又称为四端网络）的传输方程为：

$$U_1 = AU_2 + B(-I_2)$$
$$I_1 = CU_2 + D(-I_2)$$

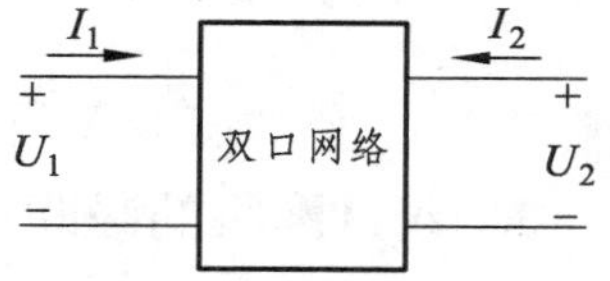

图 2-9-1　无源线性双口网络

式中：A、B、C、D 为双口网络的传输参数，其值完全决定于网络的拓扑结构及各支路元件的参数值，这四个参数表征了该双口网络的基本特性。

2. 双口网络传输参数的测试方法

2.1　双端口同时测量法

在网络的输入端口加上电压，在两个端口同时测量其电压和电流，由传输方程可得 A、B、C、D 四个参数：

$$A = \frac{U_{10}}{U_{20}}$$（令 $I_2 = 0$，即输出端口开路时）

$$B = \frac{U_{1S}}{U_{2S}}$$（令 $U_2 = 0$，即输出端口短路时）

$$C = \frac{I_{10}}{U_{20}}$$（令 $I_2 = 0$，即输出端口开路时）

$$D=\frac{I_{1S}}{U_{2S}}\text{（令}U_2=0\text{，即输出端口短路时）}$$

2.2 双端口分别测量法

先在输入端口加电压，且将输出端口开路和短路，测量输入端口的电压和电流，由传输方程可得：

$$R_{10}=\frac{U_{10}}{I_{10}}=\frac{A}{C}\text{（令}I_2=0\text{，即输出端口开路时）}$$

$$R_{1S}=\frac{U_{1S}}{I_{1S}}=\frac{B}{D}\text{（令}U_2=0\text{，即输出端口短路时）}$$

然后在输出端口加电压，且将输入端口开路和短路，测量输出端口的电压和电流，由传输方程可得：

$$R_{20}=\frac{U_{20}}{I_{20}}=\frac{D}{C}\text{（令}I_1=0\text{，即输入端口开路时）}$$

$$R_{2S}=\frac{U_{2S}}{I_{2S}}=\frac{B}{A}\text{（令}U_1=0\text{，即输入端口短路时）}$$

R_{10}、R_{1S}、R_{20}、R_{2S}分别表示一个端口开路和短路时另一端口的等效输入电阻，这四个参数中有三个是独立的，因此，只要测量出其中任意三个参数（如R_{10},R_{20},R_{2S}），与方程$AD-BC=1$（双口网络为互易双口，该方程成立）联立，便可求出四个传输参数：

$$A=\sqrt{R_{10}/(R_{20}-R_{2S})},\quad B=R_{2S}A,\quad C=A/R_{10},\quad D=R_{20}C$$

3. 双口网络的级联

双口网络级联后的等效双口网络的传输参数亦可采用上述方法之一求得。根据双口网络理论推得：双口网络 1 与双口网络 2 级联后等效的双口网络的传输参数，与网络 1 和网络 2 的传输参数之间有如下的关系：

$$A=A_1A_2+B_1C_2,\qquad B=A_1B_2+B_1D_2$$

$$C=C_1A_2-D_1C_2,\qquad D=C_1B_2+D_1D_2$$

三、实验设备

1. 直流数字电压表、直流数字电流表（根据型号的不同有 NMEL-06 组件或在主控制屏上）。
2. 恒压源（双路 0 ~ 30 V 可调）。
3. NEEL-23 组件或 NEEL-51 组件、NEEL-52 组件。

四、实验内容

实验电路如图 2-9-2（a）、（b）所示，其中图（a）为 T 形网络，图（b）为Π形网络。将恒压源的输出电压调到 10 V，作为双口网络的输入电压 U_1，各个电流均用电流插头、插座测量。

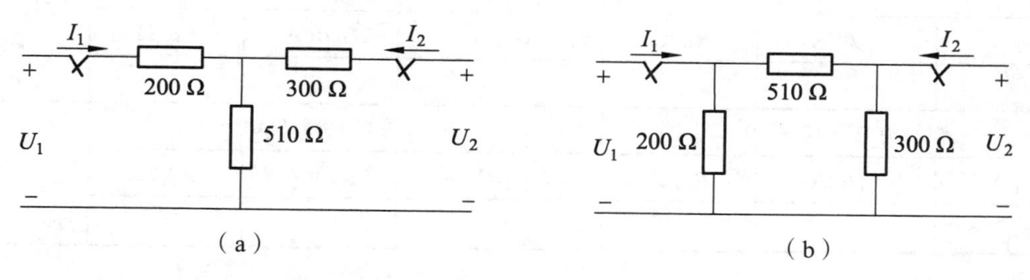

图 2-9-2　实验电路

1. 用“双端口同时测量法”测定双口网络传输参数

根据“双端口同时测量法”的原理和方法，按照表 2-9-1、表 2-9-2 的内容，分别测量 T 形网络和Π形网络的电压、电流，并计算出传输参数 A、B、C、D 的值，将所有数据记入表 2-9-1、表 2-9-2 中。

表 2-9-1　测定传输参数的实验数据（一）

		测量值			计算值	
T形网络	输出端口开路 $I_2=0$	U_{10}/V	U_{20}/V	I_{10}/mA	A	C
	输出端口短路 $U_2=0$	U_{1S}/V	I_{1S}/mA	I_{2S}/mA	B	D

表 2-9-2　测定传输参数的实验数据（二）

		测量值			计算值	
Π形网络	输出端口开路 $I_2=0$	U_{10}/V	U_{20}/V	I_{10}/mA	A	C
	输出端口短路 $U_2=0$	U_{1S}/V	I_{1S}/mA	I_{2S}/mA	B	D

2. 用“双端口分别测量法”测定级联双口网络的传输参数

将 T 形网络的输出端口与Π形网络的输入端口连接，组成级联双口网络，根据“双端口分别测量法”的原理和方法，按照表 2-9-3 的内容，分别测量级联双口网络输入端口和输出端口的电压、电流，并计算出等效输入电阻和传输参数 A、B、C、D，将所有数据记入表 2-9-3 中。

表 2-9-3　测定级联双口网络传输参数的实验数据

<table>
<tr><td colspan="3">输出端口开路 $I_2=0$</td><td colspan="3">输出端口短路 $U_2=0$</td><td rowspan="3">计算
传输参数</td></tr>
<tr><td>U_{10}/V</td><td>I_{10}/mA</td><td>R_{10}/Ω</td><td>U_{1S}/V</td><td>I_{1S}/mA</td><td>R_{1S}/Ω</td></tr>
<tr><td></td><td></td><td></td><td></td><td></td><td></td></tr>
<tr><td colspan="3">输入端口开路 $I_1=0$</td><td colspan="3">输入端口短路 $U_1=0$</td><td rowspan="3">$A=$
$B=$
$C=$
$D=$</td></tr>
<tr><td>U_{20}/V</td><td>I_{20}/mA</td><td>R_{20}/Ω</td><td>U_{2S}/V</td><td>I_{2S}/mA</td><td>R_{2S}/Ω</td></tr>
<tr><td></td><td></td><td></td><td></td><td></td><td></td></tr>
</table>

五、实验注意事项

1. 用电流插头插座测量电流时，要注意判别电流表的极性及选取适合的量程（根据所给的电路参数，估算电流表量程）。

2. 两个双口网络级联时，应将一个双口网络 1 的输出端与另一双口网络 3 的输入端连接。

六、预习与思考题

1. 说明是双口网络的传输参数？它们有何物理意义？
2. 试述双口网络“同时测量法”与“分别测量法”的测量步骤、优缺点及其适用场合。
3. 用两个双口网络组成的级联双口网络的传输参数如何测定？

七、实验报告要求

1. 整理各个表格中的数据，完成指定的计算。
2. 写出各个双口网络的传输方程。
3. 验证级联双口网络的传输参数与级联的两个双口网络传输参数之间的关系。

实验十　正弦稳态交流电路相量的研究

一、实验目的

1. 研究正弦稳态交流电路中电压、电流相量之间的关系；
2. 掌握 RC 串联电路的相量轨迹及其作移相器的应用；
3. 掌握日光灯线路的接线；
4. 理解改善电路功率因数的意义并掌握其方法。

二、原理说明

在单相正弦交流电路中，用交流电流表测得各支路中的电流值，用交流电压表测得回路各元件两端的电压值，它们之间的关系满足相量形式的基尔霍夫定律，即

$$\sum \dot{I} = 0 \quad 和 \quad \sum \dot{U} = 0$$

如图 2-10-1 所示的 RC 串联电路，在正弦稳态信号 $\dot{U}$ 的激励下，$\dot{U}_R$ 与 $\dot{U}_C$ 保持有 90° 的相位差，即当阻值 R 改变时，$\dot{U}_R$ 的相量轨迹是一个半圆，$\dot{U}$ 、$\dot{U}_C$ 与 $\dot{U}_R$ 三者形成一个直角形的电压三角形。R 值改变时，可改变 φ 角的大小，从而达到移相的目的。

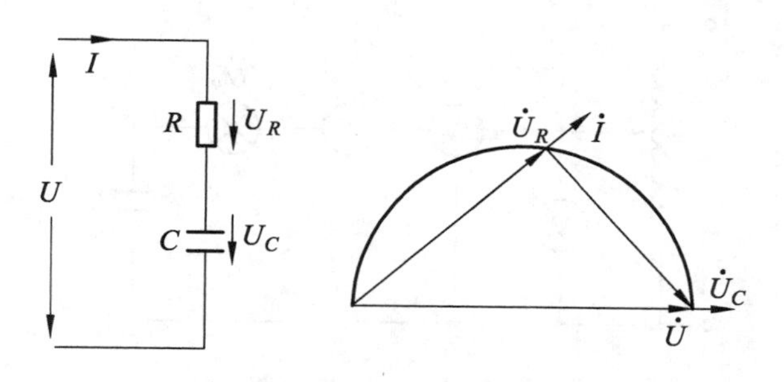

图 2-10-1　RC 串联电路

日光灯线路如图 2-10-2 所示，图中 A 是日光灯管，L 是镇流器，S 是启辉器，C 是补偿电容器，用以改善电路的功率因数（ $\cos\varphi$ 值）。有关日光灯的工作原理请自行翻阅有关资料。

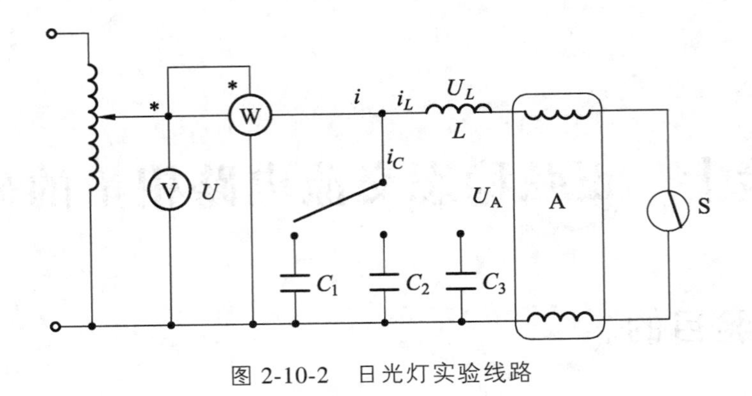

图 2-10-2　日光灯实验线路

三、实验设备

1. 交流电压、电流、功率、功率因素表（在主控制屏上）。

2. 调压器（在主控制屏上）。

3. NEEL-17 组件（或 NEEL-52 组件、NEEL-55 组件），30 W 镇流器 630 V/4.3 μF 电容器，电流插头，40 W/220 V 白炽灯。

4. 30 W 日光灯。

四、实验内容

1. 验证电压三角形关系

用一个 220 V/40 W 的白炽灯泡和电容组成如图 2-10-3 所示的实验电路，按下闭合按钮开关调节调压器至 220 V，实验测得的数据记入表 2-10-1 中，验证电压三角形关系。

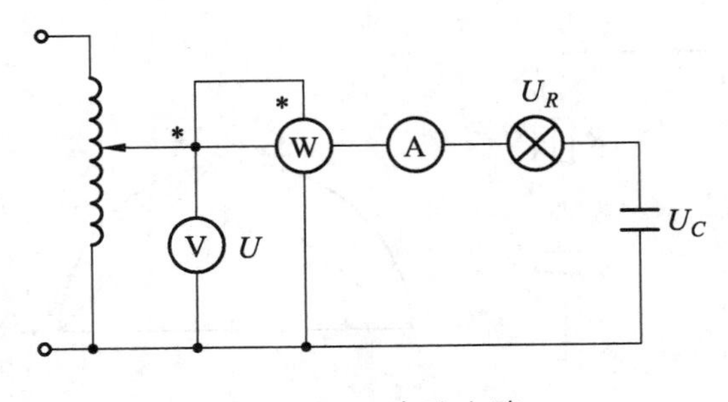

图 2-10-3　实验电路

表 2-10-1　实验数据及计算值（一）

测量值			计算值		
U/V	U_R/V	U_C/V	U' (U_R、U_C 组成 Rt△)	ΔU	$\Delta U/U$

2. 日光灯线路接线与测量 U

按图 2-10-4 组成线路，经指导教师检查后按下闭合按钮开关，调节自耦调压器的输出，使其输出电压缓慢增大，直到日光灯刚启辉点亮为至，将三表的指示值记入表 2-10-2 中，然后将电压调至 220 V，测量功率 P、电流 I 及电压 U、U_L、U_A 等值，将数据记入表 2-10-2 中，验证电压、电流的相量关系。

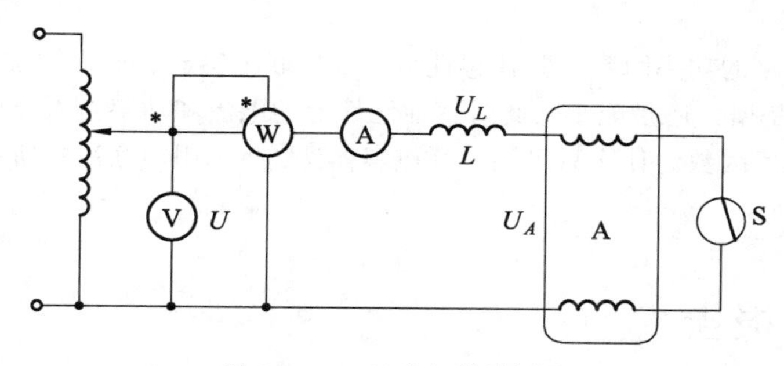

图 2-10-4　日光灯线路测量

表 2-10-2　实验数据及计算值（二）

	测　量　数　值					计　算　值	
测试项目	P/W	I/A	U/V	U_L/V	U_A/V	$\cos\varphi$	r/Ω
启　辉　值							
正常工作值							

3. 并联电路——电路功率因数的改善

按图 2-10-2 组成实验线路，经指导老师检查后，按下绿色按钮开关，将自耦调压器的输出调至 220 V，记录功率表、电压表读数于表 2-10-3 中，通过一只电流表和三个电流取样插座分别测得三条支路的电流，改变电容值，进行三次重复测量，将数据记入表 2-10-3 中。

表 2-10-3　实验数据及计算值（三）

电容值	测　量　数　值								计　算　值	
$C/\mu F$	P/W	U/V	U_C/V	U_L/V	U_A/V	I/A	I_C/A	I_L/A	I'/A	$\cos\varphi$

五、实验注意事项

1. 功率表要正确接入电路，读数时要注意量程和实际读数的折算关系。
2. 线路接线正确，日光灯不能启辉时，应检查启辉器及其接触是否良好。
3. 上电前应确定交流调压器输出电压为零（即调压器逆时针旋到底）。

六、预习思考题

1. 参阅课外资料，了解日光灯的启辉原理。

2. 在日常生活中，当日光灯上缺少了启辉器时，人们常用一导线将启辉器的两端短接一下，然后迅速断开，使日光灯点亮；或用一只启辉器去点亮多只同类型的日光灯，这是为什么？

3. 为了提高电路的功率因数，常在感性负载上并联电容器，此时增加了一条电流支路，试问电路的总电流是增大还是减小，此时感性元件上的电流和功率是否改变？

4. 提高线路功率因数为什么只采用并联电容器法，而不用串联法？所并的电容器是否越大越好？

七、实验报告

1. 完成数据表格中的计算，进行必要的误差分析。

2. 根据实验数据，分别绘出电压、电流相量图，验证相量形式的基尔霍夫定律。

3. 讨论改善电路功率因数的意义和方法。

4. 总结装接日光灯线路的心得体会及其他。

实验十一　一阶电路暂态过程的研究

一、实验目的

1. 研究 RC 一阶电路的零输入响应、零状态响应和全响应的规律和特点；
2. 学习一阶电路时间常数的测量方法，了解电路参数对时间常数的影响；
3. 掌握微分电路和积分电路的基本概念。

二、原理说明

1. RC 一阶电路的零状态响应

RC 一阶电路如图 2-11-1 所示，开关 S 在“1”的位置，$u_C = 0$，处于零状态，当开关 S 合向“2”的位置时，电源通过 R 向电容 C 充电，$u_C(t)$ 称为零状态响应。

$$u_C = U_S - U_S e^{-\frac{t}{\tau}}$$

变化曲线如图 2-11-2 所示，当 u_C 上升到 $0.632U_S$，所需要的时间称为时间常数 τ，$\tau = RC$。

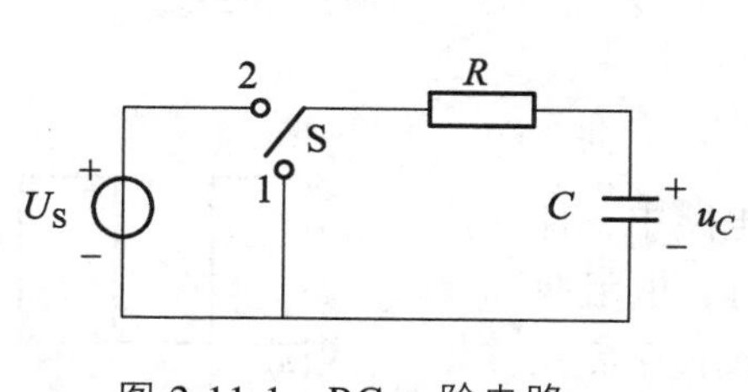

图 2-11-1　RC 一阶电路

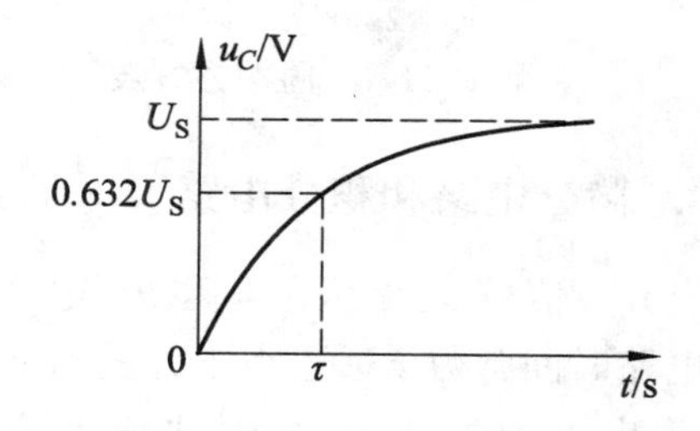

图 2-11-2　零状态响应曲线

2. RC 一阶电路的零输入响应

在图 2-11-1 中，开关 S 在“2”的位置电路稳定后，再合向“1”的位置时，电容 C 通过 R 放电，$u_C(t)$ 称为零输入响应。

$$u_C = U_S e^{-\frac{t}{\tau}} \quad 0.368U_S$$

变化曲线如图 2-11-3 所示，当 u_C 下降到 $0.368U_S$，所需要的时间称为时间常数 τ，$\tau = RC$。

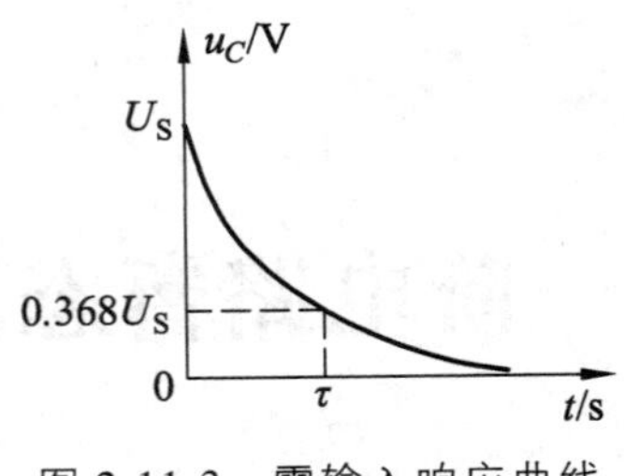

图 2-11-3　零输入响应曲线

3. 测量 RC 一阶电路时间常数 τ

图 2-11-1 所示电路的上述暂态过程很难观察，为了用普通示波器观察电路的暂态过程，需采用图 2-11-4 所示的周期性方波 u_S 作为电路的激励信号，方波信号的周期为 T，只要满足 $\frac{T}{2}\geqslant 5\tau$，便可在示波器的荧光屏上形成稳定的响应波形。

电阻 R、电容 C 串联与方波发生器的输出端连接，用双踪示波器观察电容电压 u_C，便可观察到稳定的指数曲线，如图 2-11-5 所示，在荧光屏上测得电容电压最大值 $U_{Cm}=a$，取 $b=0.632a$，与指数曲线交点对应的时间 t 轴的 x 点，则根据时间 t 轴比例尺得出。该电路的时间常数 $\tau=x\times t$。

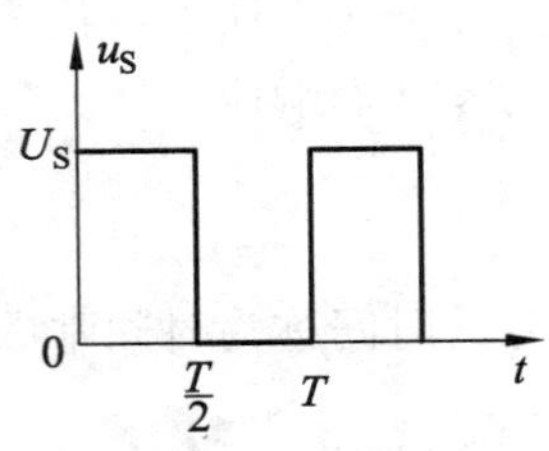

图 2-11-4　周期性方波

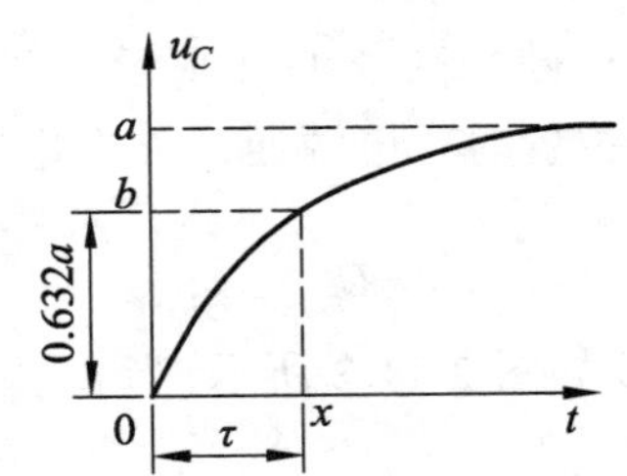

图 2-11-5　u_C 的变化曲线

4. 微分电路和积分电路

当方波信号 u_S 作用在电阻 R、电容 C 串联的电路中，且满足电路时间常数 τ 远远小于方波周期 T 的条件时，电阻两端（输出）的电压 u_R 与方波输入信号 u_S 呈微分关系，$u_R\approx RC\frac{du_S}{dt}$，该电路称为微分电路；当满足电路时间常数 τ 远远大于方波周期 T 的条件时，电容 C 两端（输出）的电压 u_C 与方波输入信号 u_S 呈积分关系，$u_C\approx\frac{1}{RC}\int u_S dt$，该电路称为积分电路。

微分电路和积分电路的输出、输入关系如图 2-11-6（a）、（b）所示。

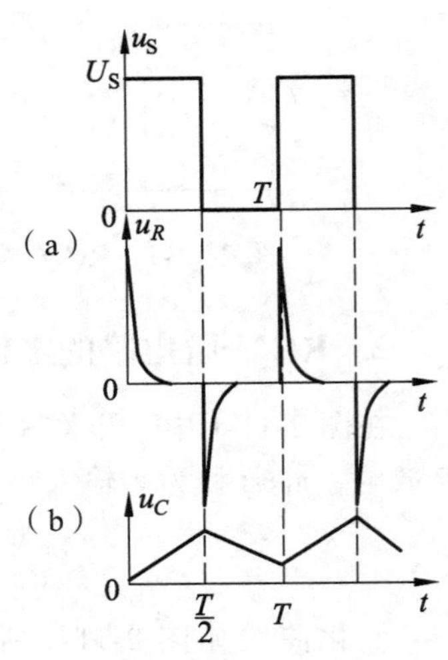

图 2-11-6　微分电路和积分电路的输出、输入关系

三、实验设备

1. 双踪示波器。
2. 信号源（方波输出）。
3. NEEL-23 组件（含电阻、电容）或 NEEL-52 组件。

四、实验内容

实验电路如图 2-11-7 所示，图中电阻 R、电容 C 从 EEL-31 组件或 NEEL-52 组件上选取（请看懂线路板的走线，认清激励与响应端口所在的位置；认清 R、C 元件的布局及其标称值；各开关的通断位置等），用双踪示波器观察电路激励（方波）信号和响应信号。u_S 为方波输出信号，将信号源的“波形选择”开关置方波信号位置上，将信号源的信号输出端与示波器探头连接，接通信号源电源，调节信号源的频率旋钮（包括“频段选择”开关、频率粗调和频率细调旋钮），使输出信号的频率为 1 kHz（由频率计读出），调节输出信号的“幅值调节”旋钮，使方波的峰-峰值 $U_{P\text{-}P}=2$ V，固定信号源的频率和幅值不变。

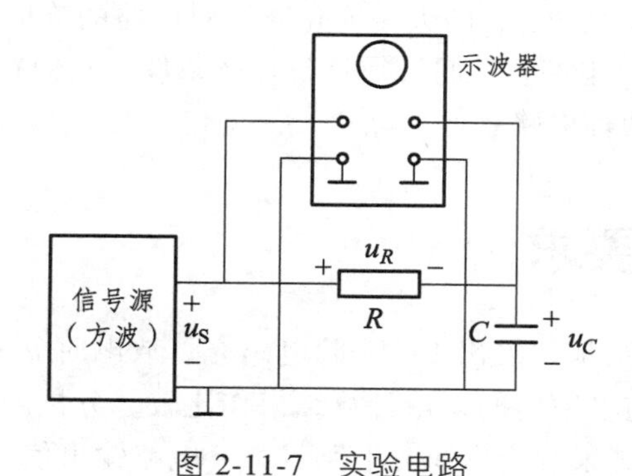

图 2-11-7　实验电路

1. RC 一阶电路的充、放电过程

测量时间常数 τ：选择 EEL-51 组件上的 R、C 元件，令 $R=10$ kΩ，$C=0.01$ μF，用示波器观察激励 u_S 与响应 u_C 的变化规律，测量并记录时间常数 τ。

观察时间常数 τ（即电路参数 R、C）对暂态过程的影响：令 $R=10$ kΩ，$C=0.01$ μF，观察并描绘响应的波形，继续增大 C（取 0.01 ~ 0.1 μF）或增大 R（取 10 kΩ、30 kΩ），定性地观察对响应的影响。

2. 微分电路和积分电路

积分电路：选择 EEL-52 组件上的 R、C 元件，令 $R=100$ kΩ，$C=0.01$ μF，用示波器观察激励 u_S 与响应 u_C 的变化规律。

微分电路：将实验电路中的 R、C 元件位置互换，令 $R=100$ Ω，$C=0.01$ μF，用示波器观察激励 u_S 与响应 u_R 的变化规律。

五、实验注意事项

1. 调节电子仪器各旋钮时，动作不要过猛。实验前，尚需熟读双踪示波器的使用说明，特别是观察双踪时，要特别注意开关，旋钮的操作与调节以及示波器探头的地线不允许同时接不同电势。

2. 信号源的接地端与示波器的接地端要连在一起（称共地），以防外界干扰而影响测量的准确性。

3. 示波器的辉度不应过亮，尤其是光点长期停留在荧光屏上不动时，应将辉度调暗，以延长示波管的使用寿命。

六、预习与思考题

1. 用示波器观察 RC 一阶电路的零输入响应和零状态响应时，为什么激励必须是方波信号？

2. 已知 RC 一阶电路的 $R = 10\ \text{k}\Omega$，$C = 0.01\ \mu\text{F}$，试计算时间常数 τ，并根据 τ 值的物理意义，拟定测量 τ 的方案。

3. 在 RC 一阶电路中，当 R、C 的大小变化时，对电路的响应有何影响？

4. 何谓积分电路和微分电路，它们必须具备什么条件？它们在方波激励下，其输出信号波形的变化规律如何？这两种电路有何功能？

七、实验报告要求

1. 根据实验 1 的观测结果，绘出 RC 一阶电路充、放电时 u_C 与激励信号对应的变化曲线，由曲线测得 τ 值，并与参数值的理论计算结果作比较，分析误差原因。

2. 根据实验 2 的观测结果，绘出积分电路、微分电路输出信号与输入信号对应的波形。

实验十二　二阶电路暂态过程的研究

一、实验目的

1. 研究 RLC 二阶电路的零输入响应、零状态响应的规律和特点，了解电路参数对响应的影响；

2. 学习二阶电路衰减系数、振荡频率的测量方法，了解电路参数对它们的影响；

3. 观察、分析二阶电路响应的三种变化曲线及其特点，加深对二阶电路响应的认识与理解。

二、原理说明

1. 零状态响应

在图 2-12-1 所示的 RLC 电路中，$u_C(0)=0$，在 $t=0$ 时开关 S 闭合，电压方程为：

$$LC\frac{\mathrm{d}^2u_C}{\mathrm{d}t}+RC\frac{\mathrm{d}u_C}{\mathrm{d}t}+u_C=U$$

这是一个二阶常系数非齐次微分方程，该电路称为二阶电路，电源电压 U 为激励信号，电容两端电压 u_C 为响应信号。根据微分方程理论，u_C 包含两个分量：暂态分量 u_C'' 和稳态分量 u_C'，即 $u_C=u_C''+u_C'$，具体解与电路参数 R、L、C 有关。

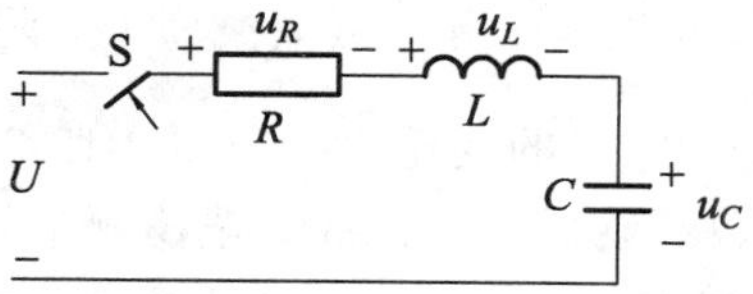

图 2-12-1　RLC 电路（一）

当满足 $R<2\sqrt{\dfrac{L}{C}}$ 时：

$$u_C(t)=u_C''+u_C'=A\mathrm{e}^{-\delta t}\sin(\omega t+\varphi)+U$$

其中，衰减系数 $\delta=\dfrac{R}{2L}$，衰减时间常数 $\tau=\dfrac{1}{\delta}=\dfrac{2L}{R}$，振荡频率 $\omega=\sqrt{\dfrac{1}{LC}-\left(\dfrac{R}{2L}\right)^2}$，振荡周期 $T=\dfrac{1}{f}=\dfrac{2\pi}{\omega}$。

变化曲线如图 2-12-2（a）所示，u_C 的变化处在衰减振荡状态，由于电阻 R 比较小，又称为欠阻尼状态。

当满足 $R > 2\sqrt{\frac{L}{C}}$ 时，u_C 的变化处在过阻尼状态，由于电阻 R 比较大，电路中的能量被电阻很快消耗掉，u_C 无法振荡，变化曲线如图 2-12-2（b）所示。

当满足 $R = 2\sqrt{\frac{L}{C}}$ 时，u_C 的变化处在临界阻尼状态，变化曲线如图 2-12-2（c）所示。

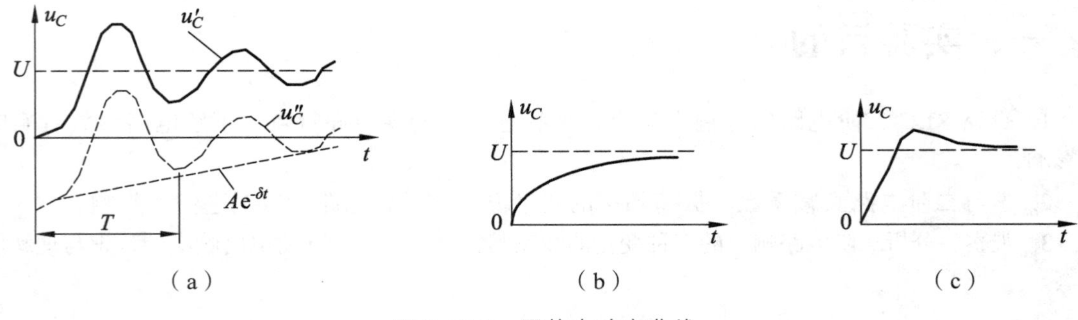

图 2-12-2　零状态响应曲线

2. 零输入响应

在图 2-12-3 所示的电路中，开关 S 与“1”端闭合，电路处于稳定状态，$u_C(0) = U$，在 $t = 0$ 时开关 S 与“2”闭合，输入激励为零，电压方程为：

$$LC\frac{d^2u_C}{dt} + RC\frac{du_C}{dt} + u_C = 0$$

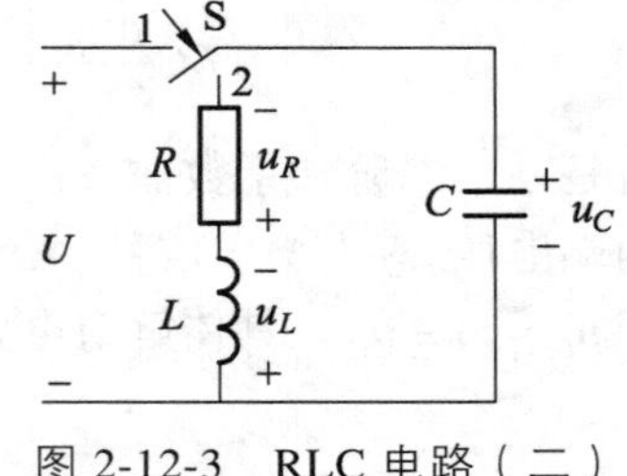

图 2-12-3　RLC 电路（二）

这是一个二阶常系数齐次微分方程，根据微分方程理论，u_C 只包含暂态分量 u_C''，稳态分量 u_C' 为零。和零状态响应一样，根据 R 与 $2\sqrt{\frac{L}{C}}$ 的大小关系，u_C 的变化规律分为衰减振荡（欠阻尼）、过阻尼和临界阻尼三种状态，它们的变化曲线与图 2-12-2 中的暂态分量 u_C'' 类似，衰减系数、衰减时间常数、振荡频率与零状态响应完全一样。

本实验对 RCL 并联电路进行研究，激励采用方波脉冲，二阶电路在方波正、负阶跃信号的激励下，可获得零状态与零输入响应，响应的规律与 RLC 串联电路相同。测量 u_C 衰减振荡的参数，如图 2-12-2（a）所示，用示波器测出振荡周期 T，便可计算出振荡频率 ω，按照衰减轨迹曲线，测量 $-0.367A$ 对应的时间 τ，便可计算出衰减系数 δ。

三、实验设备

1. 双踪示波器。
2. 信号源（方波输出）。
3. NEEL-23 组件（含电阻、电容）或 NEEL-51 组件、NEEL-52 组件。

四、实验内容及步骤

实验电路如图 2-12-4 所示，其中：$R_1 = 10\ \text{k}\Omega$，$L = 15\ \text{mH}$，$C = 0.01\ \mu\text{F}$，R_2 为 10 kΩ 电位器（可调电阻），信号源的输出为最大值 $U_m = 2\ \text{V}$、频率 $f = 1\ \text{kHz}$ 的方波脉冲，通过插头接至实验电路的激励端，同时用同轴电缆将激励端和响应输出端接至双踪示波器的 Y_A 和 Y_B 两个输入口。

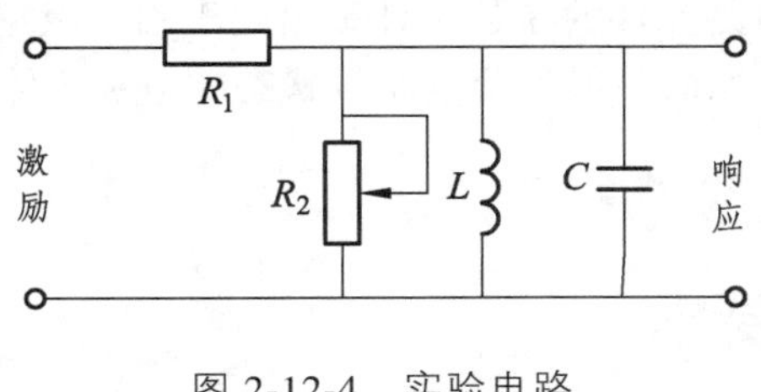

图 2-12-4　实验电路

1. 观察二阶电路的零输入响应和零状态响应

调节电阻器 R_2，观察二阶电路的零输入响应和零状态响应由过阻尼过渡到临界阻尼，最后过渡到欠阻尼的变化过渡过程，分别定性地描绘响应的典型变化波形。

2. 测定电路的衰减常数 δ 和振荡频率 ω

调节 R_2 使示波器荧光屏上呈现稳定的欠阻尼响应波形，定量测定此时电路的衰减常数 δ 和振荡频率 ω，并记入表 2-12-1 中。

3. 改变电路参数，观察 δ 和 ω 的变化趋势

改变电路参数，按表 2-12-1 中的数据重复步骤 2 的测量，仔细观察改变电路参数时 δ 和 ω 的变化趋势，并将数据记入表 2-12-1 中。

表 2-12-1　二阶电路暂态过程实验数据

电路参数 实验次数	元件参数				测量值	
	R_1/kΩ	R_2	L/mH	C/μF	δ	ω
1	10	调至欠阻尼状态	15	1 000 pF		
2	10		15	3 300 pF		
3	10		15	0.01		
4	30		15	0.01		

五、实验注意事项

1. 调节电位器 R_2 时，要细心、缓慢，临界阻尼状态要找准。

2. 在双踪示波器上同时观察激励信号和响应信号时，显示要稳定，如不同步，则可采用外同步法（看示波器说明）触发。

六、预习与思考题

1. 什么是二阶电路的零状态响应和零输入响应？它们的变化规律和哪些因素有关？
2. 根据二阶电路实验电路元件的参数，计算出处于临界阻尼状态的 R_2 之值。
3. 在示波器荧光屏上，如何测得二阶电路零状态响应和零输入响应“欠阻尼”状态的衰减系数 δ 和振荡频率 ω？

七、实验报告要求

1. 根据观测结果，在方格纸上描绘二阶电路过阻尼、临界阻尼和欠阻尼的响应波形。
2. 测算欠阻尼振荡曲线上的衰减系数 δ 、衰减时间常数 τ 、振荡周期 T 和振荡频率 ω 。
3. 归纳、总结电路元件参数的改变对响应变化趋势的影响。

实验十三　交流串联电路的研究

一、实验目的

1. 学会使用交流数字仪表（电压表、电流表、功率表）和自耦调压器；
2. 学习用交流数字仪表测量交流电路的电压、电流和功率；
3. 学会用交流数字仪表测定交流电路参数的方法；
4. 加深对阻抗、阻抗角及相位差等概念的理解。

二、原理说明

正弦交流电路中各个元件的参数值，可以用交流电压表、交流电流表及功率表，分别测量出元件两端的电压 U、流过该元件的电流 I 和它所消耗的功率 P，然后通过计算得到，这种方法称为三表法，是用来测量 50 Hz 交流电路参数的基本方法。计算的基本公式为：

电阻元件的电阻：$R=\dfrac{U_R}{I}$ 或 $R=\dfrac{P}{I^2}$

电感元件的感抗：$X_L=\dfrac{U_L}{I}\left(\text{电感 } L=\dfrac{X_L}{2\pi f}\right)$

电容元件的容抗：$X_C=\dfrac{U_C}{I}\left(\text{电容}C=\dfrac{1}{2\pi fX_C}\right)$

串联电路复阻抗的模：$|Z|=\dfrac{U}{I}$

阻抗角：$\varphi=\arctan\dfrac{X}{R}$（其中：等效电阻 $R=\dfrac{P}{I^2}$，等效电抗 $X=\sqrt{|Z|^2-R^2}$）

本次实验电阻元件采用白炽灯（非线性电阻），电感线圈采用镇流器。由于镇流器线圈的金属导线具有一定电阻，因而镇流器可以由电感和电阻相串联来表示。电容器一般可认为是理想的电容元件。

在 RLC 串联电路中，各元件电压之间存在相位差，电源电压应等于各元件电压的相量和，而不能用它们的有效值直接相加。

电路功率用功率表测量，功率表（又称为瓦特表）是一种电动式仪表，其中电流线圈与负载串联（具有两个电流线圈，可串联或并联，以便得到两个电流量程），而电压线圈与电源并联，电流线圈和电压线圈的同名端（标有*号端）必须连在一起，如图 2-13-1 所示。本实验使用数字式功率表，连接方法与电动式功率表相同，电压、电流量程分别选 500 V 和 3 A。

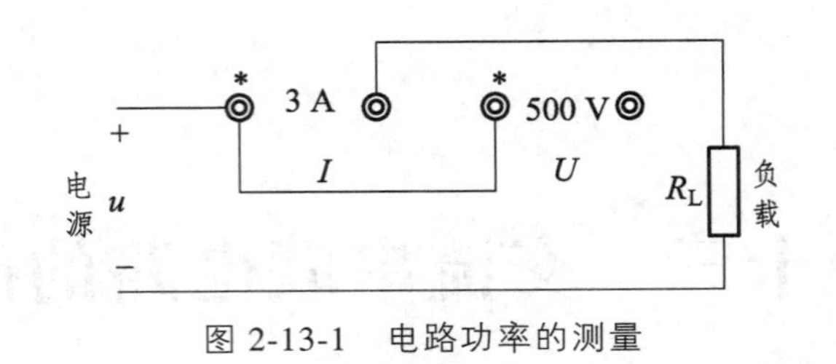

图 2-13-1　电路功率的测量

三、实验设备

1. 交流电压表、电流表、功率表（在控制屏上）。

2. 自耦调压器（输出可调的交流电压）。

3. NEEL-17 组件或 NEEL-55A（EEL-55B）组件、NEEL-52 组件（含白炽灯 220 V/40 W，日光灯 30 W、镇流器，电容器 4.3 μF、2.2 μF/630 V）。

四、实验内容

实验电路如图 2-13-2 所示，功率表的连接方法见图 2-13-1，交流电源经自耦调压器调压后向负载 Z 供电。

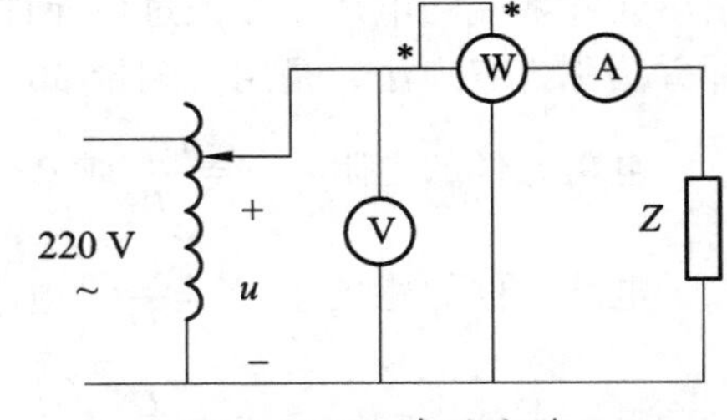

图 2-13-2　实验电路

1. 测量白炽灯的电阻

图 2-13-2 所示电路中的 Z 为一个 220 V/40 W 的白炽灯，用自耦调压器调压，使 U 为 220 V,（用电压表测量），并测量电流和功率，记入自拟的数据表格中。

将电压 U 调到 110 V，重复上述实验。

2. 测量电容器的容抗

将图 2-13-2 所示电路中的 Z 换为 4.3 μF/630 V 的电容器（改接电路时必须断开交流电源），将电压 U 调到 220 V，测量电压、电流和功率，记入自拟的数据表格中。

将电容器换为 2.2 μF/630 V，重复上述实验。

3. 测量镇流器的参数

将图 2-13-2 所示电路中的 Z 换为镇流器，将电压 U 分别调到 180 V 和 90 V，测量电压、电流和功率，记入自拟的数据表格中。

4. 测量日光灯电路

日光灯电路如图 2-13-3 所示，用该电路取代图 2-13-2 电路中的 Z，将电压 U 调到 220 V，测量日光灯管两端电压 U_R、镇流器电压 U_{RL} 和总电压 U 以及电流和功率，并记入自拟的数据表格中。

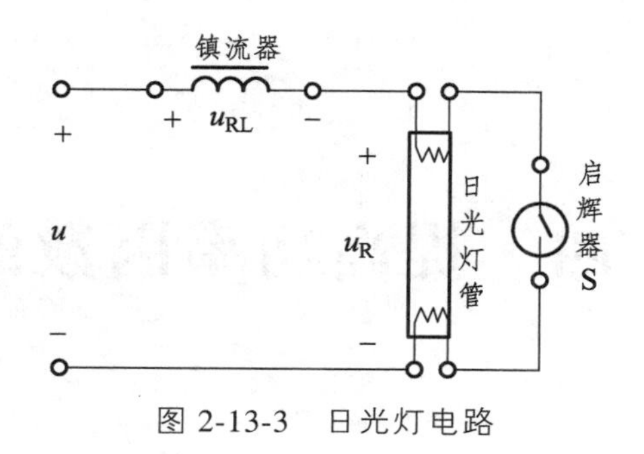

图 2-13-3　日光灯电路

五、实验注意事项

1. 通常，功率表不单独使用，要有电压表和电流表监测，使电压表和电流表的读数不超过功率表电压和电流的量限。

2. 注意功率表的正确接线，上电前必须经指导教师检查。

3. 自耦调压器在接通电源前，应将其手柄置在零位上，调节时，使其输出电压从零开始逐渐升高。每次改接实验负载或实验完毕，都必须先将其旋柄慢慢调回零位，再断电源。必须严格遵守这一安全操作规程。

六、预习与思考题

1. 自拟实验所需的全部表格。

2. 在 50 Hz 的交流电路中，测得一只铁芯线圈的 P、I 和 U，如何计算得它的电阻值及电感量？

3. 参阅课外资料，了解日光灯电路的连接和工作原理。

4. 当日光灯上缺少启辉器时，人们常用一根导线将启辉器插座的两端短接一下，然后迅速断开，使日光灯点亮；或用一只启辉器去点亮多只同类型的日光灯，这是为什么？

5. 了解功率表的连接方法。

6. 了解自耦调压器的操作方法。

七、实验报告要求

1. 根据实验 1 的数据，计算白炽灯在不同电压下的电阻值。

2. 根据实验 2 的数据，计算电容器的容抗和电容值。

3. 根据实验 3 的数据，计算镇流器的参数（电阻 R 和电感 L）。

4. 根据实验 4 的数据，计算日光灯的电阻值，画出各个电压和电流的相量图，说明各个电压之间的关系。

实验十四　提高功率因数的研究

一、实验目的

1. 研究提高感性负载功率因数的方法和意义；
2. 进一步熟悉、掌握使用交流仪表和自耦调压器；
3. 进一步加深对相位差等概念的理解。

二、原理说明

供电系统由电源（发电机或变压器）通过输电线路向负载供电。负载通常有电阻负载，如白炽灯、电阻加热器等；也有电感性负载，如电动机、变压器、线圈等，一般情况下，这两种负载会同时存在。由于电感性负载有较大的感抗，因而功率因数较低。

若电源向负载传送的功率 $P=UI\cos\varphi$，当功率 P 和供电电压 U 一定时，功率因数 $\cos\varphi$ 越低，线路电流 I 就越大，从而增加了线路电压降和线路功率损耗，若线路总电阻为 R_l，则线路电压降和线路功率损耗分别为 $\Delta U_l=IR_l$ 和 $\Delta P_l=I^2R_l$；另外，负载的功率因数越低，表明无功功率越大，电源就必须用较大的容量和负载电感进行能量交换，电源向负载提供有功功率的能力就必然下降，从而降低了电源容量的利用率。因而，从提高供电系统的经济效益和供电质量考虑，必须采取措施提高电感性负载的功率因数。

通常提高电感性负载功率因数的方法是在负载两端并联适当数量的电容器，使负载的总无功功率 $Q=Q_L-Q_C$ 减小，在传送的有功率功率 P 不变时，使得功率因数提高，线路电流减小。当并联电容器的 $Q_C=Q_L$ 时，总无功功率 $Q=0$，此时功率因数 $\cos\varphi=1$，线路电流 I 最小。若继续并联电容器，将导致功率因数下降，线路电流增大，这种现象称为过补偿。

负载功率因数可以采用三表法测量电源电压 U、负载电流 I 和功率 P，用公式 $\lambda=\cos\varphi=\dfrac{P}{UI}$ 计算得到。

本实验的电感性负载用铁芯线圈（日光灯镇流器），电源用 220 V 交流电经自耦调压器调压供电。

三、实验设备

1. 交流电压表、电流表、功率表（在主控制屏上）。
2. 自耦调压器（输出交流可调电压）。

3. NEEL-23 组件、NEEL-17 组件或 NEEL-52 组件、NEEL-55A 组件。

四、实验内容

按图 2-14-1 组成实验电路，经指导老师检查后，按下按钮开关，调节自耦变压器的输出电压为 220 V，记录功率表、功率因数表、电压表和电流表的读数，接入电容，从小到大增加电容容值，记录不同电容值时功率表、功率因数表、电压表和电流表的读数，并记入表 2-14-1 中。

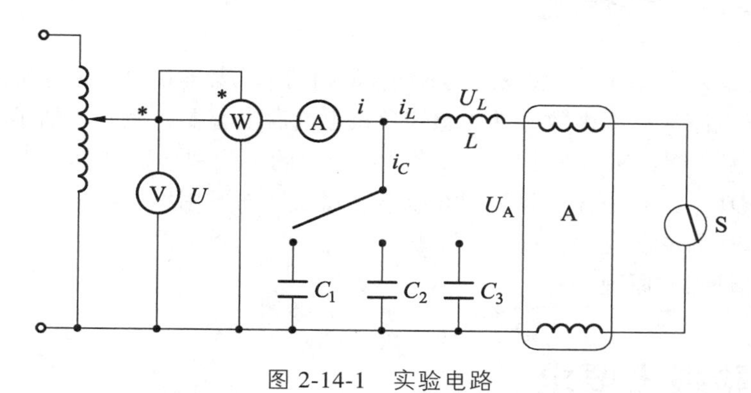

图 2-14-1 实验电路

表 2-14-1 提高感性负载功率因数实验数据

C/μF	P/W	U/V	U_C/V	U_L/V	U_A/V	I/A	I_C/A	I_L/A	cos φ
0									
0.47									
1									
1.47									
2.2									
2.67									
3.2									
3.67									
4.3									
4.77									
5									
6.47									
6.5									
7.5									

五、实验注意事项

1. 功率表要正确接入电路，通电时要经指导教师检查。
2. 注意输出电压为零（即调压器逆时针旋到底）。
3. 本实验用电流取样插头测量三个支路的电流。
4. 在实验过程中，一直要保持负载电压 U_2 等于 210 V，以便对实验数据进行比较。

六、预习与思考题

1. 一般的负载为什么功率因数较低？负载较低的功率因数对供电系统有何影响？为什么？

2. 为了提高电路的功率因数，常在感性负载上并联电容器，此时增加了一条电流支路，试问电路的总电流是增大还是减小？此时感性负载上的电流和功率是否改变？

3. 提高线路功率因数为什么只采用并联电容器法，而不用串联法？

4. 自拟实验所需的所有表格。

5. 了解日光灯工作原理。

七、实验报告要求

1. 根据实验 1、2 的数据，计算出日光灯和并联不同电容器时的功率因数，并说明并联电容器对功率因数的影响。绘制出功率因数与所并电容的曲线，所并电容是否越大越好？

2. 根据表 2-14-1 中的电流数据，说明 $I = I_C + I_L$ 吗？为什么？

3. 画出所有电流和电源电压的相量图，说明改变并联电容的大小时，相量图有何变化？

4. 根据实验 2、3 的数据，从减小线路电压降、线路功率损耗和充分利用电源容量两个方面说明提高功率因数的经济意义。

实验十五　交流电路频率特性的测定

一、实验目的

1. 研究电阻、感抗、容抗与频率的关系，测定它们随频率变化的特性曲线；
2. 学会测定交流电路频率特性的方法；
3. 了解滤波器的原理和基本电路；
4. 学习使用信号源、频率计和交流毫伏表。

二、原理说明

1. 单个元件阻抗与频率的关系

① 对于电阻元件，根据 $\frac{\dot{U}_R}{\dot{I}_R}=R\angle 0°$，其中 $\frac{U_R}{I_R}=R$，电阻 R 与频率无关；

② 对于电感元件，根据 $\frac{\dot{U}_L}{\dot{I}_L}=\mathrm{j}X_L$，其中 $\frac{U_L}{I_L}=X_L=2\pi fL$，感抗 X_L 与频率成正比；

③ 对于电容元件，根据 $\frac{\dot{U}_C}{\dot{I}_C}=-\mathrm{j}X_C$，其中 $\frac{U_C}{I_C}=X_C=\frac{1}{2\pi fC}$，容抗 X_C 与频率成反比。

测量元件阻抗频率特性的电路如图 2-15-1 所示，图中的 r 是提供测量回路电流用的标准电阻，流过被测元件的电流（I_R、I_L、I_C）则可由 r 两端的电压 U_r 除以 r 阻值所得，又根据上述三个公式，用被测元件的电流除对应的元件电压，便可得到 R、X_L 和 X_C 的数值。

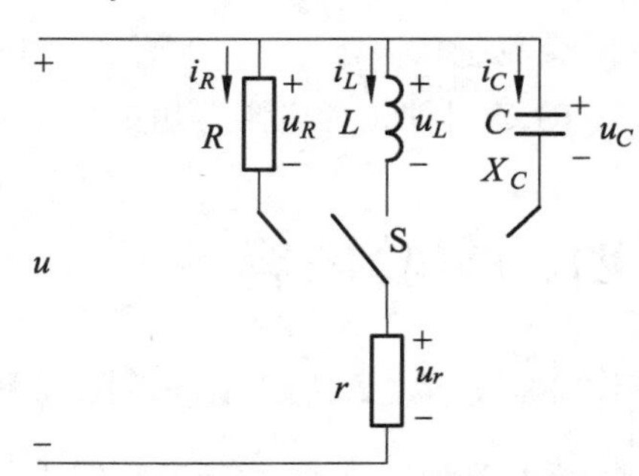

图 2-15-1　测量元件阻抗频率特性的电路

2. 交流电路的频率特性

由于交流电路中感抗 X_L 和容抗 X_C 均与频率有关，因而，输入电压（或称激励信号）在大小不变的情况下，改变频率大小，电路电流和各元件电压（或称响应信号）也会发生变化。这种电路响应随激励频率变化的特性称为频率特性。

若电路的激励信号为 $E_{\mathrm{x}}(\mathrm{j}\omega)$，响应信号为 $R_{\mathrm{e}}(\mathrm{j}\omega)$，则频率特性函数为

$$N(\mathrm{j}\omega)=\frac{R_{\mathrm{e}}(\mathrm{j}\omega)}{E_{\mathrm{x}}(\mathrm{j}\omega)}=A(\omega)\angle\varphi(\omega)$$

式中，$A(\omega)$ 为响应信号与激励信号的大小之比，是 ω 的函数，称为幅频特性；$\varphi(\omega)$ 为响应信号与激励信号的相位差角，也是 ω 的函数，称为相频特性。

在本实验中，研究几个典型电路的幅频特性，如图 2-15-2 所示，其中，图（a）在高频时有响应（即有输出），称为高通滤波器；图（b）在低频时有响应（即有输出），称为为低通滤波器；图中对应 $A=0.707$ 的频率 f_c 称为截止频率。在本实验中，用 RC 网络组成的高通滤波器和低通滤波器，它们的截止频率 f_c 均为 $1/2\pi RC$。图（c）在一个频带范围内有响应（即有输出），称为带通滤波器，图中 f_{c1} 称为下限截止频率，f_{c2} 称为上限截止频率，通频带 $\mathrm{BW}=f_{c2}-f_{c1}$。

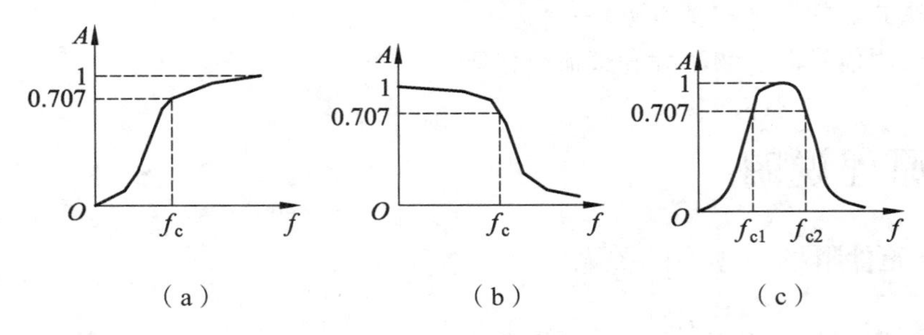

图 2-15-2　典型电路的幅频特性

三、实验设备

1. 信号源（含频率计）。
2. 交流毫伏表。
3. RLC 组件（含电阻、电感、电容）。

四、实验内容

1. 测量 *R*、*L*、*C* 元件的阻抗频率特性

实验电路如图 2-15-1 所示，图中：$r=300\ \Omega$，$R=1\ \mathrm{k\Omega}$，$L=15\ \mathrm{mH}$，$C=0.01\ \mu\mathrm{F}$。选择信号源正弦波输出作为输入电压 u，调节信号源输出电压幅值，并用交流毫伏表测量，使输入电压 u 的有效值 $U=2\ \mathrm{V}$，并保持不变。

用导线分别接通 R、L、C 三个元件，调节信号源的输出频率，从 1 kHz 逐渐增至 20 kHz（用频率计测量），用交流毫伏表分别测量 U_R、U_L、U_C 和 U_r，将实验数据记入表 2-15-1 中，并通过计算得到各频率点的 R、X_L 和 X_C。

表 2-15-1　R、L、C 元件的阻抗频率特性实验数据

频率 f（kHz）		1	2	5	10	15	20
R/kΩ	U_r (V)						
	U_R (V)						
	I_R (mA) = U_r/r						
	$R = U_R/I_R$						
X_L/kΩ	U_r (V)						
	U_L (V)						
	I_L (mA) = U_r/r						
	$X_L = U_L/I_L$						
X_C/kΩ	U_r (V)						
	U_C (V)						
	I_C (mA) = U_r/r						
	$X_C = U_C/I_C$						

2. 高通滤波器的频率特性

实验电路如图 2-15-3 所示，图中：$R = 1$ kΩ，$C = 0.022$ μF。用信号源输出正弦波电压作为电路的激励信号（即输入电压）u_i，调节信号源正弦波输出电压幅值，并用交流毫伏表测量，使激励信号 u_i 的有效值 $U_i = 2$ V，并保持不变。调节信号源的输出频率，从 1 kHz 逐渐增至 20 kHz（用频率计测量），用交流毫伏表测量响应信号（即输出电压）U_R，将实验数据记入表 2-15-2 中。

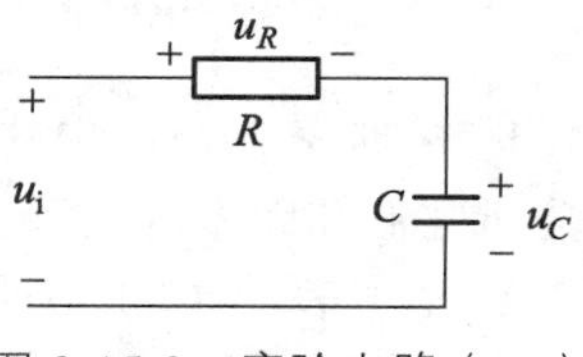

图 2-15-3　实验电路（一）

表 2-15-2　频率特性实验数据

f (kHz)	1	3	6	8	10	15	20
U_R (V)							
U_C (V)							
U_o (V)							

3. 低通滤波器的频率特性

实验电路和步骤同实验 2，只是响应信号（即输出电压）取自电容两端电压 U_C，将实验数据记入表 2-15-2 中。

4. 带通滤波器的频率特性

实验电路如图 2-15-4 所示，图中：$R = 1$ kΩ，$L = 15$ mH，$C = 0.1$ μF。实验步骤同实验 2，响应信号（即输出电压）取自电阻两端电压 U_o，将实验数据记入表 2-15-2 中。

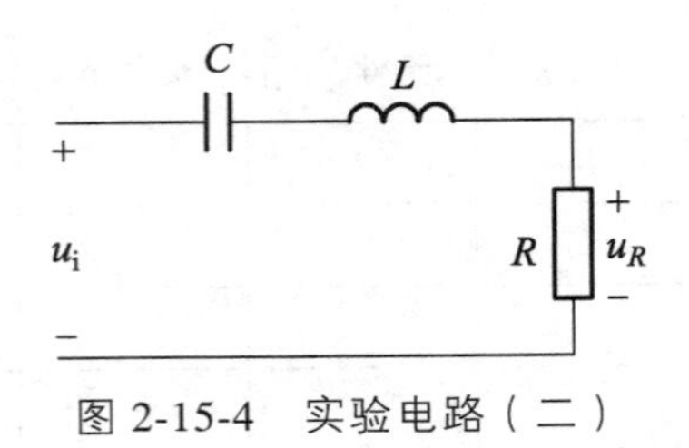

图 2-15-4　实验电路（二）

五、实验注意事项

交流毫伏表属于高阻抗电表，测量前必须先调零。

六、预习与思考题

1. 如何用交流毫伏表测量电阻 R、感抗 X_L 和容抗 X_C？它们的大小和频率有何关系？

2. 什么是频率特性？高通滤波器、低通滤波器和带通滤波器的幅频特性有何特点？如何测量？

七、实验报告要求

1. 根据表 2-15-1 中的实验数据，在方格纸上绘制 R、X_L、X_C 与频率关系的特性曲线，并分析它们和频率的关系。

2. 根据表 2-15-1 中的实验数据，定性画出 R、L、C 串联电路的阻抗与频率关系的特性曲线，并分析阻抗和频率的关系。

3. 根据表 2-15-2 中的实验数据，在方格纸上绘制高通滤波器和低通滤波器的幅频特性曲线，从曲线上：① 求得截止频率 f_c，并与计算值相比较；② 说明它们各具有什么特点。

4. 根据表 2-15-2 中的实验数据，在方格纸上绘制带通滤波器的幅频特性曲线，从曲线上求得截止频率 f_{c1} 和 f_{c2}，并计算通频带 BW。

实验十六 RC 网络频率特性和选频特性的研究

一、实验目的

1. 研究 RC 串、并联电路及 RC 双 T 电路的频率特性；
2. 学会用交流毫伏表和示波器测定 RC 网络的幅频特性和相频特性；
3. 熟悉文氏电桥电路的结构特点及选频特性。

二、原理说明

图 2-16-1 所示 RC 串、并联电路的频率特性：

$$N(\mathrm{j}\omega)=\frac{\dot{U}_{\mathrm{o}}}{\dot{U}_{\mathrm{i}}}=\frac{1}{3+\mathrm{j}\left(\omega RC-\dfrac{1}{\omega RC}\right)}$$

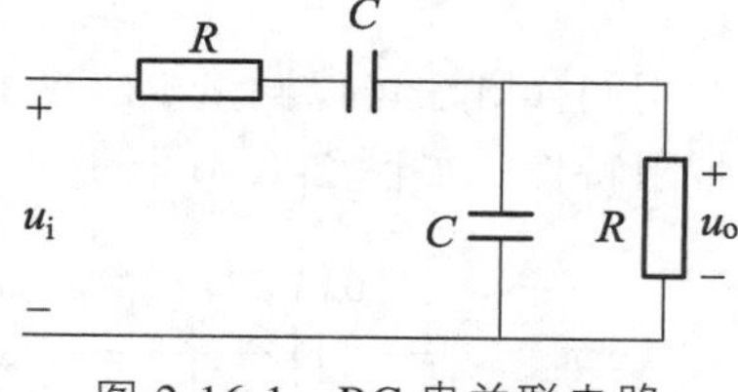

图 2-16-1 RC 串并联电路

其中幅频特性为：

$$A(\omega)=\frac{U_{\mathrm{o}}}{U_{\mathrm{i}}}=\frac{1}{\sqrt{3^2+\left(\omega RC-\dfrac{1}{\omega RC}\right)^2}}$$

相频特性为：

$$\varphi(\omega)=\varphi_{\mathrm{o}}-\varphi_{\mathrm{i}}=-\arctan\frac{\omega RC-\dfrac{1}{\omega RC}}{3}$$

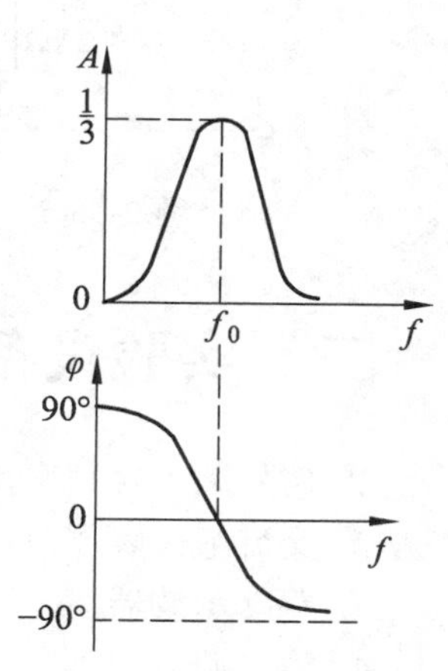

图 2-16-2 幅频特性和相频特性曲线

幅频特性和相频特性曲线如图 2-16-2 所示，幅频特性呈带通特性。

当角频率 $\omega=\dfrac{1}{RC}$ 时，$A(\omega)=\dfrac{1}{3}$，$\varphi(\omega)=0°$，u_o 与 u_i 同相，即电路发生谐振，谐振频率 $f_0=\dfrac{1}{2\pi RC}$。也就是说，当信号频率为 f_0 时，RC 串、并联电路的输出电压 u_o 与输入电压 u_i 同相，其大小是输入电压的三分之一，这一特性称为 RC 串、并联电路的选频特性，该电路又称为文氏电桥。测量频率特性用“逐点描绘法”，图 2-16-3 所示为用交流毫伏表和双踪示波器测量 RC 网络频率特性的测试图，在图中：

① 测量幅频特性：保持信号源输出电压（即 RC 网络输入电压）U_i 恒定，改变频率 f，用交流毫伏表监视 U_i，并测量对应的 RC 网络输出电压 U_o，计算出它们的比值 $A = U_o/U_i$，然后逐点描绘出幅频特性。

② 测量相频特性：保持信号源输出电压（即 RC 网络输入电压）U_i 恒定，改变频率 f，用交流毫伏表监视 U_i，用双踪示波器观察 u_o 与 u_i 的波形，如图 2-16-4 所示，若两个波形的延时为 Δt，周期为 T，则它们的相位差 $\varphi = \dfrac{\Delta t}{T} \times 360°$，然后逐点描绘出相频特性。

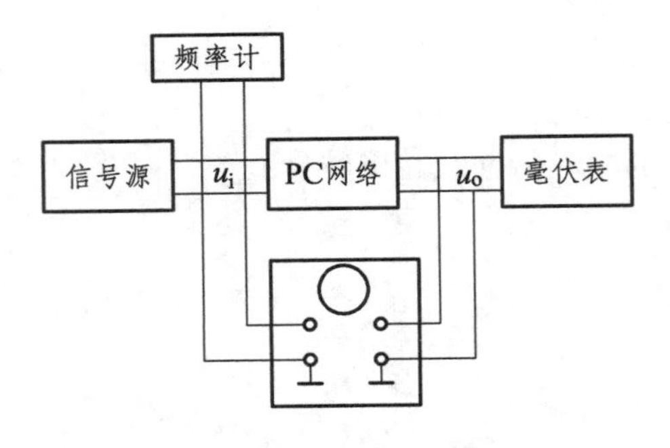

图 2-16-3　测量 RC 网络频率特性

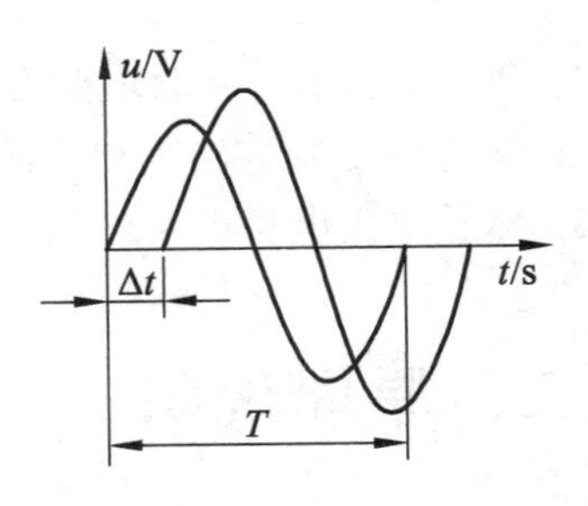

图 2-16-4　u_i 与 u_o 的波形

用同样方法可以测量 RC 双 T 电路的幅频特性，RC 双 T 电路见图 2-16-5，其幅频特性具有带阻特性，如图 2-16-6 所示。

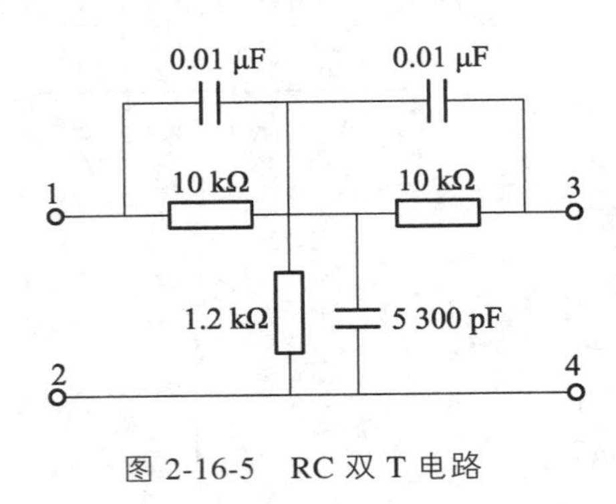

图 2-16-5　RC 双 T 电路

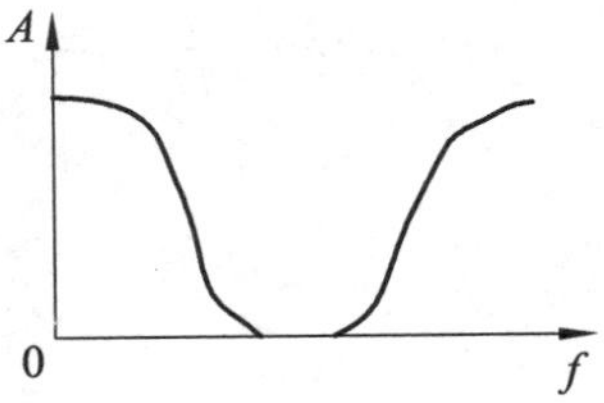

图 2-16-6　RC 双 T 电路的幅频特性

三、实验设备

1. 信号源（含频率计）。
2. 交流毫伏表。
3. 双踪示波器。
4. 信号源。

四、实验内容

1. 测量 RC 串、并联电路的幅频特性

实验电路如图 2-16-3 所示，其中，RC 网络的参数选择为：$R = 2\ \text{k}\Omega$，$C = 0.22\ \mu\text{F}$，信号源输出正弦波电压作为电路的输入电压 u_{i}，调节信号源输出电压幅值，使 $U_{\text{i}} = 2\ \text{V}$。

改变信号源正弦波输出电压的频率 f（由频率计读得），并保持 $U_{\text{i}} = 2\ \text{V}$ 不变（用交流毫伏表监视），测量输出电压 U_{o}（可先测量 $A = \dfrac{1}{3}$ 时的频率 f_0，然后再在 f_0 左右选几个频率点，测量 U_{o}），将数据记入表 2-16-1 中。

在图 2-16-3 所示的 RC 网络中，选取另一组参数：$R = 200\ \Omega$，$C = 2\ \mu\text{F}$，重复上述测量，将数据记入表 2-16-1 中。

表 2-16-1　幅频特性数据

R=2 kΩ，C=0.22 μF	f/Hz									
	U_{o}/V									
R=200 Ω，C=2 μF	f/Hz									
	U_{o}/V									

2. 测量 RC 串、并联电路的相频特性

实验电路如图 2-16-3 所示，按实验原理中测量相频特性的说明，实验步骤同实验 1，将实验数据记入表 2-16-2 中。

3. 测定 RC 双 T 电路的幅频特性

实验电路如图 2-16-3 所示，其中 RC 网络按图 2-16-5 连接，实验步骤同实验 1，将实验数据记入自拟的数据表格中。

表 2-16-2　相频特性数据

R=2 kΩ C=0.22 μF	f/Hz									
	T/ms									
	Δt /ms									
	φ									
R=200 Ω C=2 μF	f/Hz									
	T/ms									
	Δt /ms									
	φ									

五、实验注意事项

由于信号源内阻的影响，注意在调节输出电压频率时，应同时调节输出电压大小，使实验电路的输入电压保持不变。

六、预习与思考题

1. 根据电路参数，估算 RC 串、并联电路两组参数时的谐振频率。

2. 推导 RC 串、并联电路的幅频、相频特性的数学表达式。

3. 什么是 RC 串、并联电路的选频特性？当频率等于谐振频率时，电路的输出、输入有何关系？

4. 试定性分析 RC 双 T 电路的幅频特性。

七、实验报告要求

1. 根据表 2-16-1 和表 2-16-2 的实验数据，绘制 RC 串、并联电路的两组幅频特性和相频特性曲线，找出谐振频率和幅频特性的最大值，并与理论计算值比较。

2. 设计一个谐振频率为 1 kHz 文氏电桥电路，说明它的选频特性。

3. 根据实验 3 的实验数据，绘制 RC 双 T 电路的幅频特性，并说明幅频特性的特点。

实验十七　RLC 串联谐振电路的研究

一、实验目的

1. 加深理解电路发生谐振的条件、特点，掌握电路品质因数（电路 Q 值）、通频带的物理意义及其测定方法；

2. 学习用实验方法绘制 RLC 串联电路不同 Q 值下的幅频特性曲线；

3. 熟练使用信号源、频率计和交流毫伏表。

二、原理说明

在图 2-17- 1 所示的 RLC 串联电路中，电路复阻抗 $Z=R+\mathrm{j}\left(\omega L-\dfrac{1}{\omega C}\right)$，当 $\omega L=\dfrac{1}{\omega C}$ 时，$Z=R$，$\dot{U}$ 与 $\dot{I}$ 同相，电路发生串联谐振，谐振角频率 $\omega_0=\dfrac{1}{\sqrt{LC}}$，谐振频率 $f_0=\dfrac{1}{2\pi\sqrt{LC}}$。

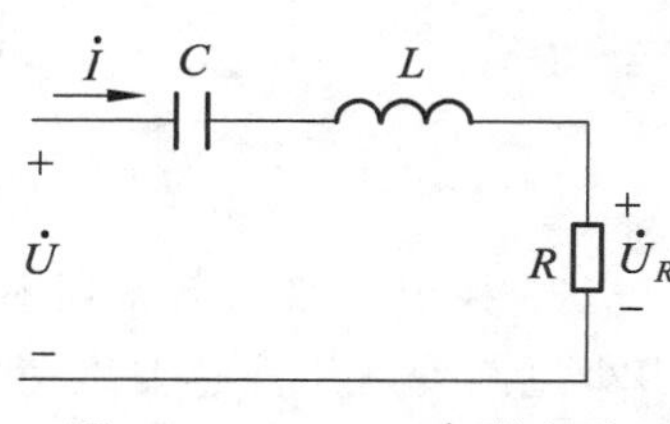

图 2-17-1　RLC 串联电路

在图 2-17-1 所示电路中，若 $\dot{U}$ 为激励信号，$\dot{U}_R$ 为响应信号，其幅频特性曲线如图 2-17-2 所示，在 $f=f_0$ 时，$A=1$，$U_R=U$；$f\neq f_0$ 时，$U_R<U$，呈带通特性。$A=0.707$，即 $U_R=0.707U$ 所对应的两个频率 f_L 和 f_H 为下限频率和上限频率，f_H-f_L 为通频带。通频带的宽窄与电阻 R 有关，不同电阻值的幅频特性曲线如图 2-17-3 所示。

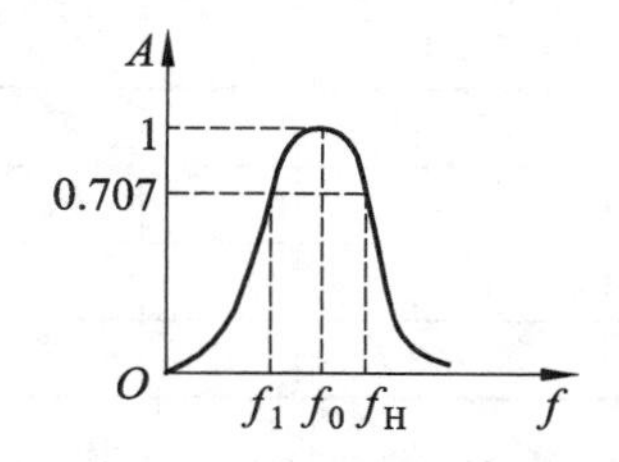

图 2-17-2　RLC 串联电路的幅频特性曲线

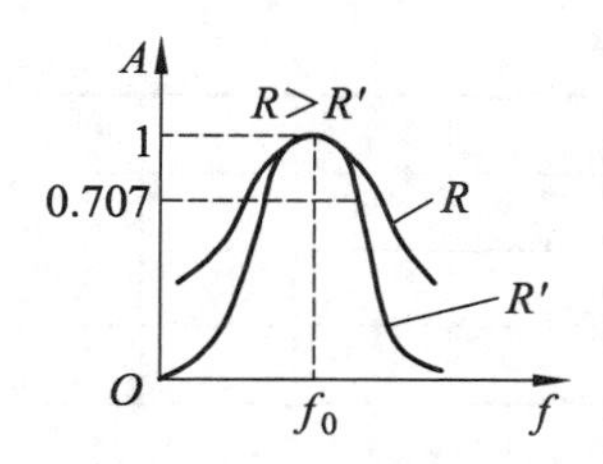

图 2-17-3　不同电阻值的 RLC 串联电路幅频特性曲线

电路发生串联谐振时，$U_R=U$，$U_L=U_C=QU$，Q 称为品质因数，与电路的参数 R、L、C 有关。Q 值越大，幅频特性曲线越尖锐，通频带越窄，电路的选择性越好，在恒压源供电时，电路的品质因数、选择性与通频带只决定于电路本身的参数，与信号源无关。在本实验中，用交流毫伏表测量不同频率下的电压 U、U_R、U_L、U_C，绘制 RLC 串联电路的幅频特性曲线，并根据$\Delta f = f_{\mathrm{H}} - f_{\mathrm{L}}$计算出通频带，根据$Q = \frac{U_L}{U} = \frac{U_C}{U}$或$Q = \frac{f_0}{f_{\mathrm{H}} - f_{\mathrm{L}}}$计算出品质因数。

三、实验设备

1. 信号源（含频率计）。
2. 交流毫伏表。
3. RLC 电路组件。

四、实验内容

1. 按图 2-17-4 组成监视、测量电路，用交流毫伏表测电压，用示波器监视信号源输出，令其输出幅值等于 1 V，并保持不变。

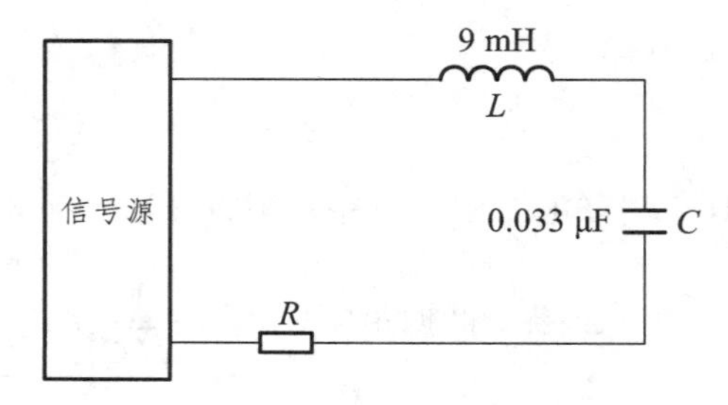

图 2-17-4　实验测量电路

2. 找出电路的谐振频率f_0，其方法是，将毫伏表接在R（51 Ω）两端，令信号源的频率由小逐渐变大（注意要维持信号源的输出幅度不变），当U_{o}的读数为最大时，读得频率计上的频率值即为电路的谐振频率f_0，并测量U_C与U_L之值（注意及时更换毫伏表的量限）。

3. 在谐振点两侧，按频率递增或递减 5 00 Hz 或 1 kHz，依次各取 8 个测量点，逐点测出U_{o}、U_L、U_C之值，记入表 2-17-1。

表 2-17-1　实验数据（一）

f/kHz													
U_{o}/V													
U_L/V													
U_C/V													

4. 改变电阻值（R为 100 Ω），重复步骤 2、3 的测量过程，数据记入表 2-17-2 中。

表 2-17-2　实验数据（二）

f/kHz													
U_{o}/V													
U_L/V													
U_C/V													

五、实验注意事项

1. 测试频率点的选择：应在靠近谐振频率附近多取几点，在改变频率时，应调整信号输出电压，使其维持在 1 V 不变。

2. 在测量 U_L 和 U_C 数值前，应将毫伏表的量限改大约十倍，而且在测量 U_L 与 U_C 时毫伏表的“+”端接电感与电容的公共点。

六、预习与思考题

1. 根据实验元件参数值，估算电路的谐振频率，自拟测量谐振频率的数据表格。

2. 改变电路的哪些参数可以使电路发生谐振？电路中 R 的数值是否影响谐振频率？

3. 如何判别电路是否发生谐振？测试谐振点的方案有哪些？

4. 电路发生串联谐振时，为什么输入电压不能太大，如果信号源给出 1 V 的电压，电路谐振时，用交流毫伏表测 U_L 和 U_C，应该选择用多大的量限？为什么？

5. 要提高 RLC 串联电路的品质因数，电路参数应如何改变？

七、实验报告要求

1. 电路谐振时，比较输出电压 U_R 与输入电压 U 是否相等？U_L 和 U_C 是否相等？试分析原因。

2. 根据测量数据，绘出不同 Q 值的三条幅频特性曲线：

$$U_R=f(f),\quad U_L=f(f),\quad U_C=f(f)$$

3. 计算出通频带与 Q 值，说明不同 R 值时对电路通频带与品质因素的影响。

4. 对两种不同的测 Q 值的方法进行比较，分析误差原因。

5. 试总结串联谐振的特点。

实验十八　三相电路电压、电流的测量

一、实验目的

1. 练习三相负载的星形连接和三角形连接；
2. 了解三相电路线电压与相电压、线电流与相电流之间的关系；
3. 了解三相四线制供电系统中，中线的作用；
4. 观察线路故障时的情况。

二、原理说明

电源用三相四线制向负载供电，三相负载可接成星形（又称 Y 形）或三角形（又称△形）。

当三相对称负载作 Y 形连接时，线电压 U_l 是相电压 U_p 的 $\sqrt{3}$ 倍，线电流 I_l 等于相电流 I_p，即 $U_l=\sqrt{3}U_p$，$I_l=I_p$，流过中线的电流 $I_N=0$；三相对称负载作△形连接时，线电压 U_l 等于相电压 U_p，线电流 I_l 是相电流 I_p 的 $\sqrt{3}$ 倍，即 $I_l=\sqrt{3}I_p$，$U_l=U_p$ 不对称三相负载作 Y 形连接时，必须采用 Y_0 接法，中线必须牢固连接，以保证三相不对称负载的每相电压等于电源的相电压（三相对称电压）；若中线断开，会导致三相负载电压的不对称，致使负载轻的那一相的相电压过高，使负载遭受损坏，负载重的一相相电压又过低，使负载不能正常工作；不对称三相负载作△形连接时，$I_l \neq \sqrt{3}I_p$，但只要电源的线电压 U_l 对称，加在三相负载上的电压仍是对称的，对各相负载工作没有影响。

本实验中，用三相调压器调压输出作为三相交流电源，用三组白炽灯作为三相负载，线电流、相电流、中线电流用电流插头和插座测量。（EEL-ⅤB 为三相不可调交流电源）

三、实验设备

1. 三相交流电源。
2. 交流电压表、电流表。
3. 三相电路组件。

四、实验内容

1. 三相负载星形连接（三相四线制供电）

实验电路如图 2-18-1 所示，将白炽灯按图所示，连接成星形接法。用三相调压器调压输出作为三相交流电源，具体操作如下：将三相调压器的旋钮置于三相电压输出为 0 V 的位置（即逆时针旋到底的位置），然后旋转旋钮，调节调压器的输出，使输出的三相线电压为 220 V。测量线电压和相电压，并记录数据（EEL-VB 为三相不可调交流电源，输出的三相线电压为 380 V）。在用到 NEEL-17 组件时，两个灯炮应该串联，做不对称实验时，将第四相灯泡并到另三相灯泡的任意一相即可。

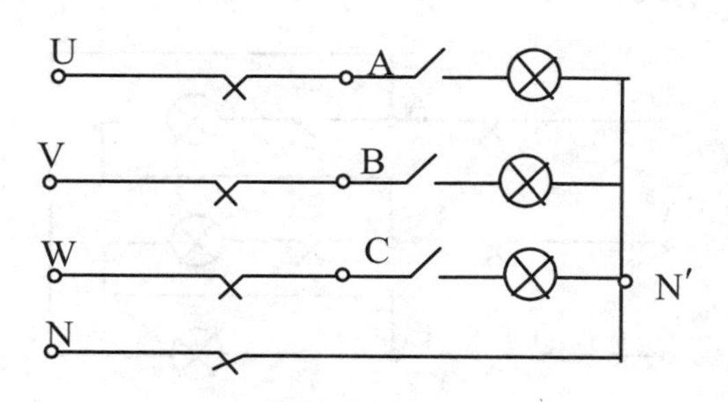

图 2-18-1　三相负载星形连接

① 在有中线的情况下，用高压电流取样导线测量三相负载对称和不对称时的各相电流、中线电流及各相电压，将数据记入表 2-18-1 中，并记录各灯的亮度。

② 在无中线的情况下，测量三相负载对称和不对称时的各相电流、各相电压和电源中点 N 到负载中点 N′ 的电压 $U_{NN'}$，将数据记入表 2-18-1 中，并记录各灯的亮度。

表 2-18-1　三相负载 Y 形连接时的实验数据

EEL-17B 组件或 EEL-55A

中线连接	每相灯组数			负载相电压/V			电流/A				$U_{NN'}$/V	亮度比较 A、B、C
	A	B	C	U_A	U_B	U_C	I_A	I_B	I_C	I_N		
有	1	1	1									
	1	2	1									
	1	断开	2									
无	1	断开	2									
	1	2	1									
	1	1	1									
	1	短路	3									

EEL-17A 组件或 EEL-55B

中线连接	每相灯组数			负载相电压/V			电流/A				U_{NN}/V	亮度比较 A、B、C
	A	B	C	U_A	U_B	U_C	I_A	I_B	I_C	I_N		
有	1	1	1									
	1	2	1									
	1	断开	2									
无	1	断开	2									
	1	2	1									
	1	1	1									

2. 三相负载三角形连接

实验电路如图 2-18-2 所示，将白炽灯按图所示，连接成三角形接法。调节三相调压器的输出电压，使输出的三相线电压为 220 V。测量三相负载对称和不对称时的各相电流、线电流和各相电压，将数据记入表 2-18-2 中，并记录各灯的亮度。(EEL-ⅤB 为三相不可调交流电源，输出的三相线电压为 380 V)

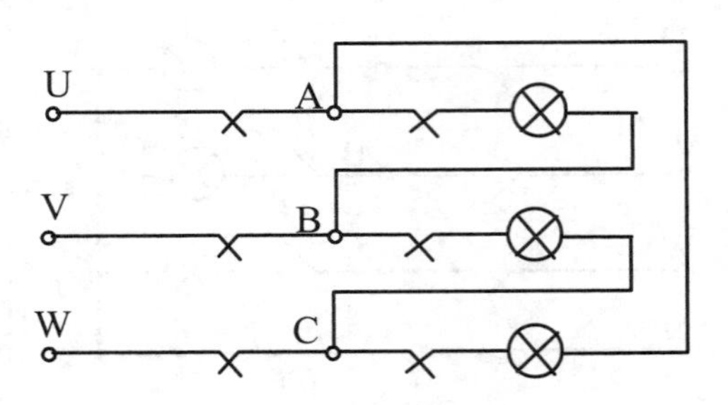

图 2-18-2 三相负载三角形连接

表 2-18-2 负载三角形连接实验数据

EEL-17B 组件或 EEL-55A

每相灯组数			相电压/V			线电流/A			相电流/A			亮度比较
A-B	B-C	C-A	U_{AB}	U_{BC}	U_{CA}	I_A	I_B	I_C	I_{AB}	I_{BC}	I_{CA}	
1	1	1										
1	2	3										

EEL-17A 组件或 EEL-55B

每相灯组数			相电压/V			线电流/A			相电流/A			亮度比较
A-B	B-C	C-A	U_{AB}	U_{BC}	U_{CA}	I_A	I_B	I_C	I_{AB}	I_{BC}	I_{CA}	
1	1	1										
1	2	1										

五、实验注意事项

1. 每次接线完毕，同组同学应自查一遍，然后由指导教师检查后，方可接通电源，必须严格遵守“先接线、后通电，先断电、后抓线”的实验操作原则。

2. 星形负载作短路实验时，必须首先断开中线，以免发生短路事故。

3. 测量、记录各电压、电流时，注意分清它们是哪一相、哪一线，防止记错。

4. 用 EEL-17 组件做实验时，应将每相的两个灯泡串联，做不对称实验时，将第四相并到其他三相的任意一相即可。

六、预习与思考题

1. 三相负载根据什么原则作星形或三角形连接？本实验为什么将三相电源线电压设定为 220 V？

2. 三相负载按星形或三角形连接，它们的线电压与相电压、线电流与相电流有何关系？当三相负载对称时又有何关系？

3. 说明在三相四线制供电系统中中线的作用，中线上能安装保险丝吗？为什么？

七、实验报告要求

1. 根据实验数据，在负载为星形连接时，$U_l=\sqrt{3}U_{\mathrm{p}}$ 在什么条件下成立？在三角形连接时，$I_l=\sqrt{3}I_{\mathrm{p}}$ 在什么条件下成立？

2. 用实验数据和观察到的现象，总结三相四线制供电系统中中线的作用。

3. 不对称三角形连接的负载，能否正常工作？实验是否能证明这一点？

根据不对称负载三角形连接时的实验数据，画出各相电压、相电流和线电流的相量图，并证实实验数据的正确性。

实验十九　三相电路功率的测量

一、实验目的

1. 学会用功率表测量三相电路功率的方法；
2. 掌握功率表的接线和使用方法。

二、原理说明

1. 三相四线制供电，负载星形连接（即 Y_0 接法）

对于三相不对称负载，用三个单相功率表测量，测量电路如图 2-19-1 所示，三个单相功率表的读数为 W_1、W_2、W_3，则三相功率 $P = W_1 + W_2 + W_3$。

这种测量方法称为三瓦特表法；对于三相对称负载，用一个单相功率表测量即可，若功率表的读数为 W，则三相功率 $P = 3W$，称为一瓦特表法。

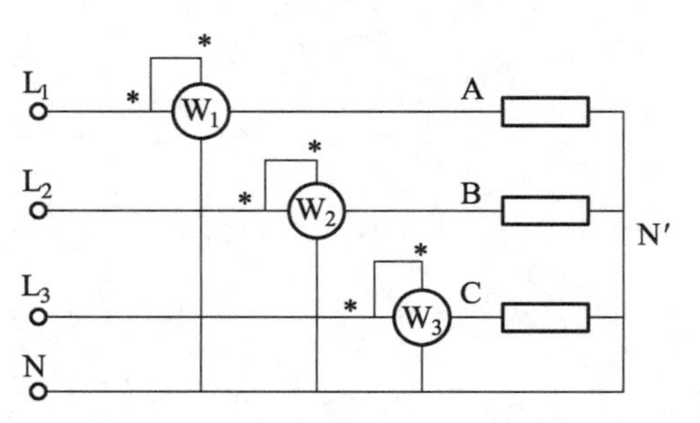

图 2-19-1　三相四线制供电

2. 三相三线制供电

三相三线制供电系统中，不论三相负载是否对称，也不论负载是 Y 接还是△接，都可用二瓦特表法测量三相负载的有功功率。测量电路如图 2-19-2 所示，若两个功率表的读数为 W_1、W_2，则三相功率 $P = W_1 + W_2 = U_l I_l \cos(30° - \varphi) + U_l I_l \cos(30° + \varphi)$，其中 φ 为负载的阻抗角（即功率因数角），两个功率表的读数与 φ 有下列关系：

① 当负载为纯电阻时，$\varphi = 0$，$W_1 = W_2$，即两个功率表的读数相等。

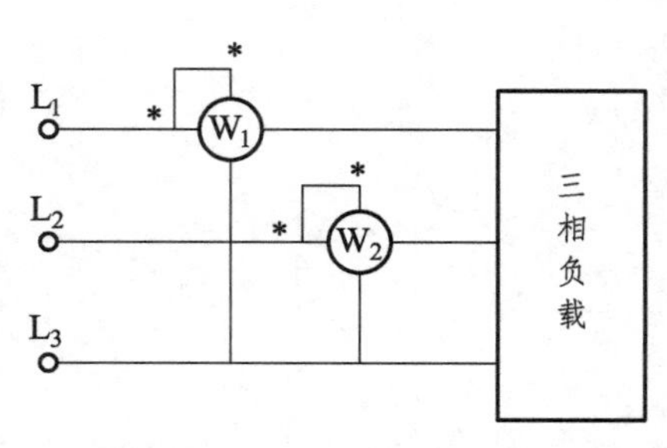

图 2-19-2　三相三线制供电

② 当负载功率因数 $\cos\varphi = 0.5$，$\varphi = \pm 60°$，将有一个功率表的读数为零。

③ 当负载功率因数 $\cos\varphi < 0.5$，$|\varphi| > 60°$，则有一个功率表的读数为负值，该功率表指针将反方向偏转，指针式功率表应将功率表电流线圈的两个端子调换(不能调换电压线圈端子)，而读数应记为负值。对于数字式功率表，将出现负读数。

3. 测量三相对称负载的无功功率

对于三相三线制供电的三相对称负载，可用一瓦特表法测得三相负载的总无功功率 Q，测试电路如图 2-19-3 所示。功率表读数 $W = U_l I_l \sin\varphi$，其中 φ 为负载的阻抗角，则三相负载的无功功率 $Q = \sqrt{3}W$。

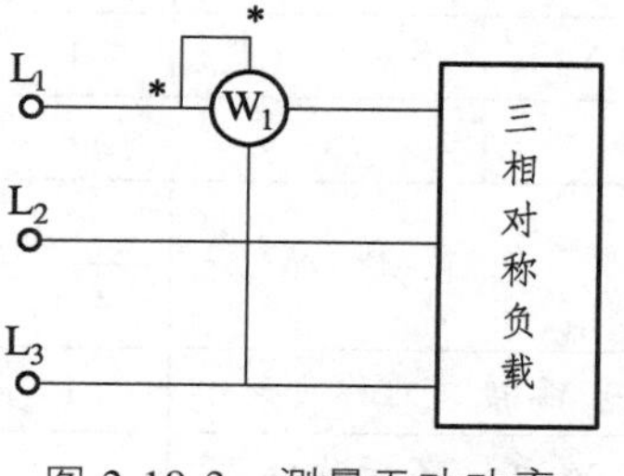

图 2-19-3　测量无功功率

三、实验设备

1. 交流电压表、电流表、功率表。
2. 三相调压输出电源。
3. 三相电路组件。

四、实验内容

1. 三相四线制供电，测量负载星形连接（即 Y_0 接法）的三相功率

① 用一瓦特表法测定三相对称负载三相功率，实验电路如图 2-19-4 所示，线路中的电流表和电压表用以监视三相电流和电压(不要超过功率表电压和电流的量程)。经指导教师检查后，接通三相电源开关，将调压器的输出由 0 调到 380 V(线电压)，按表 2-19-1 的要求进行测量及计算，将数据记入表中。

② 用三瓦特表法测定三相不对称负载三相功率，本实验用一个功率表分别测量每相功率，实验电路如图 2-19-4 所示，步骤与① 相同，将数据记入表 2-19-1 中。

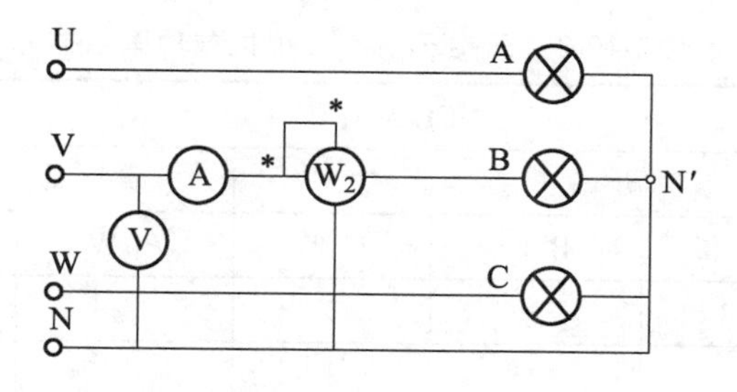

图 2-19-4　实验电路（一）

表 2-19-1　三相四线制负载星形连接数据

EEL-55A 组件							
负 载 情 况	开 灯 盏 数			测 量 数 据			计算值
	A 相	B 相	C 相	P_A/W	P_B/W	P_C/W	P/W
Y_0 接，对称负载	3	3	3				
Y_0 接，不对称负载	1	2	3				
NEEL-17 组件							
负 载 情 况	开 灯 组 数			测 量 数 据			计算值
	A 相	B 相	C 相	P_A/W	P_B/W	P_C/W	P/W
Y_0 接，对称负载	1	1	1				
Y_0 接，不对称负载	1	2	1				

2. 三相三线制供电，测量三相负载功率

① 用二瓦特表法测量三相负载 Y 连接的三相功率，实验电路如图 2-19-5（a）所示，图中“三相灯组负载”见图（b），经指导教师检查后，接通三相电源，调节三相调压器的输出，使线电压为 220 V，按表 2-19-2 的内容进行测量计算，并将数据记入表中。

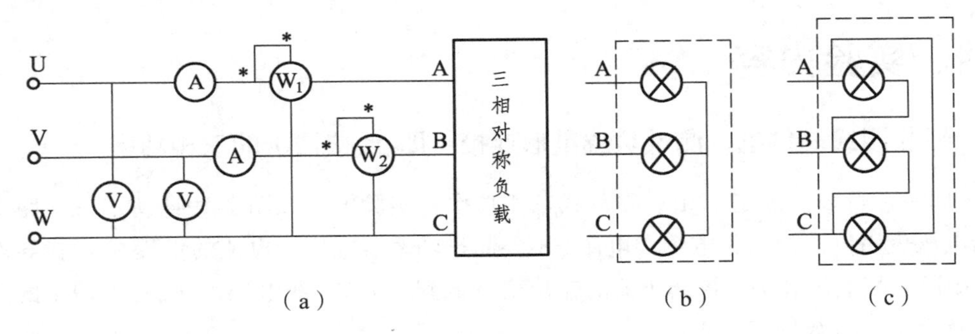

图 2-19-5　实验电路（二）

② 将三相灯组负载改成△接法，如图 2-19-5（c）所示，重复①的测量步骤，数据记入表 2-19-2 中。

表 2-19-2　三相三线制三相负载功率数据

NEE-55A 组件						
负载情况	开 灯 盏 数			测 量 数 据		计 算 值
	A 相	B 相	C 相	P_1/W	P_2/W	P/W
Y 接，对称负载	3	3	3			
Y 接，不对称负载	1	2	3			
△接，不对称负载	1	2	3			
△接，对称负载	3	3	3			

续表

NEEL-17 组件						
负载情况	开灯组数			测量数据		计算值
	A 相	B 相	C 相	P_1/W	P_2/W	P/W
Y 接，对称负载	1	1	1			
Y 接，不对称负载	1	2	1			
△接，不对称负载	1	2	1			
△接，对称负载	1	1	1			

五、实验注意事项

每次实验完毕，均需将三相调压器旋钮调回零位，如改变接线，均需新开三相电源，以确保人身安全。

六、预习与思考题

1. 复习二瓦特表法测量三相电路有功功率的原理。
2. 复习一瓦特表法测量三相对称负载无功功率的原理。
3. 测量功率时为什么在线路中通常都接有电流表和电压表？
4. 为什么有的实验需将三相电源线电压调到 380 V，而有的实验要调到 220 V？

七、实验报告要求

1. 整理、计算表 2-19-1 和表 2-19-2 的数据，并和理论计算值相比较。
2. 根据表 2-19-2 的数据，总结负载无功功率什么情况下为零？什么情况下不为零？为什么？
3. 总结、分析三相电路功率测量的方法。

实验二十　单相电度表的校验

一、实验目的

1. 了解电度表的工作原理，掌握电度表的接线和使用；
2. 学会测定电度表的技术参数和校验方法。

二、原理说明

电度表是一种感应式仪表，是根据交变磁场在金属中产生感应电流，从而产生转矩的基本原理而工作的仪表，主要用于测量交流电路中的电能。

1. 电度表的结构和原理

电度表主要由驱动装置、转动铝盘、制动永久磁铁和指示器等部分组成。

1.1　驱动装置和转动铝盘

驱动装置有电压铁芯线圈和电流铁芯线圈，在空间上、下排列，中间隔以铝制的圆盘。驱动装置中的两个铁芯线圈通过交流电，建立起合成的交变磁场，交变磁场穿过铝盘，在铝盘上产生感应电流，该电流与磁场的相互作用，产生转动力矩驱使铝盘转动。

1.2　制动永久磁铁

铝盘上方装有一个永久磁铁，其作用是对转动的铝盘产生制动力矩，使铝盘转速与负载功率成正比。因此，在某一测量时间内，负载所消耗的电能 W 就与铝盘的转数 n 成正比。

1.3　指示器

电度表的指示器不能像其他指示仪表的指针一样停留在某一位置，而应能随着电能的不断增大（也就是随着时间的延续）而连续地转动，这样才能随时反应出电能积累的数值。因此，它是将转动铝盘通过齿轮传动机构折算为被测电能的数值，由一系列齿轮上的数字直接指示出来。

2. 电度表的技术指标

2.1　电度表常数

铝盘的转数 n 与负载消耗的电能 W 成正比，即：

$$N = \frac{n}{W}$$

式中：比例系数 N 称为电度表常数，常在电度表上标明，其单位是 rad/(kW·h)。

2.2　电度表灵敏度

在额定电压、额定频率及 $\cos\varphi = 1$ 的条件下，负载电流从零开始增大，测出铝盘开始转动的最小电流值 $I_{\min}$，则仪表的灵敏度表示为：

$$S = \frac{I_{\min}}{I_{N}} \times 100\%$$

式中：I_N 为电度表的额定电流。

2.3　电度表的潜动

当负载等于零时电度表仍出现缓慢转动的情况，这种现象称为潜动。按照规定，无负载电流的情况下，外加电压为电度表额定电压的 110%（达 242 V）时，观察铝盘的转动是否超过一周，凡超过一周者，判为潜动不合格的电度表。

本实验使用 220 V/5 A（10 A）的电度表，接线图如图 2-20-1 所示。

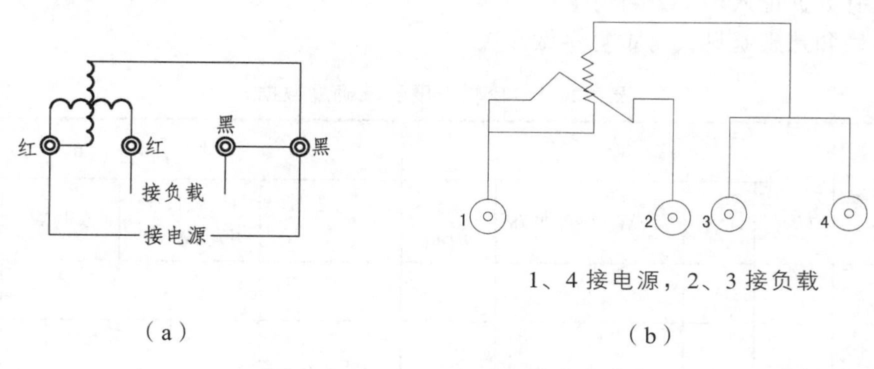

图 2-20-1　220 V/5 A 电度表电路

三、实验设备

1. 交流电压表、电流表和功率表。
2. 三相调压器（输出可调交流电压）。
3. 电度表、白炽灯。
4. 10 kΩ/3 W 电位器、10 kΩ/8 W 电阻、5.1 kΩ/8 W 电阻。
5. 秒表。

四、实验内容

1. 记录被校验电度表的额定数据和技术指标

额定电流 $I_N =$　　　　　额定电压 $U_N =$　　　　　电度表常数 $N =$

2. 用功率表、秒表法校验电度表常数

按图 2-20-2 接线，电度表的接线与功率表相同，其电流线圈与负载串联，电压线圈与负载并联。

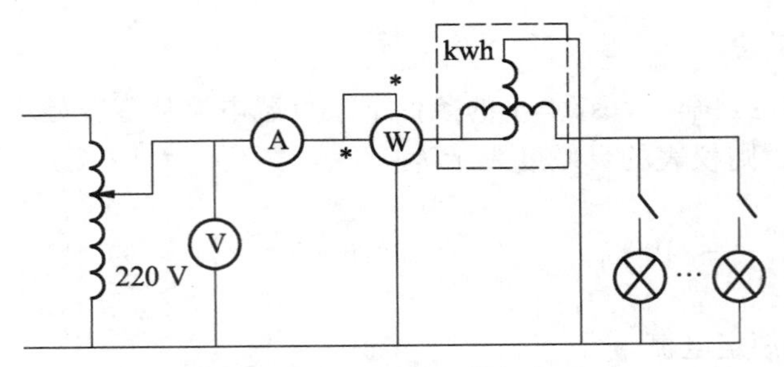

图 2-20-2　校验电度表电路

线路经指导教师检查后，接通电源，将调压器的输出电压调到 220 V，按表 2-20-1 的要求接通灯组负载，用秒表定时记录电度表铝盘的转数，并记录各表的读数。为了记录圈数准确，可将电度表铝盘上的一小段红色标记刚出现（或刚结束）时作为秒表计时的开始。此外，为了能记录整数转数，可先预定好转数，待电度表铝盘刚转完此转数时，作为秒表测定时间的终点，将所有数据记入表 2-20-1 中。

为了准确和熟悉起见，可重复多做几次。

表 2-20-1　校验电度表准确度数据

负载情况（40 W 白炽灯个数）	测量值					计算值			
	U/V	I/A	P/W	时间/s	转数 n/rad	实测电能 W/(kW·h)	计算电能 W/(kW·h)	ΔW/W	电度表常数 N
6									
8									

3. 检查灵敏度

电度表铝盘刚开始转动的电流往往很小，通常只有 0.5%I_N，故将图 2-20-2 中的灯组负载拆除，用三个电阻（一个 10 kΩ/3 W 电位器，5.1 kΩ/8 W 和 10 kΩ/8 W 电阻）相串联作为负载，调节 10 kΩ/3 W 电位器，记下使电度表铝盘刚开始转动的最小电流值 I_{min}，然后通过计算求出电度表的灵敏度。

4. 检查电度表潜动是否合格

切断负载，即断开电度表的电流线圈回路，调节调压器的输出电压为额定电压的 110%（即 242 V），仔细观察电度表的铝盘有否转动，一般允许有缓慢地转动，但应在不超过一转的任一点上停止，这样，电度表的潜动为合格，反之则不合格。

五、实验注意事项

1. 本实验台配有一只电度表，采用挂件式结构，实验时，只要将电度表挂在指定的位置即可，实验完毕，拆除线路后取下电度表。

2. 记录时，同组同学要密切配合，秒表定时，读取转数步调要一致，以确保测量的准确性。

3. 注意功率表和电度表的接线。

六、预习与思考题

1. 了解电度表的结构、工作原理和接线方法。
2. 电度表有哪些技术指标？如何测定？

七、实验报告要求

1. 整理实验数据，计算出电度表的各项技术指标。
2. 对被校电度表的各项技术指标作出评价。

实验二十一　功率因数表的使用及相序测量

一、实验目的

1. 掌握三相交流电路相序的测量方法；
2. 熟悉功率因数表的使用方法，了解负载性质对功率因数的影响。

二、实验原理

1. 相序指示器

相序指示器如图 2-21-1 所示，它是由一个电容器和两个白炽灯按星形连接的电路，用来指示三相电源的相序。

在图 2-21-1 电路中，设 $\dot{U}_{\mathrm{A}}$、$\dot{U}_{\mathrm{B}}$、$\dot{U}_{\mathrm{C}}$ 为三相对称电源相电压，中点电压

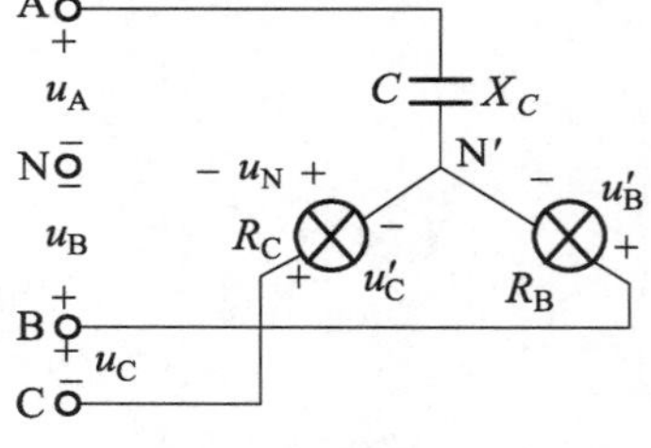

图 2-21-1　相序指示器电路

$$\dot{U}_{\mathrm{N}}=\frac{\dfrac{\dot{U}_{\mathrm{A}}}{-\mathrm{j}X_C}+\dfrac{\dot{U}_{\mathrm{B}}}{R_{\mathrm{B}}}+\dfrac{\dot{U}_{\mathrm{C}}}{R_{\mathrm{C}}}}{\dfrac{1}{-\mathrm{j}X_C}+\dfrac{1}{R_{\mathrm{B}}}+\dfrac{1}{R_{\mathrm{C}}}}$$

设 $X_C=R_{\mathrm{B}}=R_{\mathrm{C}}$，$\dot{U}_{\mathrm{A}}=U_{\mathrm{p}}\angle 0°=U_{\mathrm{p}}$ 代入上式得：

$$\dot{U}_{\mathrm{N}}=(-0.2+\mathrm{j}0.6)U_{\mathrm{p}}$$

则

$$\dot{U}'_{\mathrm{B}}=\dot{U}_{\mathrm{B}}-\dot{U}_{\mathrm{N}}=(-0.3-\mathrm{j}1.466)U_{\mathrm{p}}，\quad U'_{\mathrm{B}}=1.49U_{\mathrm{p}}$$

$$\dot{U}'_{\mathrm{C}}=\dot{U}_{\mathrm{C}}-\dot{U}_{\mathrm{N}}=(-0.3+\mathrm{j}0.266)U_{\mathrm{p}}，\quad U'_{\mathrm{C}}=0.4U_{\mathrm{p}}$$

可见，$U'_{\mathrm{B}}>U'_{\mathrm{C}}$，B 相的白炽灯比 C 相的亮。

综上所述，用相序指示器指示三相电源相序的方法是：如果连接电容器的一相是 A 相，那么，白炽灯较亮的一相是 B 相，较暗的一相是 C 相。

2. 负载的功率因数

在图 2-21-2（a）所示电路中，负载的有功功率 $P=UI\cos\varphi$，其中 $\cos\varphi$ 为功率因数，功率因数角

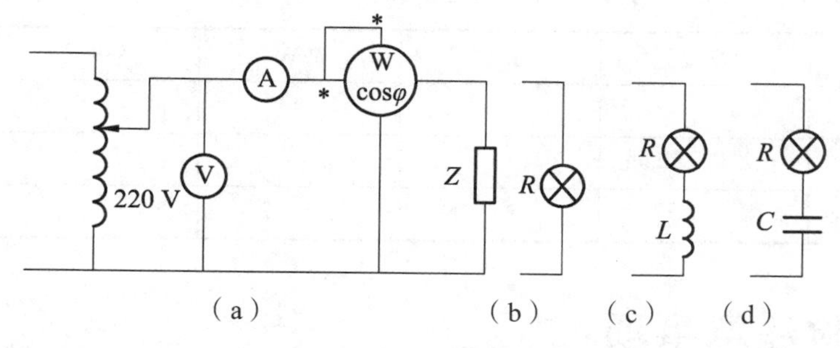

图 2-21-2　测量功率因数

$$\varphi=\arctan\frac{X_L-X_C}{R}$$

且　$$-90°\geqslant\varphi\leqslant 90°$$

① 当 $X_L>X_C$，$\varphi>0$，$\cos\varphi>0$，感性负载；

② 当 $X_L<X_C$，$\varphi<0$，$\cos\varphi>0$，容性负载；

③ 当 $X_L=X_C$，$\varphi=0$，$\cos\varphi=1$，电阻性负载。

可见，功率因数的大小和性质由负载参数的大小和性质决定。

三、实验设备

1. 交流电压表、电流表、功率表和功率因数表。
2. 三相电路、30 W 日光灯镇流器、4.3 μF/400 V 电容、40 W 白炽灯。
3. 三相调压器（输出可调三相交流电压）。

四、实验内容

1. 测定三相电源的相序

① 按图 2-21-1 接线，图中，$C=2.5$ μF，R_C、R_B 为两个 220 V/40 W 的白炽灯，调节三相调压器，输出线电压为 220 V 的三相交流电压，测量电容器、白炽灯和中点电压 U_N，观察灯光明亮状态，做好记录。设电容器一相为 A 相，试判断 B、C 相。

② 将电源线任意调换两相后，再接入电路，重复步骤①，并指出三相电源的相序。

2. 负载功率因数的测定

按图 2-21-2（a）接线，阻抗 Z 分别用电阻（220 V/40 W 白炽灯）、感性负载（220 V/40 W 白炽灯和镇流器串联）和容性负载（220 V/40 W 白炽灯和 4.3 μF/630 V 电容串联）代替，如图 2-21-2（b）、（c）、（d）所示，将测量数据记入表 2-21-1 中。

表 2-21-1　测定负载功率因数数据

负载情况	U/V	I/A	P/W	$\cos\varphi$	负载性质
电阻					
感性负载					
容性负载					

五、实验注意事项

1. 每次改接线路都必须先断开电源。
2. 功率表和功率因数表在实验板内部已连在一起，实验中只连接功率表即可。

六、预习与思考题

1. 在图 2-21-1 所示电路中，已知电源线电压为 220 V，试计算电容器和白炽灯的电压。
2. 什么是负载的功率因数？它的大小和性质由谁决定？
3. 测量负载的功率因数有几种方法？如何测量？

实验二十二　负阻抗变换器

一、实验目的

1. 加深对负阻抗概念的认识，掌握对含有负阻抗器件电路的分析方法；
2. 了解负阻抗变换器的组成原理及其应用；
3. 掌握负阻抗变换器的各种测试方法。

二、原理说明

负阻抗是电路理论中的一个重要的基本概念，在工程实践中也有广泛的应用。负阻抗的产生，除了某些非线性元件（如燧道二极管）在某个电压或电流的范围内具有负阻特性外，一般都由一个有源双口网络来形成一个等值的线性负阻抗，该网络由线性集成电路或晶体管等元件组成，这样的网络称为负阻抗变换器。

按有源网络输入电压和电流与输出电压和电流的关系，可分为电流倒置型（INIC）和电压倒置型（VNIC）两种，电路模型如图 2-22-1（a）、（b）所示。

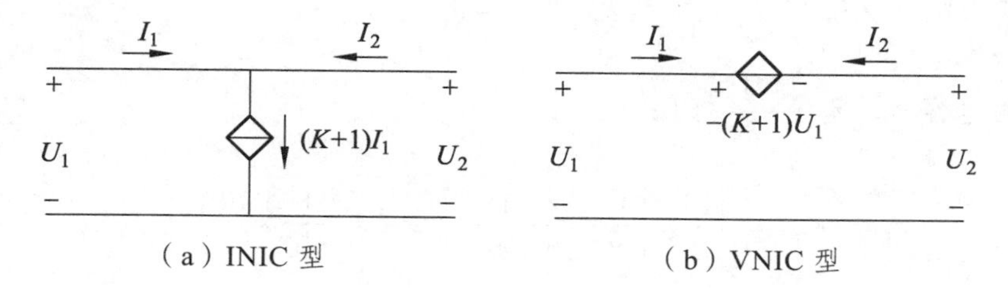

（a）INIC 型　　　（b）VNIC 型

图 2-22-1　有源双口网络

在理想情况下，其电压、电流关系为：

对于 INIC 型，$U_2=U_1, I_2=K_1I_1$（K_1 为电流增益）

对于 VNIC 型，$U_2=-K_2U_1, I_2=-I_1$（K_2 为电压增益）

如果在 INIC 的输出端接上负载阻抗 Z_L，如图 2-22-2 所示，则它的输入阻抗 Z_i 为：

$$Z_i=\frac{U_1}{I_1}=\frac{U_2}{I_2/K_1}=\frac{K_1U_2}{I_2}=-K_1Z_L$$

即输入阻抗 Z_i 为负载阻抗 Z_L 的 K_1 倍，且为负值，呈负阻特性。

本实验用线性运算放大器组成如图 2-22-3 所示的电路，在一定的电压、电流范围内可获得良好的线性度。

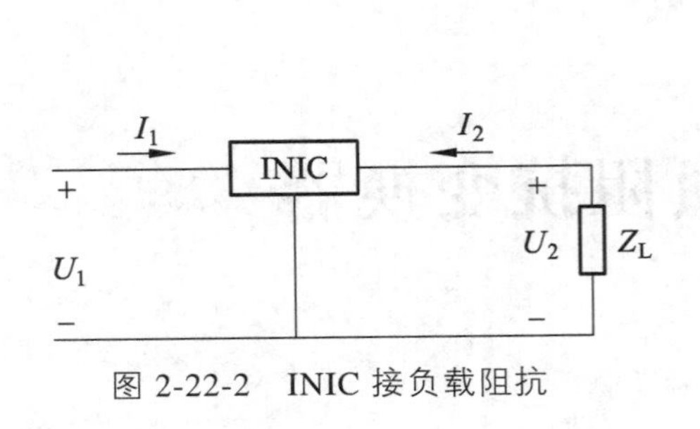

图 2-22-2　INIC 接负载阻抗

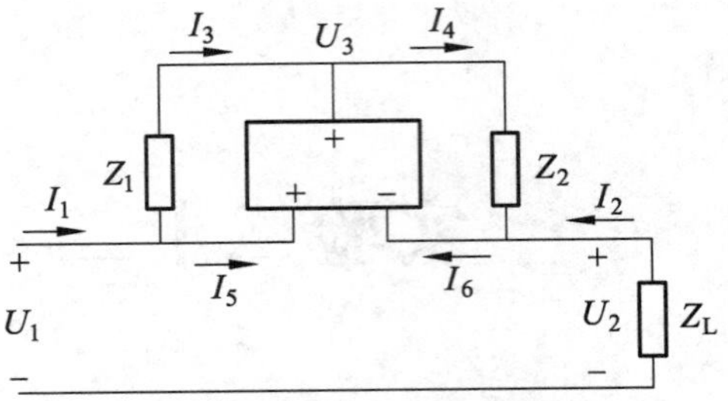

图 2-22-3　实验电路（一）

根据运放理论可知：

$U_1=U_+=U_-=U_2$，又 $I_5=I_6=0$，　$I_1=I_3$，　$I_2=-I_4$

$$I_4Z_2=-I_3Z_1$$

$$-I_2Z_2=-I_3Z_1$$

所以

$$\frac{U_2}{Z_L}\cdot Z_2=-I_1Z_1$$

$$\frac{U_2}{I_1}=\frac{U_1}{I_1}=Z_i=-\frac{Z_1}{Z_2}\cdot Z_L=-KZ_L$$

可见，该电路属于电流倒置型（INIC）负阻抗变换器，输入阻抗 Z_i 等于负载阻抗 Z_L 的 K 倍。

负阻抗变换器具有十分广泛的应用，例如可以用来实现阻抗变换：

假设 $Z_1=R_1=1\ \text{k}\Omega$，$Z_2=R_2=300\ \Omega$ 时，$K=\dfrac{Z_1}{Z_2}=\dfrac{R_1}{R_2}=\dfrac{10}{3}$

若负载为电阻，$Z_L=R_L$ 时，$Z_1=-KZ_L=-\dfrac{10}{3}R_L$

若负载为电容 C，$Z_L=\dfrac{1}{j\omega C}$ 时：

$$Z_1=-KZ_L=-\frac{10}{3}\times\frac{1}{j\omega C}=-\frac{1}{j\omega L}\quad\left(令\ L=\frac{1}{\omega^2 C}\times\frac{10}{3}\right)$$

若负载为电感 L，$Z_L=j\omega L$ 时：

$$Z_1=-KZ_L=-\frac{10}{3}\times j\omega L=-\frac{1}{j\omega C}\quad\left(令\ C=\frac{1}{\omega^2 L}\times\frac{3}{10}\right)$$

可见，电容通过负阻抗变换器呈现电感性质，而电感通过负阻抗变换器呈现电容性质。

三、实验设备

1. 恒压源。
2. 信号源。
3. 直流数字电压表。

4. 交流毫伏表。

5. 双踪示波器。

6. 负阻抗变换器。

四、实验内容

1. 测量负电阻的伏安特性

实验电路如图 2-22-4 所示，图中：U_1 为恒压源的可调稳压输出端，负载电阻 R_L 用电阻箱，$R_1 = 1\ \text{k}\Omega$，$R_2 = 300\ \Omega$。

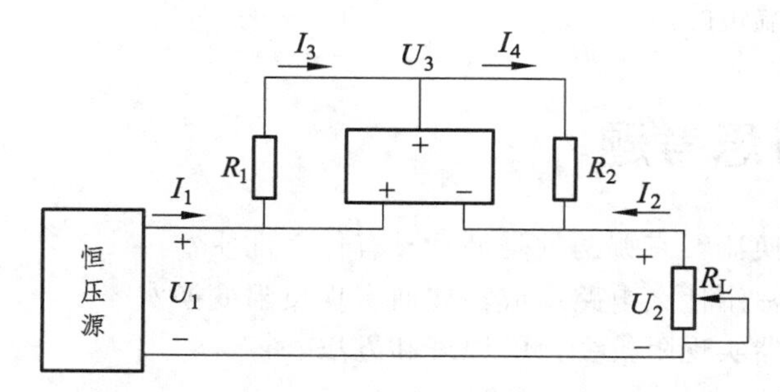

图 2-22-4　实验电路（二）

① 调节负载电阻箱的电阻值，使 $R_L = 300\ \Omega$，调节恒压源的输出电压，使之在 0 ~ 1 V 范围内取值，分别测量 INIC 在不同输入电压 U_1 时的输入电流 I_1，将数据记入表 2-22-1 中。

② 令 $R_L = 600\ \Omega$，重复上述的测量，将数据记入表 2-22-1 中。

表 2-22-1　负电阻的伏安特性实验数据

$R_L = 300\ \Omega$	U_1/V	0.1	0.2	0.3	0.4	0.5	0.6	0.7	0.8	0.9	1
	I_1/mA										
	$U_{1\text{平均}}$/V					$I_{1\text{平均}}$/mA					
$R_L = 600\ \Omega$	U_1/V	0.1	0.2	0.3	0.4	0.5	0.6	0.7	0.8	0.9	1
	I_1/mA										
	$U_{1\text{平均}}$/V					$I_{1\text{平均}}$/mA					

③ 计算等效负阻：

实测值　　$R_L = U_{1\text{平均}}/I_{1\text{平均}}$

理论计算值　　$R'_L = -KZ_L = -\dfrac{10}{3}R_L$

电流增益：　　$K = R_1/R_2$

④ 绘制负阻的伏安特性曲线 $U_1 = f(I_1)$。

2. 阻抗变换及相位观察

用 0.1 μF 的电容器（串一个 500 Ω 电阻）和 100 mH 的电感（串一个 500 Ω 电阻）分别取代 R_L，用低频信号源（正弦波形，$f = 1$ kHz）取代恒压源，调节低频信号使 $U_1 < 1$ V，并用双踪示波器观察并记录 U_1 与 I_1 以及 U_2 与 I_2 的相位差（I_1、I_2 的波形分别从 R_1、R_2 两端取出）。

五、实验注意事项

1. 整个实验中应使 $U_1 =$（0 ~ 1）V。
2. 防止运放输出端短路。

六、预习与思考题

1. 什么是负阻变换器？有哪两种类型？具有什么性质？
2. 负阻变换器通常用什么电路组成？如何实现负阻变换？
3. 说明负阻变换器实现阻抗变换的原理和方法。

七、实验报告要求

1. 根据表 2-22-1 的数据，完成要求的计算，并绘制负阻特性曲线。
2. 根据实验内容 2 中的数据，解释观察到的现象，说明负阻变换器实现阻抗变换的功能。

实验二十三　回转器特性测试

一、实验目的

1. 了解回转器的结构和基本特性；
2. 测量回转器的基本参数；
3. 了解回转器的应用。

二、原理说明

回转器是一种有源非互易的两端口网络元件，电路符号及其等值电路如图 2-23-1（a）、（b）所示。

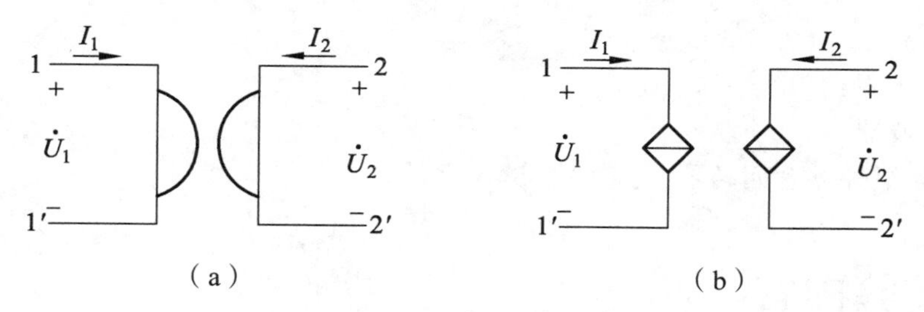

图 2-23-1　回转器的电路符号及等值电路

理想回转器的导纳方程为：

$$\begin{bmatrix}\dot{I}_1\\ \dot{I}_2\end{bmatrix}=\begin{bmatrix}0 & G\\ -G & 0\end{bmatrix}\begin{bmatrix}\dot{U}_1\\ \dot{U}_2\end{bmatrix}$$

或写成　　$\dot{I}_1=G\dot{U}_2$，　$\dot{I}_2=-G\dot{U}_1$

也可写成电阻方程：

$$\begin{bmatrix}\dot{U}_1\\ \dot{U}_2\end{bmatrix}=\begin{bmatrix}0 & -R\\ +R & 0\end{bmatrix}\begin{bmatrix}\dot{I}_1\\ \dot{I}_2\end{bmatrix}$$

或写成　　$\dot{U}_1=-R\dot{I}_2$，$\dot{U}_2=R\dot{I}_1$

式中的 G 和 R 分别称为回转电导和回转电阻，简称为回转常数。

若在 2—2′ 端接一负载电容 C，从 1—1′ 端看进去的导纳 Y_i 为：

$$Y_i = \frac{\dot{I}_1}{\dot{U}_1} = \frac{G\dot{U}_2}{-\dot{I}_2 / G} = \frac{-G^2\dot{U}_2}{\dot{I}_2}$$

因 $\frac{\dot{U}_2}{\dot{I}_2} = -Z_L = -\frac{1}{j\omega C}$，所以

$$Y_i = \frac{G^2}{j\omega C} = \frac{1}{j\omega L}$$

其中 $$L = \frac{C}{G^2}$$

可见，从 1—1′ 端看进去就相当于一个电感，即回转器能把一个电容元件“回转”成一个电感元件，所以也称为阻抗逆变器。由于回转器有阻抗逆变作用，在集成电路中得到重要的应用。因为在集成电路制造中，制造一个电容元件比制造电感元件容易得多，通常可以用一带有电容负载的回转器来获得一个较大的电感负载。

三、实验设备

1. 信号源。
2. 交流毫伏表。
3. 双踪示波器。
4. EEL-24 组件（含回转器）或 EEL-54A 组件。

四、实验内容

1. 测定回转器的回转常数

实验电路如图 2-23-2 所示，在回转器的 2—2′ 端接纯电阻负载 R_L（电阻箱），取样电阻 $R_S = 1\ \text{k}\Omega$，信号源频率固定在 1 kHz，输出电压为 1 ~ 2 V。用交流毫伏表测量不同负载电阻 R_L 时的 U_1、U_2 和 U_{R_S}，并计算相应的电流 I_1、I_2 和回转常数 G，一并记入表 2-23-1 中。

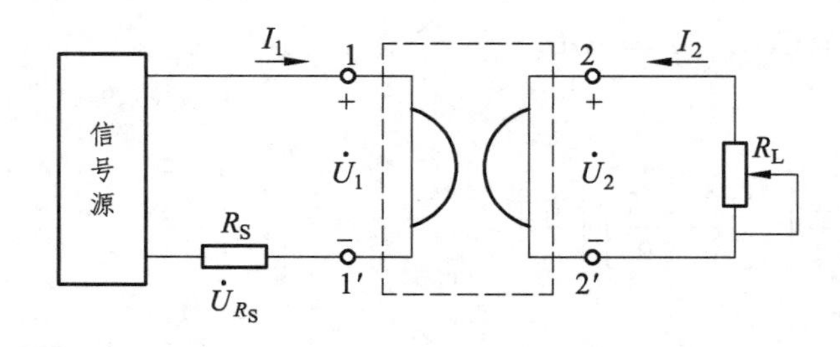

图 2-23-2　实验电路（一）

表 2-23-1　测定回转常数的实验数据

R_L/kΩ	测量值			计算值				
	U_1/V	U_2/V	U_{R_S} /V	I_1/mA	I_2/mA	$G'=I_1/U_2$	$G''=I_2/U_1$	$G_{平均}=(G'+G'')/2$
0.5								
1								
1.5								
2								
3								
4								
5								

2. 测试回转器的阻抗逆变性质

2.1 观察相位关系

实验电路如图 2-23-2 所示，在回转器 2—2′ 端的电阻负载 R_L 用电容 C 代替，且 C = 0.1 μF，用双踪示波器观察回转器输入电压 U_1 和输入电流 I_1 之间的相位关系，图中的 R_S 为电流取样电阻，因为电阻两端的电压波形与通过电阻的电流波形同相，所以用示波器观察 U_{R_S} 上的电压波形就反映了电流 I_1 的相位。

2.2 测量等效电感

在 2—2′ 两端接负载电容 C = 0.1 μF，用交流毫伏表测量不同频率时的等效电感，并算出 I_1、L'、L 及误差 ΔL，分析 U、U_1、U_{R_S} 之间的相量关系。

3. 测量谐振特性

实验电路如图 2-23-3 所示，图中：C_1 = 1 μF，C_2 = 0.1 μF，取样电阻 R_S = 1 kΩ。用回转器作电感，与 C_1 构成并联谐振电路。信号源输出电压保持恒定 U = 2 V，在不同频率时用交流毫伏表测量表 2-23-2 中规定的各个电压，并找出 U_1 的峰值。将测量数据和计算值记入表 2-23-2 中。

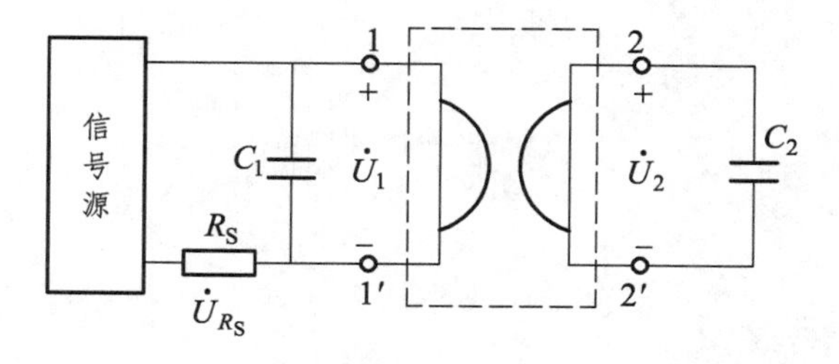

图 2-23-3　实验电路（二）

表 2-23-2　谐振特性实验数据

参数 \ f/Hz	200	400	500	700	800	900	1 000	1 200	1 300	1 500	2 000
U_1/V											
U_{R_S}/V											
$I_1=U_{R_S}/R_S$											
$L'=U_1/2\pi fI_1$											
$L=C/G^2$											
$\Delta L=L'-L$											

五、实验注意事项

1. 回转器的正常工作条件是 U、I 的波形必须是正弦波，为避免运放进入饱和状态使波形失真，所以输入电压以不超过 2 V 为宜。

2. 防止运放输出对地短路。

六、预习与思考题

1. 什么是回转器？用导纳方程说明回转器输入和输出的关系。
2. 什么是回转常数？如何测定回转电导？
3. 说明回转器的阻抗逆变作用及其应用。

七、实验报告要求

1. 根据表 2-23-1 中的数据，计算回转电导。
2. 根据实验内容 2 的结果，画出电压、电流波形，说明回转器的阻抗逆变作用，并计算等效电感值。
3. 根据表 2-23-2 中的数据，画出并联谐振曲线，找到谐振频率，并和计算值相比较。
4. 从各实验结果中总结回转器的性质、特点和应用。

实验二十四　互感线圈电路的研究

一、实验目的

1. 学会测定互感线圈同名端、互感系数以及耦合系数的方法；
2. 理解两个线圈相对位置的改变以及线圈用不同导磁材料时对互感系数的影响。

二、原理说明

一个线圈因另一个线圈中的电流变化而产生感应电动势的现象称为互感现象，这两个线圈称为互感线圈。用互感系数（简称互感）M 来衡量互感线圈的这种性能。互感的大小除了与两线圈的几何尺寸、形状、匝数及导磁材料的导磁性能有关外，还与两线圈的相对位置有关。

1. 判断互感线圈同名端的方法

1.1　直流法

如图 2-24-1 所示，当开关 S 闭合瞬间，若毫安表的指针正偏，则可断定“1”“3”为同名端；指针反偏，则“1”“4”为同名端。

1.2　交流法

如图 2-24-2 所示，将两个绕组 N_1 和 N_2 的任意两端（如 2、4 端）连在一起，在其中的一个绕组（如 N_1）两端加一个低电压，用交流电压表分别测出端电压 U_{13}、U_{12} 和 U_{34}，若 U_{13} 是两个绕组端压之差，则 1、3 是同名端；若 U_{13} 是两绕组端压之和，则 1、4 是同名端。

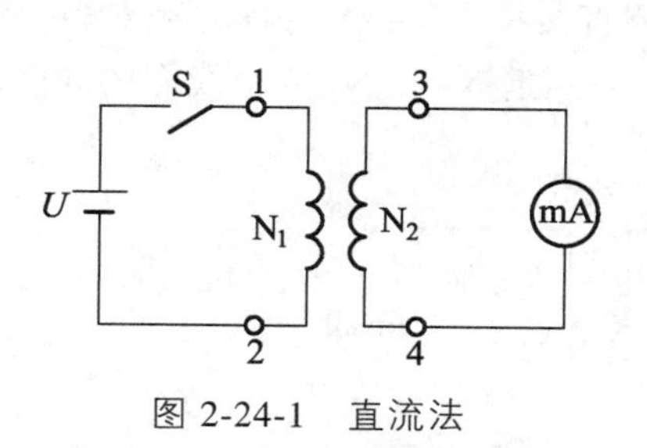

图 2-24-1　直流法

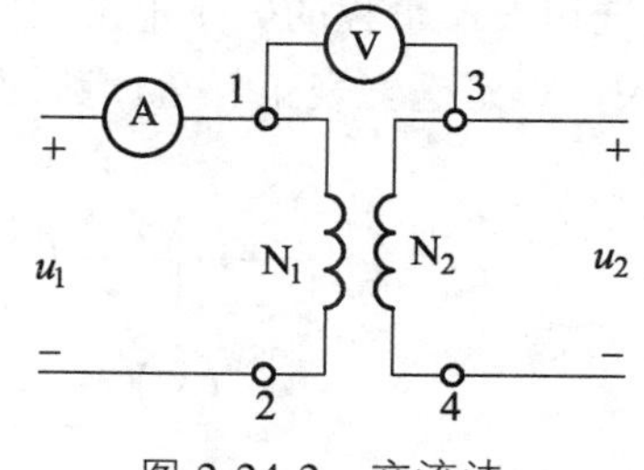

图 2-24-2　交流法

2. 两线圈互感系数 M 的测定

在图 2-24-2 所示电路中，互感线圈的 N_1 侧施加低压交流电压 U_1，测出 I_1 及 U_2。根据互感电势 $E_{2M} \approx U_{20} = \omega M I_1$，可算得互感系数为：

$$M = \frac{U_2}{\omega I_1}$$

3. 耦合系数 *K* 的测定

两个互感线圈耦合松紧的程度可用耦合系数 K 来表示：

$$K = M / \sqrt{L_1 L_2}$$

式中：L_1 为 N_1 线圈的自感系数，L_2 为 N_2 线圈的自感系数，它们的测定方法如下：先在 N_1 侧加低压交流电压 U_1，测出 N_2 侧开路时的电流 I_1；然后再在 N_2 侧加电压 U_2，测出 N_1 侧开路时的电流 I_2，根据自感电势 $E_L \approx U = \omega LI$，可分别求出自感 L_1 和 L_2。当已知互感系数 M，便可算得 K 值。

三、实验设备

1. 直流数字电压表、毫安表。
2. 交流数字电压表、电流表。
3. 互感线圈、铁、铝棒。
4. EEL-23 组件（含 100 Ω/3 W 电位器、510 Ω/8 W 线绕电阻、发光二极管）或 EEL-51 组件。
5. 滑线变阻器：200 Ω/2 A（自备）或 EEL-54 组件（470 Ω/1 W 可调电位器）。

四、实验内容

1. 测定互感线圈的同名端。

1.1 直流法

实验电路如图 2-24-3 所示，将线圈 N_1、N_2 同心式套在一起，并放入铁芯。U_1 为可调直流稳压电源，调至 6 V，然后改变可变电阻器 R（由大到小地调节），使流过 N_1 侧的电流不超过 0.4 A（选用 5 A 量程的数字电流表），N_2 侧直接接入 2 mA 量程的毫安表。将铁芯迅速地拔出和插入，观察毫安表正、负读数的变化，来判定 N_1 和 N_2 两个线圈的同名端。

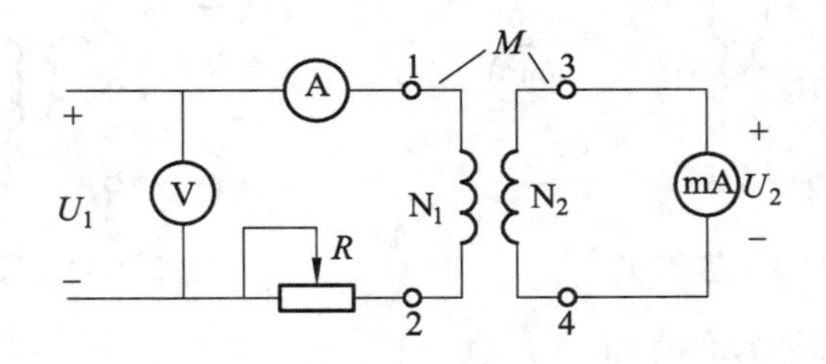

图 2-24-3 实验电路（一）

1.2 交流法

实验电路如图 2-24-4 所示，将小线圈 N_2 套在线圈 N_1 中。N_1 串接电流表（选 0 ~ 5 A

的量程）后接至自耦调压器的输出，并在两线圈中插入铁芯。

接通电源前，应首先检查自耦调压器是否调至零位，确认后方可接通交流电源，令自耦调压器输出一个很低的电压(约 2 V 左右),使流过电流表的电流小于 1.5 A,然后用 0 ~ 20 V 量程的交流电压表测量 U_{13}、U_{12}、U_{34}，判定同名端。

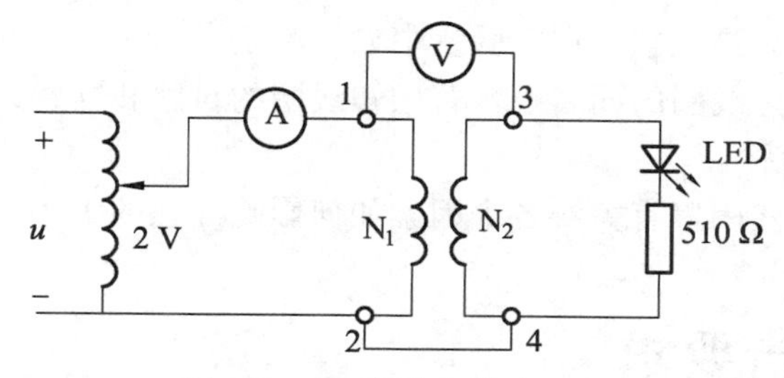

图 2-24-4　实验电路（二）

拆去 2、4 连线，并将 2、3 相接，重复上述步骤，判定同名端。

2. 测定两线圈的互感系数 *M*

在图 2-24-2 所示电路中，互感线圈的 N_2 开路，N_1 侧施加 2 V 左右的交流电压 U_1，测出并记录 U_1、I_1、U_2。

3. 测定两线圈的耦合系数 *K*

在图 2-24-2 所示电路中，N_1 开路，互感线圈的 N_2 侧施加 2 V 左右的交流电压 U_2，测出并记录 U_2、I_2、U_1。

4. 研究影响互感系数大小的因素

在图 2-24-4 所示电路中，线圈 N_1 侧加 2 V 左右交流电压，N_2 侧接入 LED 发光二极管与 510 Ω 串联的支路。

① 将铁芯慢慢地从两线圈中抽出和插入，观察 LED 的亮度及各电表读数的变化，记录变化现象。

② 改变两线圈的相对位置，观察 LED 的亮度及各电表读数的变化，记录变化现象。

③ 改用铝棒替代铁棒，重复步骤①、②，观察 LED 的亮度及各电表读数的变化，记录变化现象。

五、实验注意事项

1. 整个实验过程中，注意流过线圈 N_1 的电流不超过 1.5 A，流过线圈 N_2 的电流不得超过 1 A。

2. 测定同名端及其他测量数据的实验中，都应将小线圈 N_2 套在大线圈 N_1 中，并行插入铁芯。

3. 如实验室有 200 Ω/2 A 的滑线变阻器或大功率的负载，则可接在交流实验时的 N_1 侧。

4. 实验前，首先要检查自耦调压器，要保证手柄置在零位，因实验时所加的电压只有 2 ~

3 V。因此调节时要特别仔细、小心，要随时观察电流表的读数，不得超过规定值。

六、预习与思考题

1. 什么是自感？什么是互感？在实验室中如何测定？

2. 如何判断两个互感线圈的同名端？若已知线圈的自感和互感，两个互感线圈相串联的总电感与同名端有何关系？

3. 互感的大小与哪些因素有关？各个因素如何影响互感的大小？

七、实验报告要求

1. 根据实验 1 的现象，总结测定互感线圈同名端的方法，并回答思考题 2。

2. 根据实验 2 的数据，计算互感系数 M。

3. 根据实验 2、3 的数据，计算耦合系数 K。

4. 根据实验 4 的现象，回答思考题 3。

实验二十五　单相铁芯变压器特性的测试

一、实验目的

1. 学会测试变压器各项参数的方法；
2. 学习测绘变压器的空载特性曲线与外特性曲线；
3. 了解变压器的工作原理和运行特性。

二、原理说明

变压器工作原理电路如图 2-25-1 所示，原边绕组 AX 连接交流电源 u_1，副边绕组 ax 两端电压为 u_2，经开关 S 与负载阻抗 Z_2 连接。

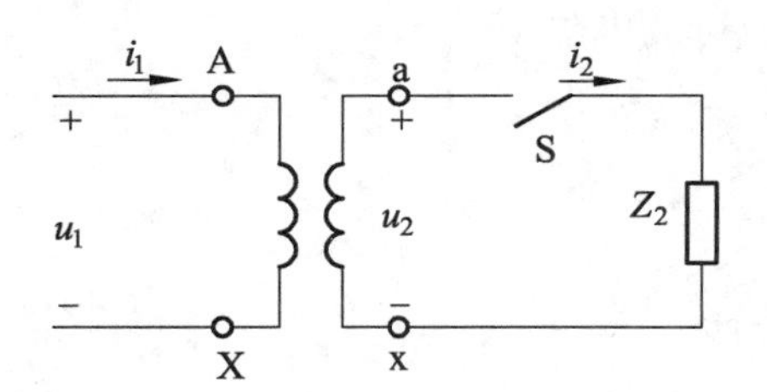

图 2-25-1　变压器的工作原理电路

1. 变压器的空载特性

当变压器副边开关 S 断开时，变压器处在空载状态，原边电流 $I_1 = I_{10}$，称为空载电流，其大小和原边电压 U_1 有关，两者之间的关系特性称为空载特性，用 $U_1 = f(I_{10})$ 表示。由于空载电流 I_{10}（励磁电流）与磁场强度 H 成正比，磁感应强度 B 与电源电压 U_1 成正比，因而，空载特性曲线与铁芯的磁化曲线（B-H 曲线）是一致的。

2. 变压器的外特性

当原边电压 U_1 不变，随着副边电流 I_2 增大（负载增大，阻抗 Z_2 减小），原、副边绕组阻抗电压降加大，使副边端电压 U_2 下降，这种副边端电压 U_2 随着副边电流 I_2 变化的特性称为外特性，用 $U_2 = f(I_2)$ 表示。

3. 变压器参数的测定

用电压表、电流表、功率表测得变压器原边的 U_1、I_1、P_1 及副边的 U_2、I_2，并用万用表

R × 1 挡测出原、副绕组的电阻 R_1 和 R_2，即可算得变压器的各项参数值：

电压比 $K_U = \dfrac{U_1}{U_2}$，电流比 $K_I = \dfrac{I_2}{I_1}$

原边阻抗 $Z_1 = \dfrac{U_1}{I_1}$，副边阻抗 $Z_2 = \dfrac{U_2}{I_2}$

阻抗比 = $\dfrac{Z_1}{Z_2}$

负载功率 $P_2 = U_2 I_2 \cos\varphi$

损耗功率 $P_0 = P_1 - P_2$

功率因数 = $\dfrac{P_1}{U_1 I_1}$，原边线圈铜耗 $P_{Cu1} = I_1^2 R_1$

副边铜耗 $P_{Cu2} = I_2^2 R_2$，铁耗 $P_{Fe} = P_0 - (P_{Cu1} + P_{Cu2})$

三、实验设备

1. 交流电压表、交流电流表、功率表。
2. 调压器（输出可调交流电源）。
3. 白炽灯 220 V/40 W 或可调电阻。

四、实验内容

1. 测绘变压器空载特性

实验电路如图 2-25-2 所示，将变压器的高压绕组（副边）开路，低压绕组（原边）与调压器输出端连接。

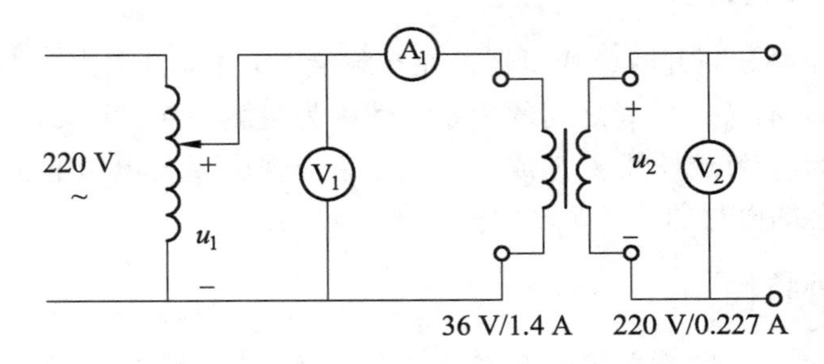

图 2-25-2　实验电路（一）

确认三相调压器处在零位（逆时针旋到底位置）后，合上电源开关，调节三相调压器输出电压，使 U_1 从零逐次上升到 1.2 倍的额定电压（1.2 × 36 V），总共取五点，分别记下各次测得的 U_1、U_{20} 和 I_{10} 数据，记入自拟的数据表格，绘制变压器的空载特性曲线。

2. 测绘变压器外特性并测试变压器参数

实验电路如图 2-25-3 所示，变压器的高压绕组与调压器输出端连接，低压绕组接 220 V/40 W 的白炽灯组负载（或可调电阻）。将调压器手柄置于输出电压为零的位置，然后合上电源开关，并调节调压器，使其输出电压等于变压器高压侧的额定电压 220 V，分别测试负载开路及逐次增加负载（并联白炽灯）至额定值（I_{2N} = 1.4 A），总共取五点，分别记下五个仪表（见图 2-25-3）的读数，记入自拟的数据表格，并绘制变压器外特性曲线。

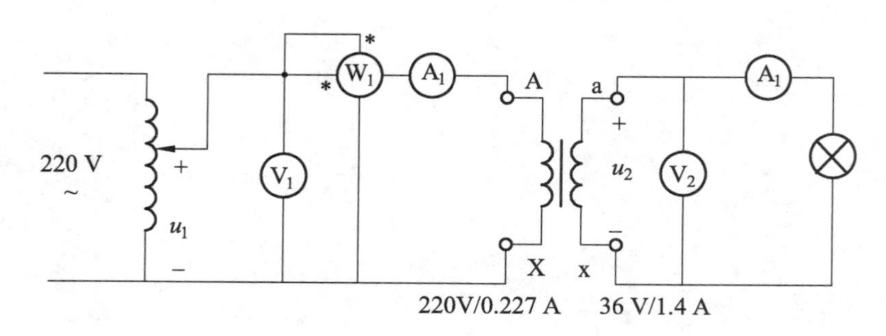

图 2-25-3　实验电路（二）

五、实验注意事项

1. 使用调压器时应首先调至零位，然后才可合上电源。每次测量完数据后，要将调压器手柄逆时针旋到零位置。

2. 实验过程中，必须用电压表监视调压器的输出电压，防止被测变压器输出过高电压而损坏实验设备，且要注意安全，以防高压触电。

3. 空载实验是将变压器作为升压变压器使用，而外特性实验是将变压器作为降压变压器使用。

4. 遇异常情况，应立即断开电源，待处理好故障后，再继续实验。

六、预习与思考题

1. 为什么空载实验将低压绕组作为原边进行通电实验？此时，在实验过程中应注意什么问题？

2. 什么是变压器的空载特性？如何测绘？从空载特性曲线如何判断变压器励磁性能的好坏？

3. 什么是变压器的外特性？如何测绘？从外载特性曲线上如何计算变压器的电压调整率？

七、实验报告要求

1. 根据实验内容，自拟数据表格，绘出变压器的空载特性和外特性曲线。
2. 根据变压器的外特性曲线，计算变压器的电压调整率：

$$\Delta U\% = \frac{U_{20} - U_{2N}}{U_{20}} \times 100\%$$

3. 根据额定负载时测得的数据，计算变压器的各项参数。

第三部分

电子技术实验

实验一　单管放大电路

一、实验目的

1. 掌握单管放大电路静态和动态测试方法，理解放大器性能的影响；
2. 进一步理解单管放大电路的基本工作原理。

二、实验设备

1. 双踪示波器。
2. 函数信号发生器。
3. 数字万用表。

三、实验内容

1. 判断晶体管基本放大电路

电路如图 3-1-1 所示。

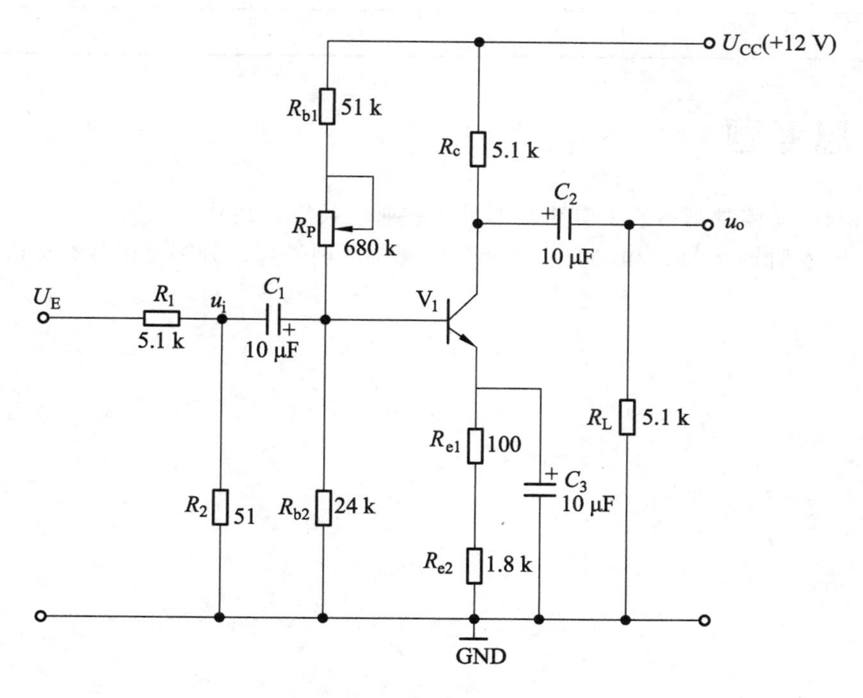

图 3-1-1　实验电路

① 用万用表判断实验箱上三极管 V_1 的极性及好坏、放大倍数以及电解电容 C_1、C_2、C_3 的极性和好坏。

② 注意接线前先测量 +12 V 电源，关断电源后再接线，将 R_P 调到电阻最大位置。

③ 确认无误接通电源。

2. 静态调整

调整 R_P 使 $U_E = 1.9$ V，将数据填入表 3-1-1 中。

表 3-1-1　静态调整数据

U_{be}/V	U_{ce}/V	R_P/Ω

3. 动态研究

① 将信号发生器调到 $f = 1$ kHz，幅值为 3 mV，接到放大器输入端，观察 u_i 和 u_o 端段波形，并比较相位。

② 信号源频率不变，逐渐加大幅度，观察 u_o 不失真时的最大值并填入表 3-1-2 中。

表 3-1-2　动态研究数据

实　测		实测计算
u_i/mV	u_o/V	A_u

四、思考题

1. 如何判断晶体管基本放大电路是哪种（共射、共集、共基）接法?
2. 加大输入信号 u_i 时，输出波形可能会出现哪几种失真，分别是由什么原因引起的?

实验二　晶体管两级放大电路

一、实验目的

1. 掌握如何合理地设置静态工作点。
2. 学会放大器频率特性的测试方法。
3. 了解放大器的失真及消除方法。

二、实验设备

1. 双踪示波器。
2. 数字万用表。
3. 信号发生器。

三、实验内容

实验电路如图 3-2-1 所示。

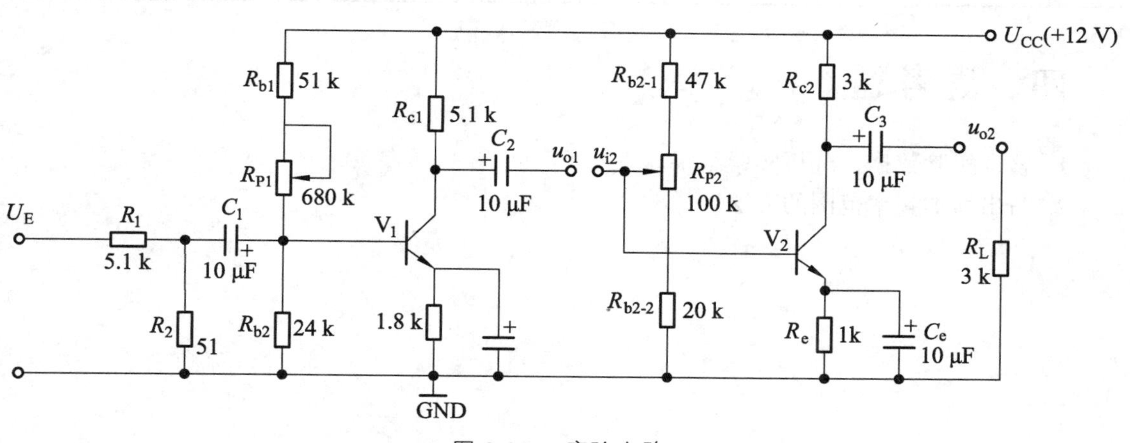

图 3-2-1　实验电路

1. 静态工作点：

① 接线尽可能短。

② 静态工作点设置：要求第二级在输出波形不失真的前提下幅值尽量大，第一级为增加信噪比其输出波形幅值应尽可能低点。

③ 在输入端加上 1 kHz、幅值为 1 mV 的交流信号，调整工作点使输出信号不失真。

注意：如发现寄生振荡，可采用以下措施消除：

· 重新布线，接线尽可能短；

· 可在三极管 eb 结间加几皮法到几百皮法的电容；

· 信号源与放大器用屏蔽线连接。

2. 当 $R_L=\infty$ 时，按表 3-2-1 测量并计算，注意，静态工作点时应断开输入信号。

表 3-2-1 静态工作点数据

电路负载	静态工作点						输入、输出电压/mV			电压放大倍数		
	第一级			第二级						第一级	第二级	整体
	U_{c1}	U_{b1}	U_{e1}	U_{c2}	U_{b2}	U_{e2}	u_i	u_{o1}	u_{o2}	A_{u1}	A_{u2}	A_u
空载 $R_L=\infty$												
负载 $R_L=3\ k\Omega$												

3. 接入负载电阻 $R_L=3\ k\Omega$，比较 $R_L=\infty$ 时实验内容的结果。

4. 测量两级放大器的频率特性。将放大器的负载断开，先将输入信号频率调到 1 kHz，幅度调到使输出幅度最大而不失真；保持输入信号幅度不变，改变频率，测量并记入表 3-2-2 中。

表 3-2-2 两级放大器的频率特性数据

f/Hz		50	100	250	500	1 000	2 500	5 000	10 000	20 000
U_o	$R_L=\infty$									
	$R_L=3\ k\Omega$									

四、思考题

1. 整理实验数据，分析实验结果。

2. 写出增加频率范围的方法。

实验三　负反馈放大电路

一、实验目的

1. 研究负反馈对放大器性能的影响。
2. 掌握反馈放大器性能的测试方法。

二、实验设备

1. 双踪示波器。
2. 低频信号发生器。
3. 数字万用表。

三、实验内容

实验电路如图 3-3-1 所示。

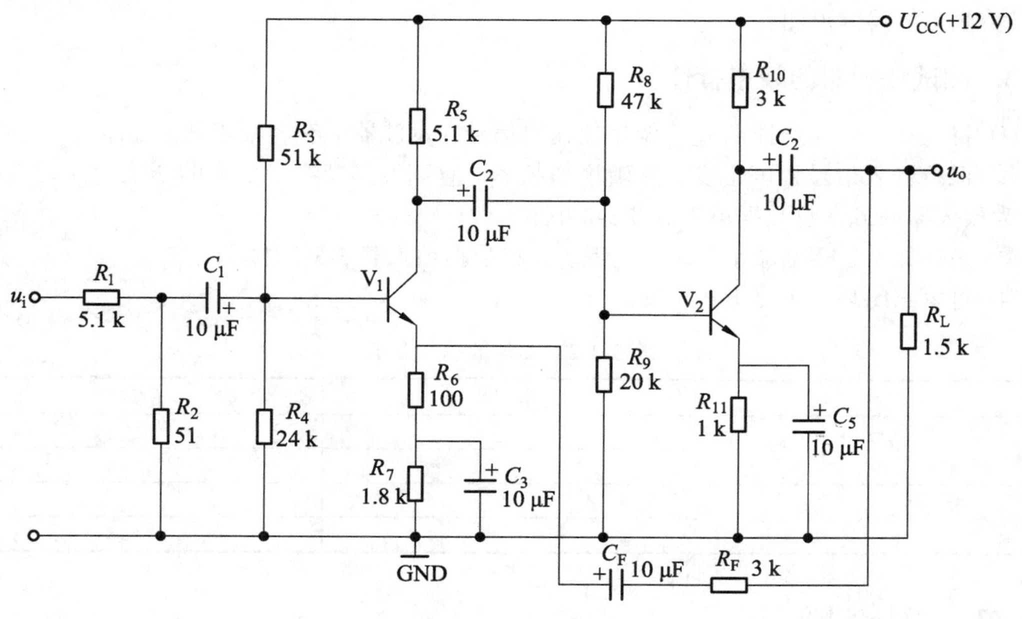

图 3-3-1　实验电路

1. 负反馈放大器开环和闭环放大倍数的测试、测量

1.1　开环电路

① 按图 3-3-1 接线，R_F 先不接入；

② 输入端接入 $u_i = 1$ mV、$f = 1$ kHz 的正弦波，调整接线参数使输出不失真且无振荡；

③ 按表 3-3-1 要求进行测量并填表；

④ 根据实测计算开环放大倍数和输出电阻 R_o。

1.2 闭环电路

① 接入 R_F，按实验一的要求调整电路；

② 按表 3-3-1 要求测量并填表，计算 A_{uf}；

③ 根据实测结果，验证 $A_{uf} \approx 1/F$。

表 3-3-1 实验数据（一）

电路形式	R_L/kΩ	u_i/mV	u_o/mV	A_u/A_{uf}
开环	∞			
	1.5			
闭环	∞			
	1.5			

2. 负反馈对失真的改善作用

① 将电路开环，逐渐加大 u_i 的幅度使输出信号出现失真，不要过分失真，记录失真波形幅度。

② 将电路闭环，观察输出情况，并适当增加 u_i 的幅度，使输出幅度接近开环时失真波形的幅度。

③ 画出上述波形图。

3. 测试放大器的频率特性

① 将电路开环，选择 u_i 适当幅度使输出信号在示波器上有满幅正弦波显示。

② 保持输入信号幅度不变，逐渐增加频率，直到波形减小为原来的 70%，此时信号频率即为放大器的 f_H，将数据填入表 3-3-2 中。

③ 条件如上，逐渐减小频率，测得 f_L，将数据填入表 3-3-2 中。

④ 将电路闭环，重复上述步骤。

表 3-3-2 实验数据（二）

电路形式	f_H/Hz	f_L/Hz
开环		
闭环		

四、思考题

1. 为什么说“反馈量是仅仅决定输出量的物理量”？
2. 根据实验内容总结负反馈对放大电路的影响。

实验四　射极跟随器

一、实验目的

1. 掌握射极跟随器的特性及测量方法。
2. 进一步学习放大器各项参数的测量方法。

二、实验设备

1. 示波器 EEL-Ⅳ型电工电子实验台，交流电源，交流电压表、电流表。
2. 信号发生器 EEL-27 型三相灯泡负载。
3. 数字万用表。

三、实验内容

实验电路如图 3-4-1 所示。

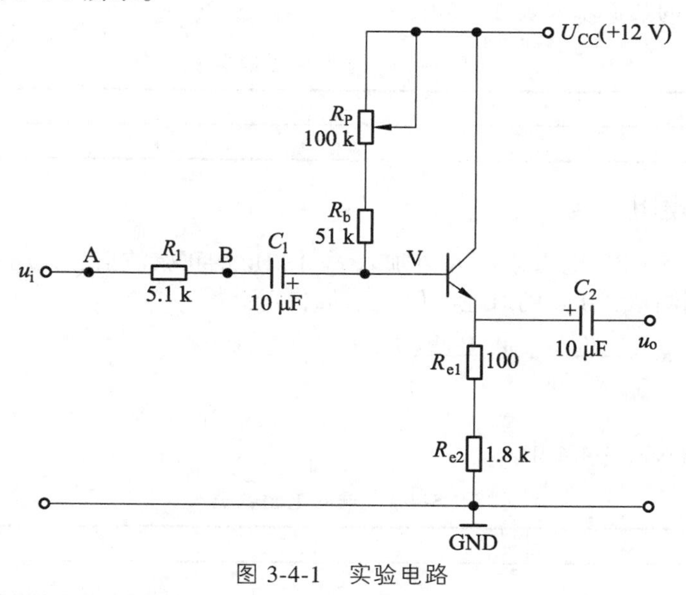

图 3-4-1　实验电路

1. 电路接线

按图 3-4-1 所示电路接线。

2. 直流工作点的调整

将 + 12 V 接入电路，在 B 点加上 $f = 1$ kHz 的正弦波信号，输出端用示波器监视，反复调整 R_P

及信号源输出幅度，使输出在示波器屏幕上得到一个幅值最大且不失真的波形，然后断开输入信号，用万用表测量晶体管各极对地的电位，即为该放大器的静态工作点，将所测数据填入表 3-4-1 中。

表 3-4-1　直流工作点数据

U_e	U_{be}	U_c

3. 测量电压放大倍数 A_u

接入负载 $R_L = 1\ \text{k}\Omega$，在 B 点加上 $f = 1\ \text{kHz}$ 的信号，调输入信号幅度，用示波器观察，在输出波形幅值最大且不失真的情况下测量 u_i 和 u_o 的数值，将所测数据填入表 3-4-2 中。

表 3-4-2　电压放大倍数数据

u_i	u_o	$A_u = u_o/u_i$

4. 测量输出电阻 R_o

在 B 点加上 $f = 1\ \text{kHz}$ 的正弦波信号，$u_i = 100\ \text{mV}$ 左右，接上负载 $R_L = 2.2\ \text{k}\Omega$ 时，用示波器观察输出波形，测空载输出电压 u_o 和有负载时的输出电压 u_L 的值，则：

$$R_o = \left(\frac{u_o}{u_L} - 1\right) R_L$$

将测试和计算的数据填入表 3-4-3 中。

表 3-4-3　输出电阻数据

u_o	u_L	R_o

5. 测量输入电阻

在输入端接入 5.1 kΩ 电阻，在 A 点加入 $f = 1\ \text{kHz}$ 的正弦波信号，用示波器观察输出波形，用毫伏表分别测 A、B 点的对地电位 u_A、u_B，则：

$$R_i = \frac{u_B}{u_A - u_B} \times R = \frac{R}{\dfrac{u_A}{u_B} - 1}$$

将测量数据填入表 3-4-4 中。

表 3-4-4　输入电阻数据

u_A	u_B	R_i

四、思考题

1. 整理实验数据，画出波形。
2. 将实验数据与理论计算值比较，分析产生误差的原因。

实验五　MOFEST 场效应管放大电路

一、实验目的

1. 掌握如何合理设置静态工作点。
2. 学会放大器频率特性的测试方法。
3. 了解放大器的失真及消除方法。
4. 学习测量放大器输入电阻 r_i 和输入电阻 r_o 的方法。

二、实验设备

1. 双踪示波器。
2. 数字万用表。
3. 信号发生器。

三、实验内容

实验电路如图 3-5-1 所示。

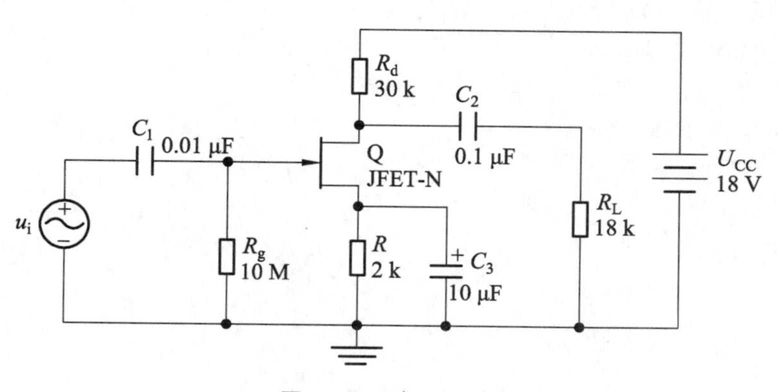

图 3-5-1　实验电路

1. 设置静态工作点：

① 按图 3-5-1 接线，注意接线尽可能短。

② 静态工作点设置，要求在输出波形不失真的前提下幅值尽量大。

③ 在输入端加上 1 kHz、幅度为 100 mV 的交流信号。调整工作点使输出信号不失真且

无振荡。

注意：如发现有寄生振荡，可采用以下措施消除：

· 重新布线，接线尽可能短。

· 可在三极管 eb 结间加几皮法到几百皮法的电容。

· 信号源与放大器用屏蔽线连接。

2. 按表 3-5-1 要求测量。

表 3-5-1　静态工作点数据

实　测		实测计算
u_i	u_o	A_u

3. 接入负载电阻 $R = 3\ k\Omega$，按下表测量，比较②、③的结果。

① 将放大器负载断开，先将输入信号频率调到 1 kHz，幅值调到使输出幅值最大且不失真。

② 保持输入信号幅值不变，改变频率，按表 3-5-2 测量并记录。

③ 接上负载，重复上述实验。

表 3-5-2　接入负载后的测试数据

f/Hz				
u_o	$R_L=\infty$			
	$R_L=3\ k\Omega$			

四、思考题

1. 为什么耗尽型 MOS 管的栅-源电压可正、可零、可负？

2. 画出输出特性曲线。

实验六　比例求和运算电路

一、实验目的

1. 掌握用集成运算放大电路的组成比例以及求和电路的特点及性能。
2. 学会上述电路的测试和分析方法。

二、实验设备

1. 数字万用表。
2. 示波器。
3. 信号发生器。

三、实验内容

1. 电压跟随器

实验电路如图 3-6-1 所示。

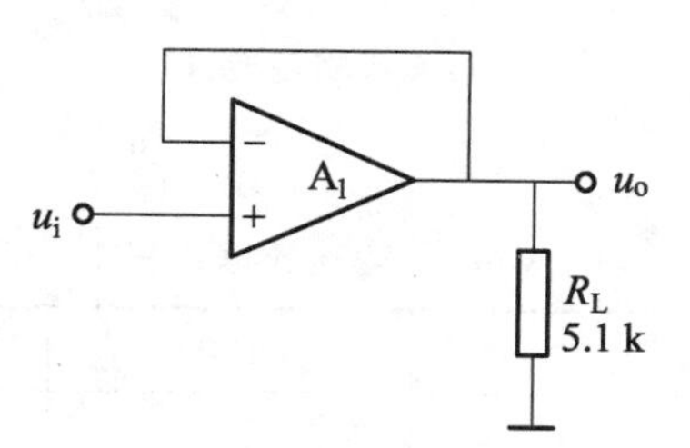

图 3-6-1　实验电路（一）

按表 3-6-1 测试并记录。

表 3-6-1　实验数据（一）

u_i/V		−2	−0.5	0	+0.5	1
u_o/V	R_L=∞					
	R_L=5.1 kΩ					

2. 反相比例放大器

实验电路如图 3-6-2 所示。

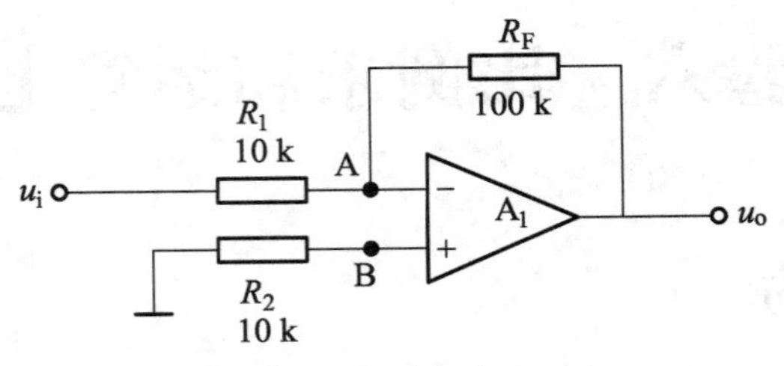

图 3-6-2　实验电路（二）

按表 3-6-2 测量并记录:

表 3-6-2　实验数据（二）

直流输入电压 u_i/V	30	100	300	1 000	3 000
输出电压 u_o/V					

3. 同相比例放大器

电路如图 3-6-3 所示。

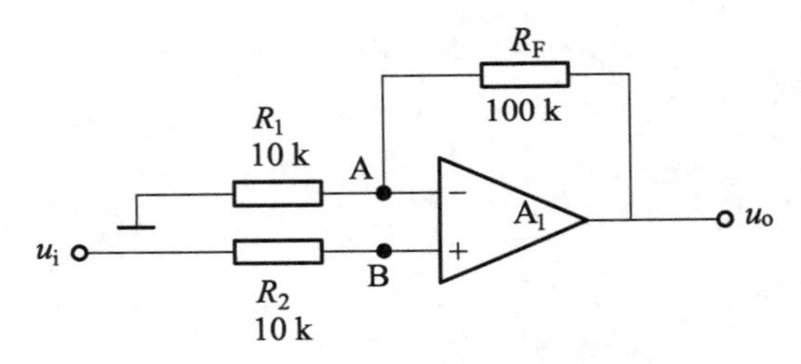

图 3-6-3　实验电路（三）

按表 3-6-3 测量并记录:

表 3-6-3　实验数据（三）

直流输入电压 u_i/V	30	100	300	1 000
输出电压 u_o/V				

四、思考题

1. 如何识别电路是否为运算电路?
2. 分析理论计算值与实验数据有误差的原因。

第四部分

电工基础实验

实验一　常用低压电器认知实验

一、实验目的

1. 理解常用低压电器的种类、型号、工作原理及用途；
2. 学会正确区分常用的低压电器，并熟练掌握其接线方法。

二、实验器材

刀开关、行程开关、熔断器、自动空气开关、时间继电器、交流接触器及热继电器。

三、实验原理

低压电器：常指用于交流额定电压 1 200 V、直流额定电压 1 500 V 及以下电路中的电器产品。主要有接触器、继电器、自动断路器、熔断器、行程开关和其他电器等。具体细分如图 4-1-1 所示。

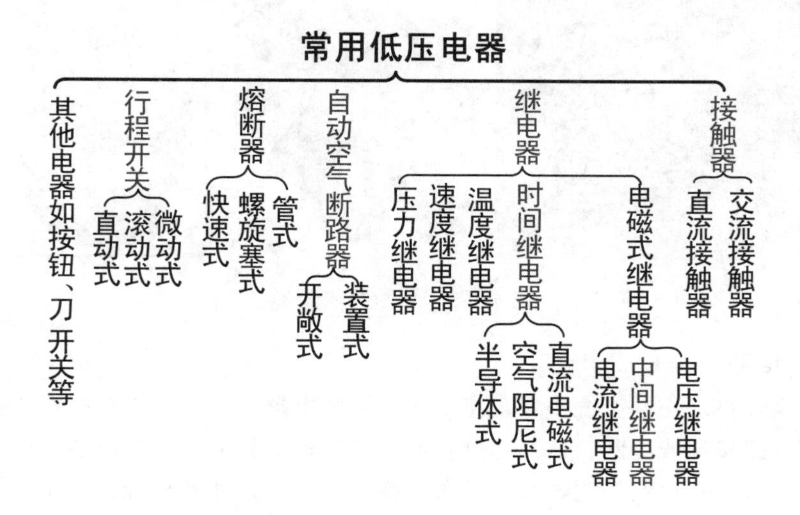

图 4-1-1　常用低压电器产品

1. 控制电器的分类及作用

常用低压电器大多可作为控制电器，控制电器的分类及作用如图 4-1-2 所示。

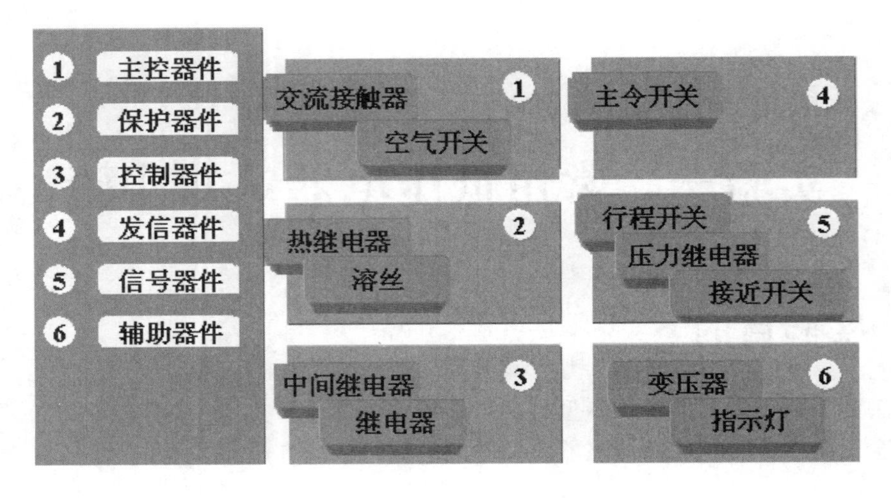

图 4-1-2　控制电器的分类及作用

1.1　熔断器

熔断器（俗称保险丝）担负的主要任务是为电线电缆作短路保护（有时也作过载保护），不论短路电流值有多高，它都能切断。其次，也适宜用作设备和电器的保护，其外形如图 4-1-3 所示。

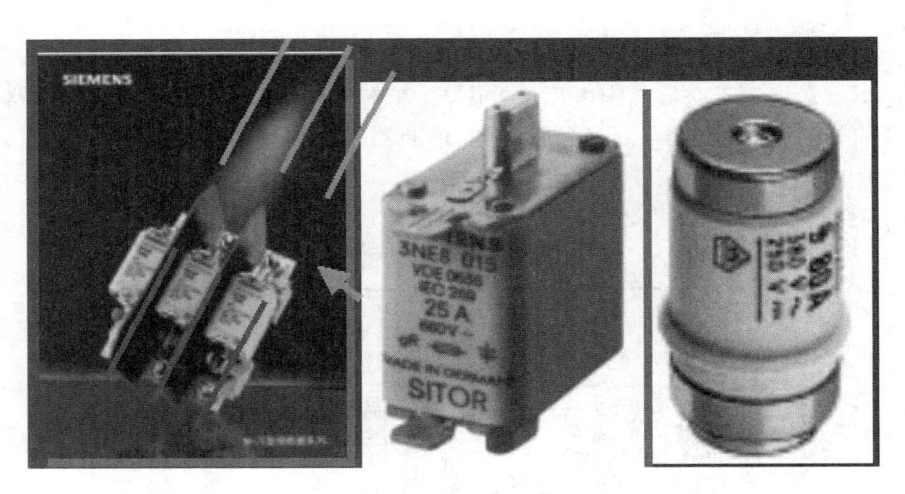

图 4-1-3　熔断器的外形

1.2　主令电器

主令电器是在自动控制系统中发出指令或信号的电器，用来控制接触器、继电器或其他电器线圈，使电路接通或分断，从而达到控制生产机械的目的。主令电器应用广泛、种类繁多。按其作用可分为：控制按钮、行程开关、接近开关、万能转换开关、主令控制器及其他主令电器（如脚踏开关、钮子开关、紧急开关）等。

按钮又称控制按钮或按钮开关，是一种接通或分断小电流电路的主令电器，其结构简单，应用广泛；触头允许通过的电流较小，一般不超过 5 A；主要用在低压控制电路中，手动发出控制信号。其外形、结构如图 4-1-4 所示。

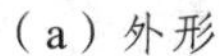

（a）外形

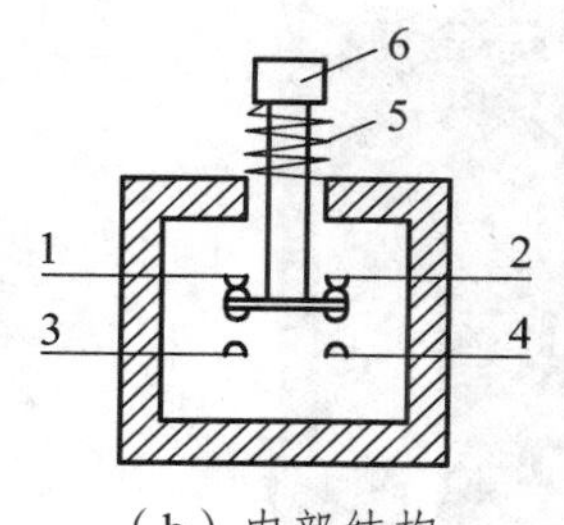

（b）内部结构

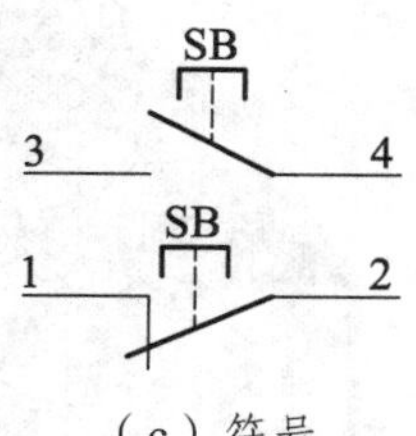

（c）符号

图 4-1-4　按钮的外形、结构和符号

按钮由按钮帽、复位弹簧，桥式动、静触头和外壳等组成。一般为复合式，即同时具有常开、常闭触头。按下时常闭触头先断开，然后常开触头闭合；去掉外力后在恢复弹簧的作用下，常开触头断开，常闭触头复位。

1.3　自动开关（低压断路器）

低压断路器又称自动空气开关或自动开关。它相当于刀开关、熔断器、热继电器、过电流继电器和欠电压继电器的组合，是一种既有手动开关作用又能自动进行欠压、失压、过载和短路保护的电器。它对线路、电器设备及电动机实行保护，是低压配电网中的一种重要保护电器，如图 4-1-5 所示。

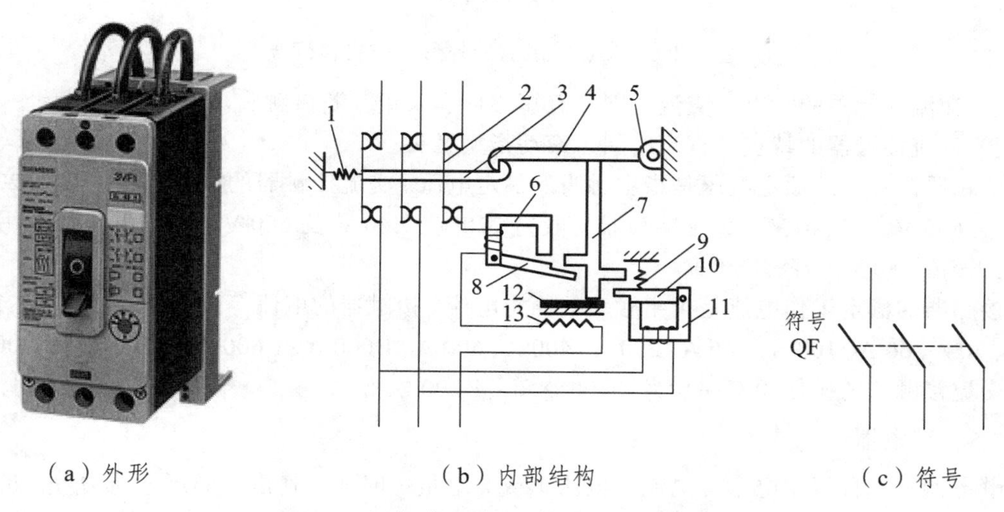

（a）外形　　（b）内部结构　　（c）符号

图 4-1-5　自动开关的外形、结构和符号

1、9—弹簧；2—触点；3—锁键；4—搭钩；5—轴；6—过电流脱扣器；7—杠杆；8、10—衔铁；11—欠电压脱扣器；12—双金属片；13—电阻丝

1.4　交流接触器

电磁式接触器是利用电磁吸力的作用使主触点闭合或断开电动机电路或负载电路的控制电器。用它可以实现频繁的远距离操作，它具有比工作电流大数倍的接通相分断能力。接触器最主要的用途还是控制电动机的启动、正反转、制动和调速等。因此，它是电力拖动控制系统中重要的也是最常用的控制电器，如图 4-1-6 所示。

接触器按其主触点控制的电路中的电流分为直流接触器和交流接触器。

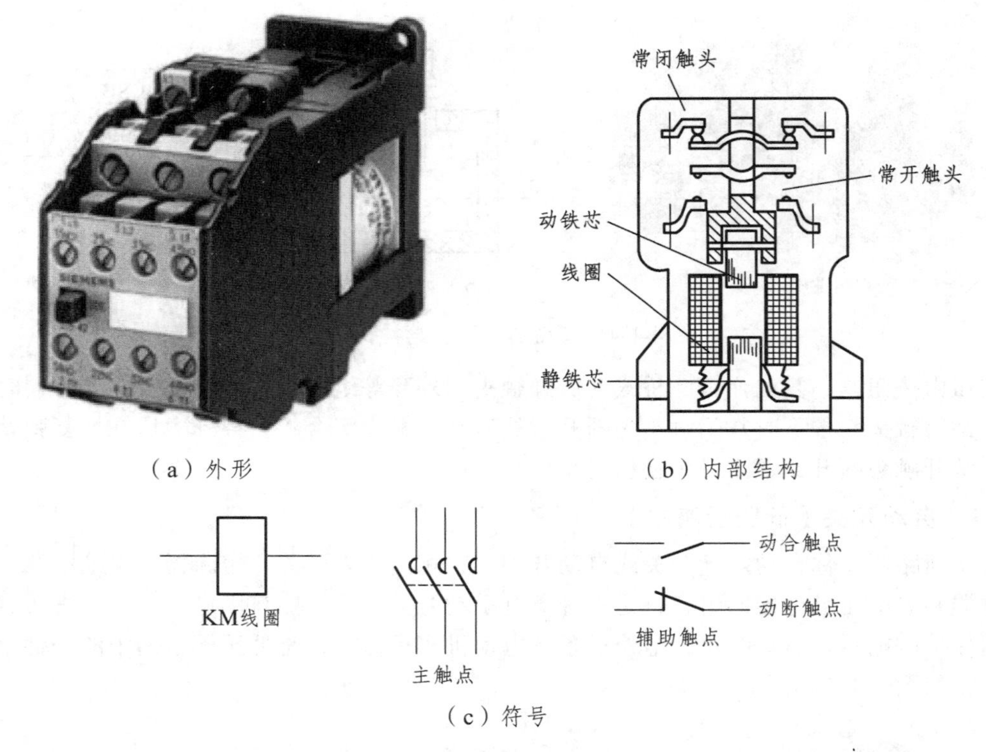

图 4-1-6 交流接触器的外形、结构和符号

① 交流接触器的特点：交流线圈、有短路环、采用双断口触头。

② 直流接触器的特点：直流线圈、滚动指型触头。

接触器铭牌上的额定电压是指主触头的额定电压。交流接触器的额定电压一般为 220 V、380 V、660 V 及 1140 V；直流接触器一般为 220 V、440 V 及 660 V。辅助触头的常用额定电压：交流 380 V；直流 220 V。

接触器的额定工作电流是指主触头的额定电流。接触器的电流等级为：6 A、10 A、16 A、25 A、40 A、60 A、100 A、160 A、250 A、400 A、600 A、1 000 A、1 600 A、2 500 A 及 4 000 A。

交流接触器的操作频率一般为：300 次/h ~ 1 200 次/h。

1.5 继电器

继电器是一种根据电量（电流、电压）或非电量（时间、速度、温度、压力等）的变化自动接通和断开控制电路，以完成控制或保护任务的电器。继电器一般由 3 个基本部分组成：检测机构、中间机构和执行机构。

继电器与接触器的区别是：继电器可以对各种电量或非电量的变化作出反应，而接触器只有在一定的电压信号下动作；继电器用于切换小电流的控制电路，而接触器则用来控制大电流电路，因此，继电器触头容量较小（不大于 5 A），且无灭弧装置。

继电器种类很多，按输入信号可分为电压继电器、电流继电器、功率继电器、速度继电器、压力继电器、温度继电器等；按工作原理可分为电磁式继电器、感应式继电器、电动式继电器、电子式继电器、热继电器等；按用途可分为控制与保护继电器；按输出形式可分为有触点和无触点继电器。

热继电器是利用电流流过热元件时产生的热量，使双金属片发生弯曲而推动执行机构动作的一种保护电器，主要用于交流电动机的过载保护、断相及电流不平衡运行的保护及其他电气设备发热状态的控制，如图 4-1-7 所示。

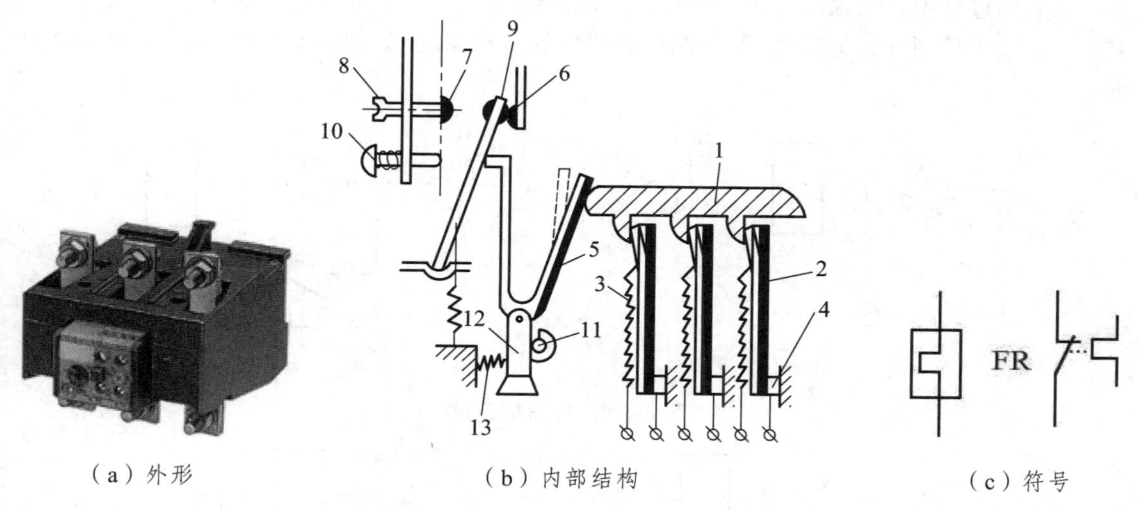

（a）外形　　（b）内部结构　　（c）符号

图 4-1-7　热继电器的外形、结构和符号

1—主触头；2—主双金属片；3—热元件；4—推动导板；5—补偿双金属片；6—常闭触头；7—常开触头；8—复位调节螺钉；9—动触头；10—复位按钮；11—偏心轮；12—支撑件；13—弹簧

热继电器的选用：

① 过载能力较差的电动机，热元件的额定电流 I_{RT} 为电动机的额定电流 I_N 的 60%～80%。

② 在不频繁启动的场合，若电动机启动电流为其额定电流的 6 倍以及启动时间不超过 6 s 时，可按电动机的额定电流选取热继电器。

③ 当电动机为重复且短时工作制时，要注意确定热继电器的操作频率，对于操作频率较高的电动机不宜使用热继电器作为过载保护。

2. 交流电动机的接线

本书所述的交流电动机是指三相异步电动机（笼型异步电动机）。

三相异步电动机定子绕组的连接方法有△形连接法和 Y 形连接法两种，如图 4-1-8 所示。

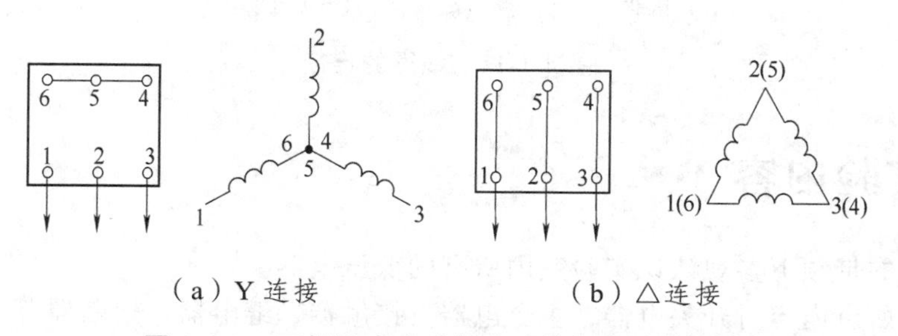

（a）Y 连接　　（b）△连接

图 4-1-8　三相异步电动机定子绕组的连接方法

这种接法与电动机接线端子是一一对应的。

3. 基本控制电路的接线

在实训过程中，在保障电机控制逻辑正确的情况下，合理的接线布局也是关键之一，这主要为了减少控制导线的长度、数量和电路检修的劳动强度，如图 4-1-9、图 4-1-10、图 4-1-11 所示。

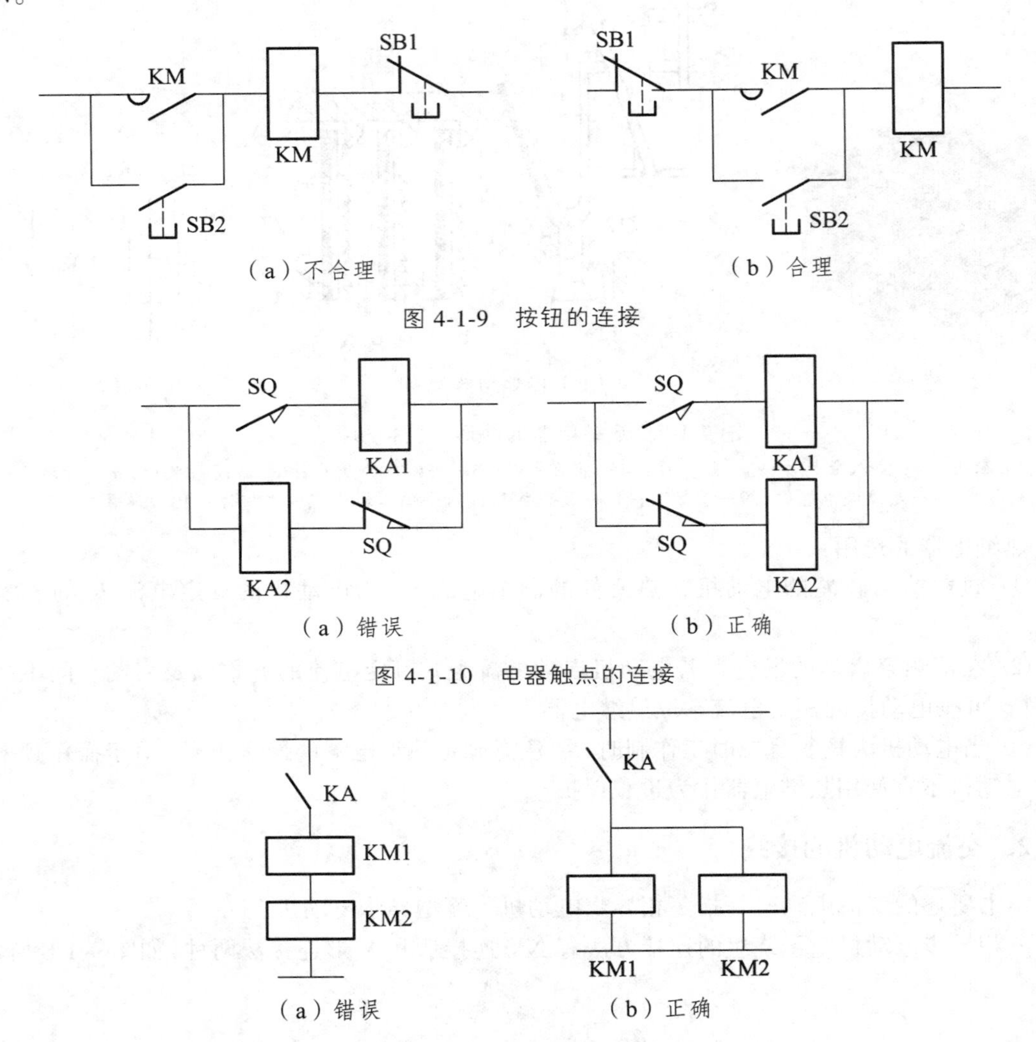

（a）不合理　（b）合理

图 4-1-9　按钮的连接

（a）错误　（b）正确

图 4-1-10　电器触点的连接

（a）错误　（b）正确

图 4-1-11　线圈的连接

四、实验内容

1. 在老师的带领下参观认识实验室内所有的低压电器。

2. 按书本所讲内容对开关电器、主令电器、接触器、继电器、熔断器等进行分类查看、型号登记。

3. 对几种不同型号、不同外形结构的接触器进行仔细观察，找出异同之处。

4. 根据实验器材写出配电电器、控制电器、主令电器、保护电器各五种的名称及其常用型号，并绘制图形符号，标注文字符号，填入表 4-1-1 中。

表 4-1-1　元器件列表

名称	型号	文字符号	图形符号	用途

五、注意事项

1. 严禁打开动力电源箱进行合闸操作。

2. 轻拿轻放各种元器件以免损坏。

3. 电器要按规定接线，不得随便改动或私自修理实验电气设备。

4. 经常接触和使用的配电箱、配电板、闸刀开关、插座以及导线等，必须保持完好，不得有破损或裸露带电部分。

5. 在移动电气设备时，必须先切断电源，并保护好导线，以免磨损或拉断。

6. 对设备进行维修时，一定要切断电源，并在明显处放置“禁止合闸，有人工作”的警示牌。用电器具出现异常，要先切断电源，再作处理。

7. 配电箱要装有漏电保护器，漏电保护器不能停止工作，若保护器一直跳闸，说明实验室中电气设备和线路有漏电故障，应及时找电工修理。

六、思考题

1. 如何判断继电器、接触器与复合按钮的常开和常闭触点？

2. 热继电器不能做短路保护而只能作长期过载保护，而熔断器则相反，为什么？

实验二　常用电工工具实训实验

一、实验目的

1. 了解常用电工工具的种类、型号及用途；
2. 学会正确区分常用的电工工具，并熟练掌握其使用方法。

二、实验器材

电工工具。

三、实验原理

电工基本操作工艺是电工的基本功，主要包括常用电工工具的使用、导线的连接方法、常用焊接工艺、电气设备紧固件的埋设和电工识图等内容。它是培养电工动手能力和解决实际问题的实践基础。

电工工具是电气操作的基本工具，电气操作人员必须掌握电工常用工具的结构、性能和正确的使用方法。

常用电工工具基本分为三类：

① 通用电工工具：指电工随时都可以使用的常备工具。主要有测电笔、螺丝刀、钢丝钳、活络扳手、电工刀、剥线钳等。

② 线路装修工具：指电力内外线装修必备的工具。它包括用于打孔、紧线、钳夹、切割、剥线、弯管、登高的工具及设备。主要有各类电工用凿、冲击电钻、管子钳、剥线钳、紧线器、弯管器、切割工具、套丝器具等。

③ 设备装修工具：指设备安装、拆卸、紧固及管线焊接加热的工具。主要有各类用于拆卸轴承、连轴器、皮带轮等紧固件的拉具，安装用的各类套筒扳手及加热用的喷灯等。

1. 测电笔

测电笔是用于检测线路和设备是否带电的工具，有笔式和螺丝刀式两种，其结构如图 4-2-1（a）、（b）所示。

使用时手指必须接触金属笔挂（笔式）或测电笔的金属螺钉部（螺丝刀式）。使电流由被测带电体经测电笔和人体与大地构成回路。只要被测带电体与大地之间电压超过 60 V，测电笔内的氖管就会起辉发光。操作方式如图 4-2-1（c）、（d）所示。由于测电笔内氖管及所串联的电阻较大，形成的回路电流很小，不会对人体造成伤害。

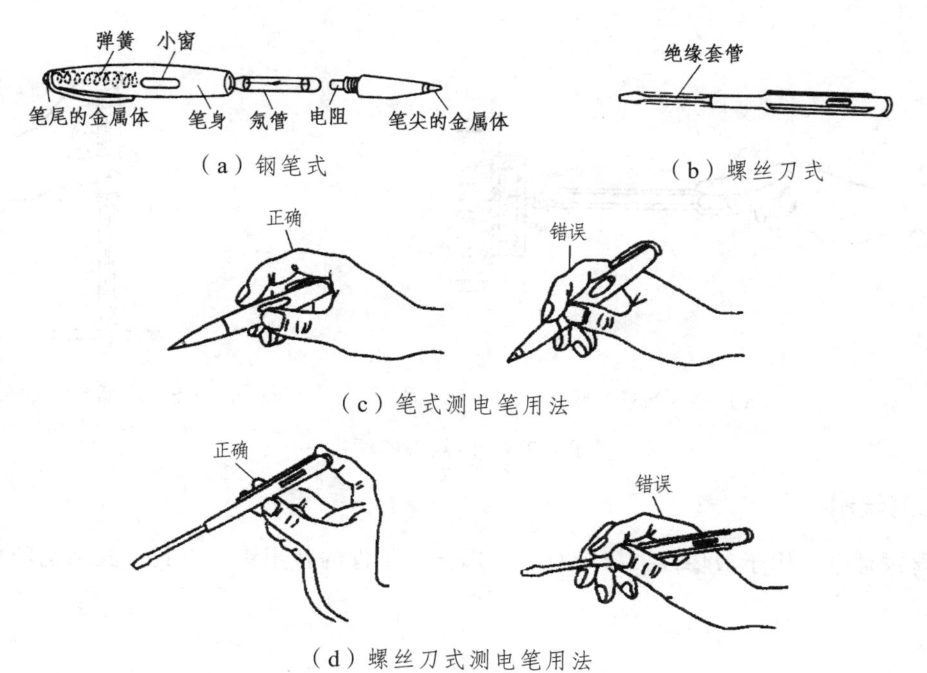

（a）钢笔式

（b）螺丝刀式

（c）笔式测电笔用法

（d）螺丝刀式测电笔用法

图 4-2-1　低压测电笔及其用法

应注意，测电笔在使用前，应先在确认有电的带电体上试验，确认测电笔工作正常后，再进行正常验电，以免氖管损坏造成误判，危及人身或设备安全。要防止测电笔受潮或强烈震动，平时不得随便拆卸。手指不可接触笔尖露金属部分或螺杆裸部分，以免触电造成伤害。

2. 螺丝刀

螺丝刀又名改锥、旋凿或起子。按照其功能不同，头部开关可分为一字形和十字形，如图 4-2-2 所示。其握柄材料又分为木柄和塑料柄两类。

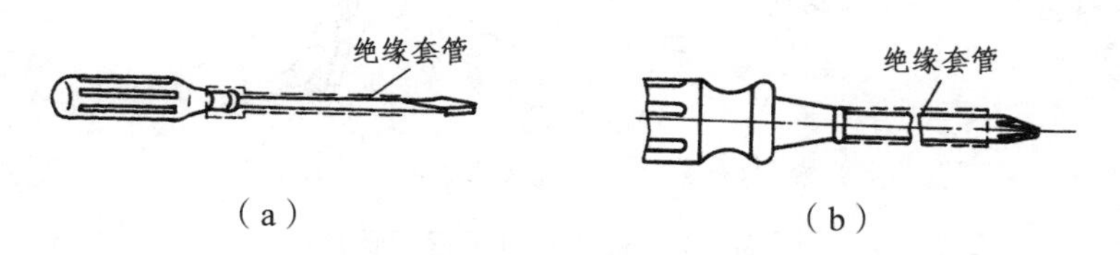

（a）

（b）

图 4-2-2　螺丝刀

一字形螺丝刀以柄部以外的刀体长度表示规格，单位为 mm，电工常用的有 100 mm、150 mm、300 mm 等几种。

十字形螺丝刀按其头部旋动螺钉规格的不同，分为四个型号：Ⅰ、Ⅱ、Ⅲ、Ⅳ号，分别用于旋动直径为 2 ~ 2.5 mm、6 ~ 8 mm、10 ~ 12 mm 等的螺钉。其柄部以外刀体长度规格与一字形螺丝刀相同。

螺丝刀使用时，应按螺钉的规格选用合适的刀口，以小代大或以大代小均会损坏螺钉或电气元件。螺丝刀的正确使用方法如图 4-2-3 所示。

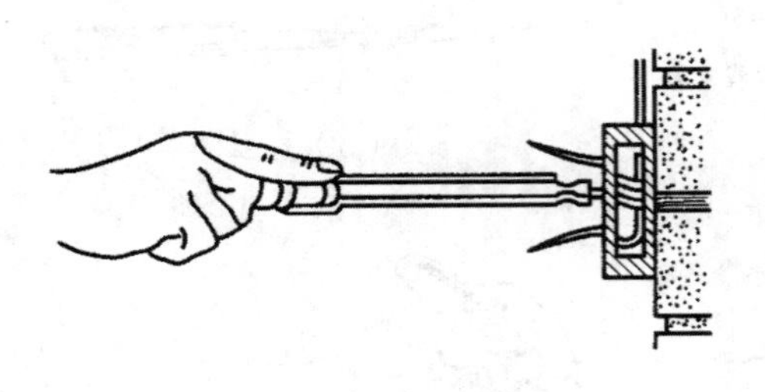

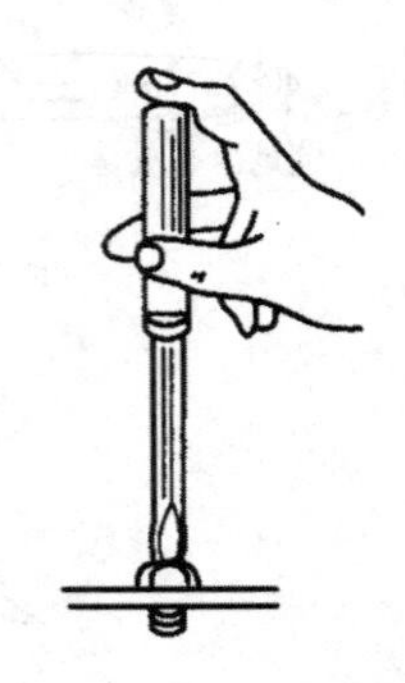

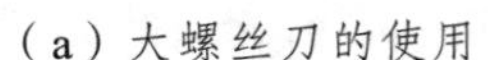

（a）大螺丝刀的使用　　（b）小螺丝刀的使用

图 4-2-3　螺丝刀的使用

3. 钢丝钳

钢丝钳是电工用于剪切或夹持导线、金属丝、工件的常用钳类工具，其结构和用法如图 4-2-4 所示。

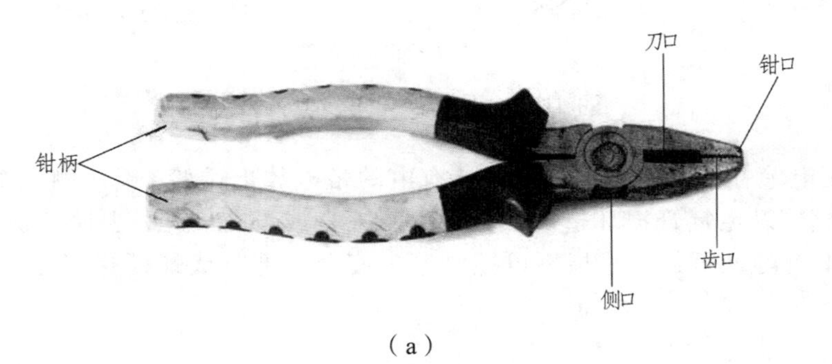

（a）

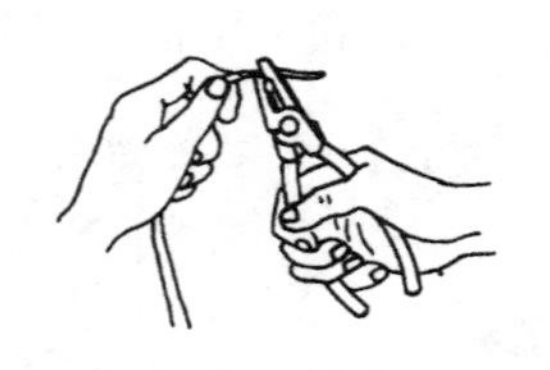

（b）弯绞导线

（c）紧固螺母

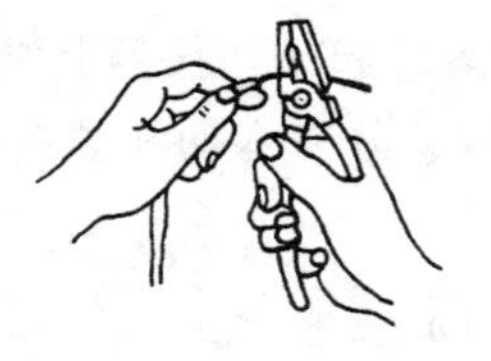

（d）剪切导线

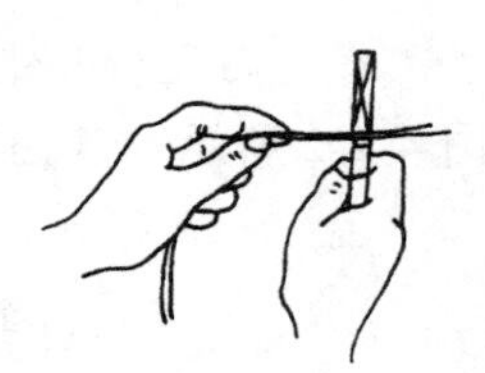

（e）铡切钢丝

图 4-2-4　钢丝钳的构造和使用

其中钳口用于弯绞和钳夹线头或其他金属、非金属物体；齿口用于旋动螺钉螺母；刀口用于切断电线、起拔铁钉、削剥导线绝缘层等。铡口用于铡断硬度较大的金属丝，如钢丝、铁丝等。

钢丝钳规格较多，电工常用的有 175 mm、200 mm 两种。电工用钢丝钳柄部加有耐压 500 V 以上的塑料绝缘套。作用前应检查绝缘套是否完好，绝缘套破损的钢丝钳不能使用。在切断导线时，不得将相线或不同相位的相线同时在一个钳口处切断，以免发生短路。

属于钢丝钳类的常用工具还有尖嘴钳、断线钳等。

① 尖嘴钳：头部尖细，如图 4-2-5 所示。适用于在狭小空间操作。主要用于切断较小的导线、金属丝，夹持小螺钉、垫圈，并可将导线端头弯曲成型。

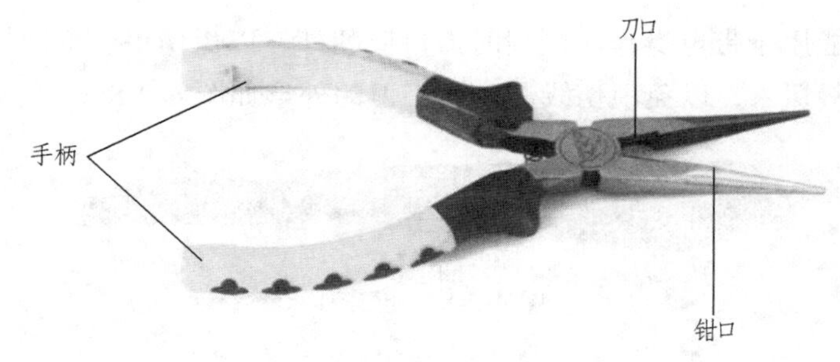

图 4-2-5　尖嘴钳

② 断线钳：又名斜口钳、偏嘴钳，如图 4-2-6 所示。专门用于剪断较粗的电线或其他金属丝，其柄部带有绝缘管套。

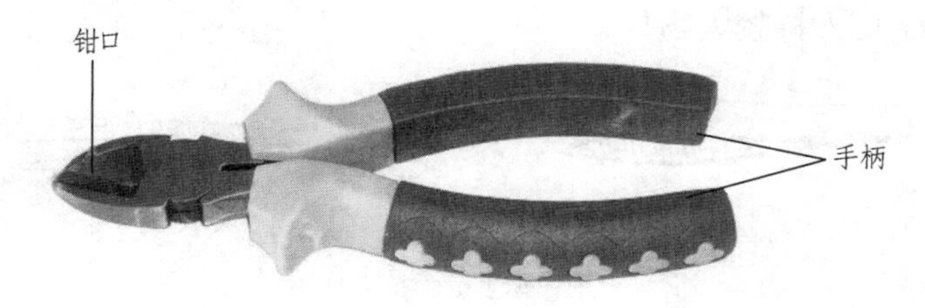

图 4-2-6　断线钳

4. 活络扳手

活络扳手的钳口可在规格范围内任意调整大小，用于旋动螺杆螺母，其结构如图 4-2-7（a）所示。

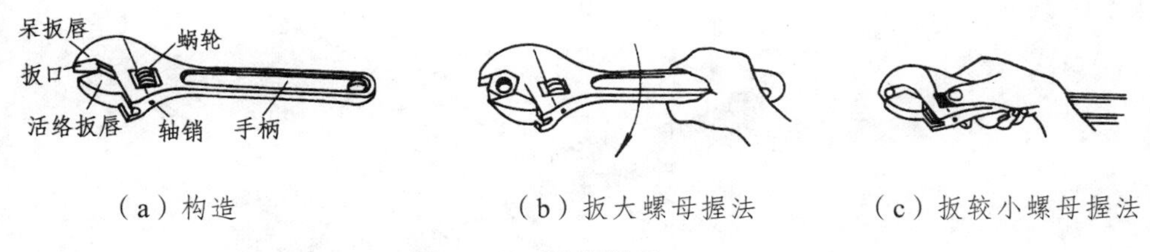

（a）构造　（b）扳大螺母握法　（c）扳较小螺母握法

图 4-2-7　活络扳手

活络扳手规格较多，电工常用的有 150 mm × 19 mm、200 mm × 24 mm、250 mm × 30 mm 等几种，前一个数字表示体长，后一个数字表示扳口宽度。扳动较大螺杆螺母时，所用力矩较大，手应握在手柄尾部，如图 4-2-7（b）所示。扳动较小螺杆螺母时，为防止钳口处打滑，手可握在接近头部的位置，且用拇指调节和稳定螺杆，如图 4-2-7（c）所示。

使用活络扳手旋动螺杆螺母时，必须把工件的两侧平面夹牢，以免损坏螺杆螺母的棱角。

使用活络扳手不能反方向用力，否则容易扳裂活络扳唇，不准用钢管套在手柄上作加力杆使用，不准用作撬棍撬重物，不准把扳手当手锤，否则将会对扳手造成损坏。

5. 电工刀

电工刀在电气操作中主要用于剖削导线绝缘层、削制木榫、切割木台缺口等。由于其刀柄处没有绝缘，不能用于带电操作。割削时刀口应朝外，以免伤手。剖削导线绝缘层时，刀面与导线成 45° 倾斜切入，以免削伤线芯。电工刀的外形如图 4-2-8 所示。

图 4-2-8　电工刀

6. 镊　子

镊子主要用于夹持导线线头、元器件、螺钉等小型工件或物品，多用不锈钢材料制成，弹性较强。常用类型有尖头镊子和宽口镊子，如图 4-2-9 所示。其中尖头镊子主要用于夹持较小物件，宽口镊子可夹持较大物件。

图 4-2-9　镊子

7. 剥线钳

剥线钳主要用于剥削直径在 6 mm 以下的塑料或橡胶绝缘导线的绝缘层，由钳头和手柄两部分组成，它的钳口工作部分有 0.5 ~ 3 mm 的多个不同孔径的切口，以便剥削不同规格的芯线绝缘层。剥线时，为了不损伤线芯，线头应放在大于线芯的切口上剥削。剥线钳外形如图 4-2-10 所示。

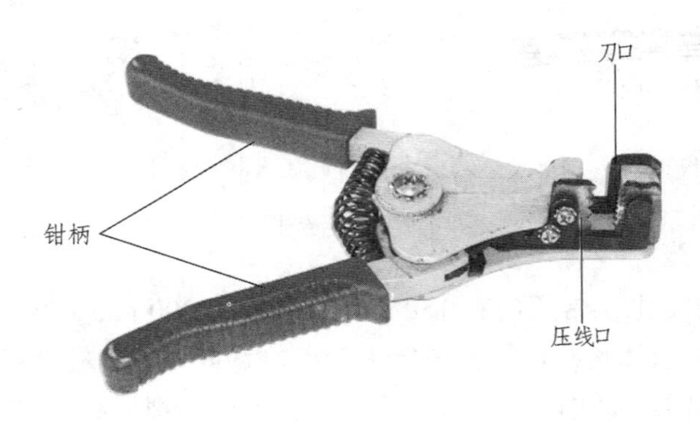

图 4-2-10　剥线钳

四、实验内容

1. 由教师播放视频：电工实验实训室。
2. 了解电工实验实训室操作规程，树立规范操作职业意识。
3. 学习使用常用的电工仪器仪表和常用电工工具

五、注意事项

1. 电器要按规定接线，不得随便改动或私自修理实验室的电气设备。

2. 经常接触和使用的配电箱、配电板、闸刀开关、插座以及导线等，必须保持完好，不得有破损或裸露带电部分。

3. 在移动电气设备时，必须先切断电源，并保护好导线，以免磨损或拉断。

4. 对设备进行维修时，一定要切断电源，并在明显处放置“禁止合闸，有人工作”的警示牌。用电器具出现异常，要先切断电源，再作处理。

5. 配电箱要装有漏电保护器，漏电保护器不能停止工作，若保护器一直跳闸，说明实验室中电气设备和线路有漏电故障，应及时找电工修理。

六、思考题

常用的电工工具有哪几种？各有什么用途？

实验三　导线的连接与绝缘恢复实验

一、实验目的

1. 掌握使用电工常用工具的使用方法；
2. 掌握导线的绞合连接和紧压连接方法；
3. 掌握导线焊接的连接方法；
4. 掌握导线连接处的绝缘处理方法。

二、实验器材

导线，焊机，焊料，电烙铁，电工工具，绝缘胶带。

三、实验方法及内容

导线的连接是电工基本工艺之一。导线连接的质量关系着线路和设备运行的可靠性和安全程度。对导线连接的基本要求是：电接触良好，机械强度足够，接头美观，且绝缘恢复正常。

1. 绞合连接

绞合连接是指将需要连接的导线的芯线直接紧密绞合在一起。铜导线常采用绞合连接。

1.1　单股铜导线的直接连接

小截面单股铜导线的连接方法如图 4-3-1 所示，先将两导线的芯线线头作 X 形交叉，再将它们相互缠绕 2～3 圈后扳直两线头，然后将每个线头在另一芯线上紧贴密绕 5～6 圈后剪去多余线头即可。

大截面单股铜导线的连接方法如图 4-3-2 所示，先在两导线的芯线重叠处填入一根相同直径的芯线，再用一根截面约 1.5 mm^2 的裸铜线在其上紧密缠绕，缠绕长度为导线直径的 10 倍左右，然后将被连接导线的芯线线头分别折回，再将两端的缠绕裸铜线继续缠绕 5～6 圈后剪去多余线头即可。

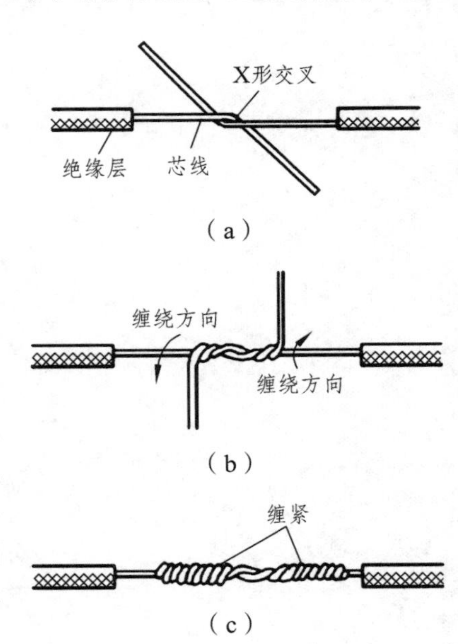

图 4-3-1　单股铜导线的直接连接

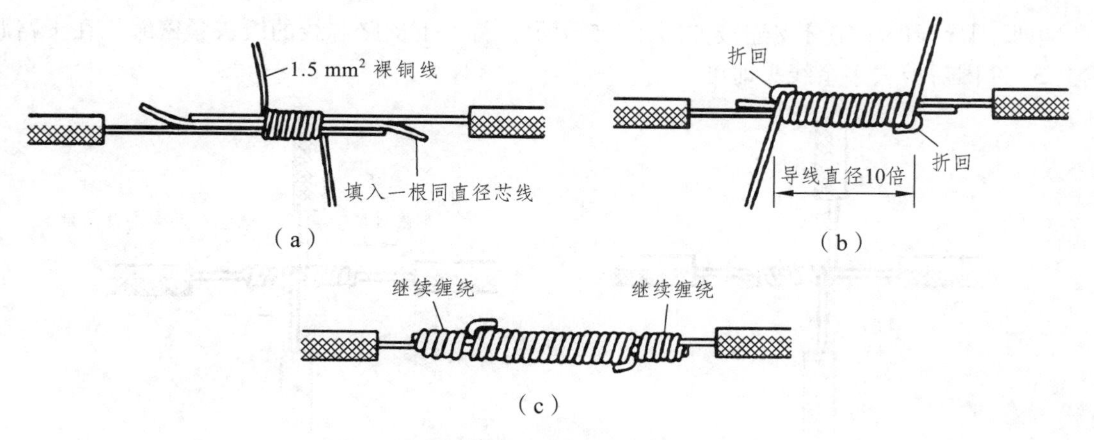

图 4-3-2 大截面单股铜导线的连接方法

不同截面单股铜导线的连接方法如图 4-3-3 所示，先将细导线的芯线在粗导线的芯线上紧密缠绕 5 ~ 6 圈，然后将粗导线芯线的线头折回紧压在缠绕层上，再用细导线芯线在其上继续缠绕 3 ~ 4 圈后剪去多余线头即可。

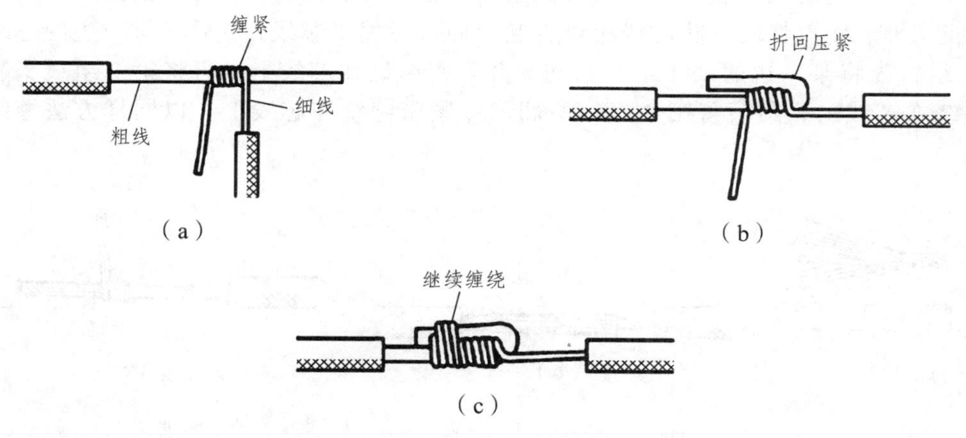

图 4-3-3 不同截面单股铜导线连接方法

1.2 单股铜导线的分支连接

单股铜导线的 T 字分支连接如图 4-3-4 所示，将支路芯线的线头紧密缠绕在干路芯线上 5 ~ 8 圈后剪去多余线头即可。对于较小截面的芯线，可先将支路芯线的线头在干路芯线上打一个环绕结，再紧密缠绕 5 ~ 8 圈后剪去多余线头即可。

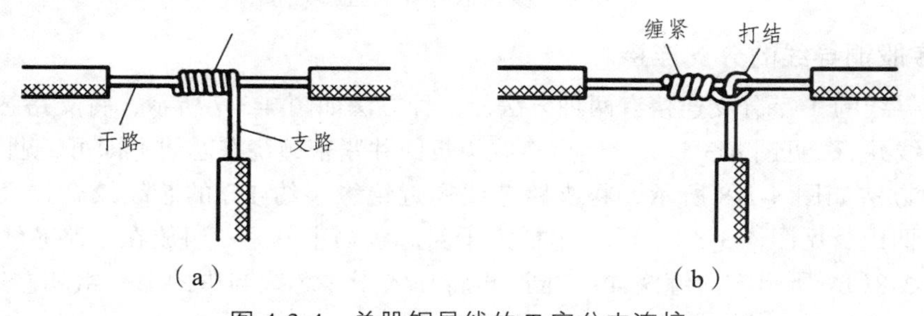

图 4-3-4 单股铜导线的 T 字分支连接

单股铜导线的十字分支连接如图 4-3-5 所示，将上下支路芯线的线头紧密缠绕在干路芯线上 5 ~ 8 圈后剪去多余线头即可。

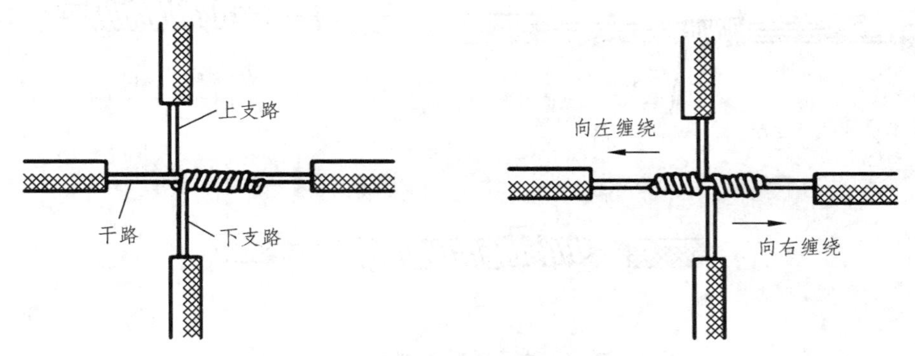

图 4-3-5　单股铜导线的十字分支连接

1.3　多股铜导线的直接连接

多股铜导线的直接连接如图 4-3-6 所示，首先将剥去绝缘层的多股芯线拉直，将其靠近绝缘层约 1/3 的芯线绞合拧紧，而将其余 2/3 芯线成伞状散开，另一根需连接的导线芯线也如此处理。接着将两伞状芯线相对着互相插入后捏平芯线，然后将每一边的芯线线头分作 3 组，先将某一边的第 1 组线头翘起并紧密缠绕在芯线上，再将第 2 组线头翘起并紧密缠绕在芯线上，最后将第 3 组线头翘起并紧密缠绕在芯线上。以同样方法缠绕另一边的线头。

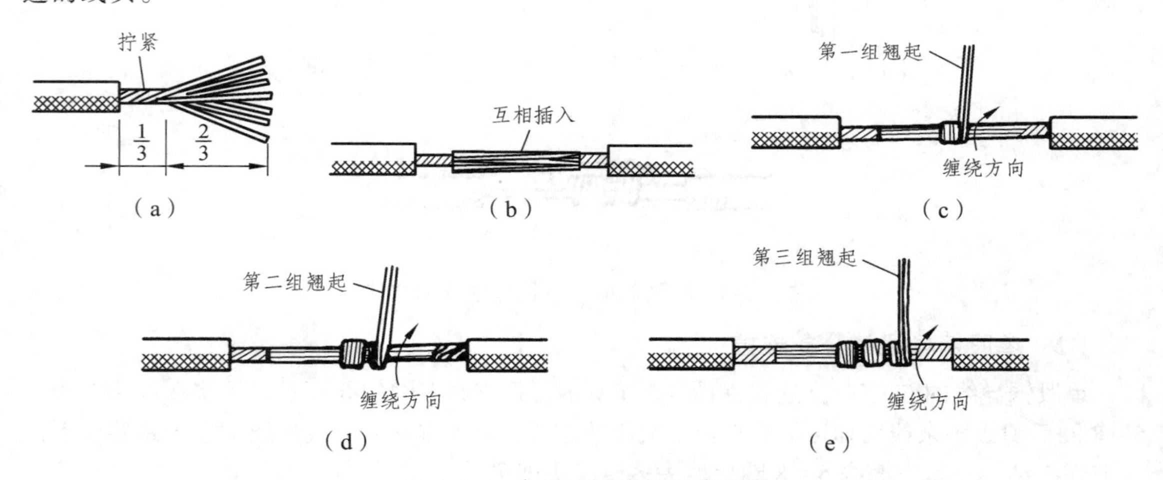

图 4-3-6　多股铜导线的直接连接

1.4　多股铜导线的分支连接

多股铜导线的 T 字分支连接有两种方法，一种方法如图 4-3-7 所示，将支路芯线 90° 折弯后与干路芯线并行，见图 4-3-7（a），然后将线头折回并紧密缠绕在芯线上即可，见图 4-3-7（b）。

另一种方法如图 4-3-8 所示，将支路芯线靠近绝缘层约 1/8 的芯线绞合拧紧，其余 7/8 的芯线分为两组，见图 4-3-8（a），一组插入干路芯线当中，另一组放在干路芯线前面，并朝右边按图 4-3-8（b）所示方向缠绕 4 ~ 5 圈，再将插入干路芯线当中的那一组朝左边按图 4-3-8（c）所示方向缠绕 4 ~ 5 圈，连接好的导线如图 4-3-8（d）所示。

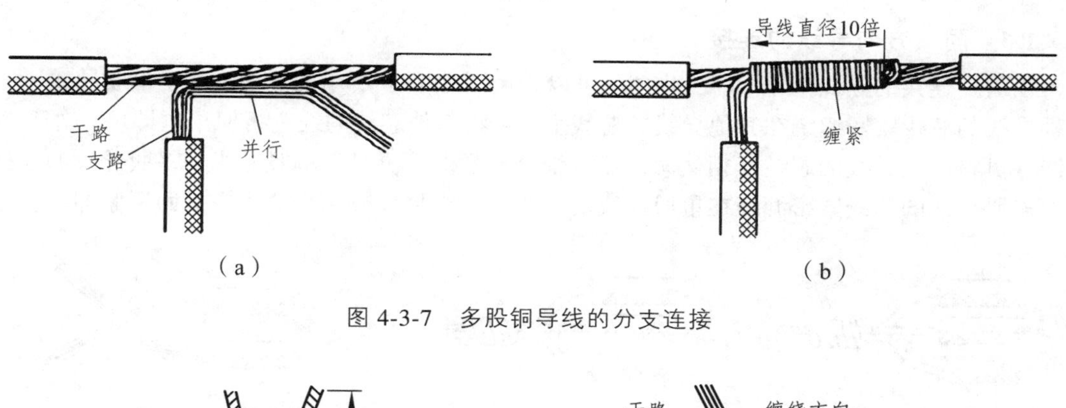

图 4-3-7　多股铜导线的分支连接

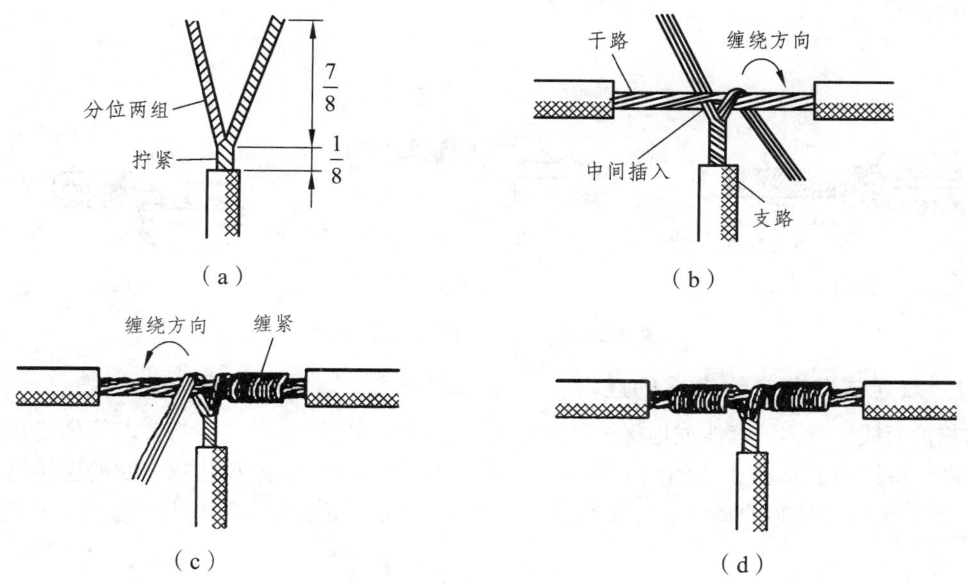

图 4-3-8　多股铜导线的分支连接

1.5　单股铜导线与多股铜导线的连接

单股铜导线与多股铜导线的连接方法如图 4-3-9 所示，先将多股导线的芯线绞合拧紧成单股状，再将其紧密缠绕在单股导线的芯线上 5 ~ 8 圈，最后将单股芯线线头折回并压紧在缠绕部位即可。

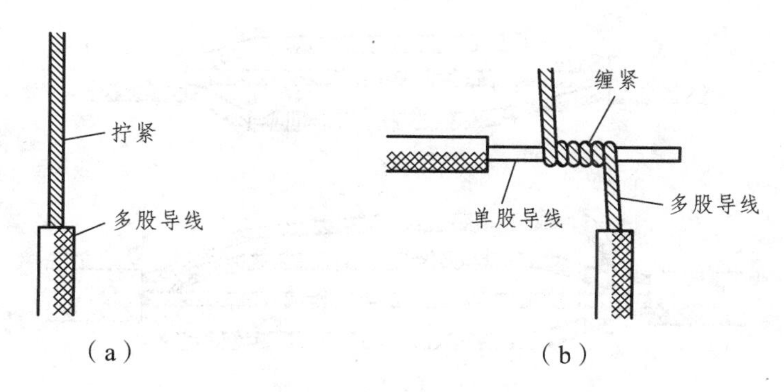

图 4-3-9　单股铜导线与多股铜导线的连接

1.6　同一方向导线的连接

当需要连接的导线来自同一方向时，可以采用图 4-3-10 所示的方法。对于单股导线，可将一根导线的芯线紧密缠绕在其他导线的芯线上，再将其他芯线的线头折回压紧即可。对于多股导线，可将两根导线的芯线互相交叉，然后绞合拧紧即可。对于单股导线与多股导线的连接，可将多股导线的芯线紧密缠绕在单股导线的芯线上，再将单股芯线的线头折回压紧即可。

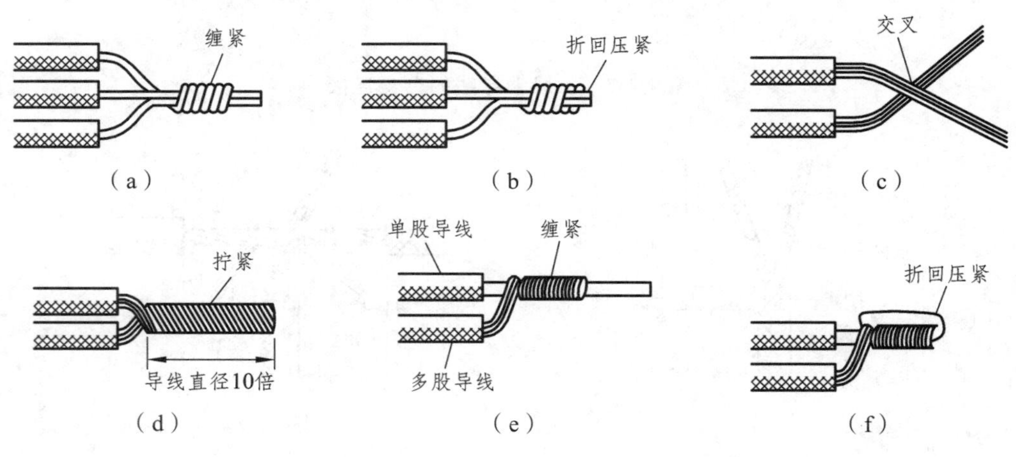

图 4-3-10　同一方向导线的连接

1.7　双芯或多芯电线电缆的连接

双芯护套线、三芯护套线或电缆、多芯电缆在连接时，应注意尽可能将各芯线的连接点互相错开位置，可以更好地防止线间漏电或短路。图 4-3-11（a）所示为双芯护套线的连接情况，图 4-3-11（b）所示为三芯护套线的连接情况，图 4-3-11（c）所示为四芯电力电缆的连接情况。

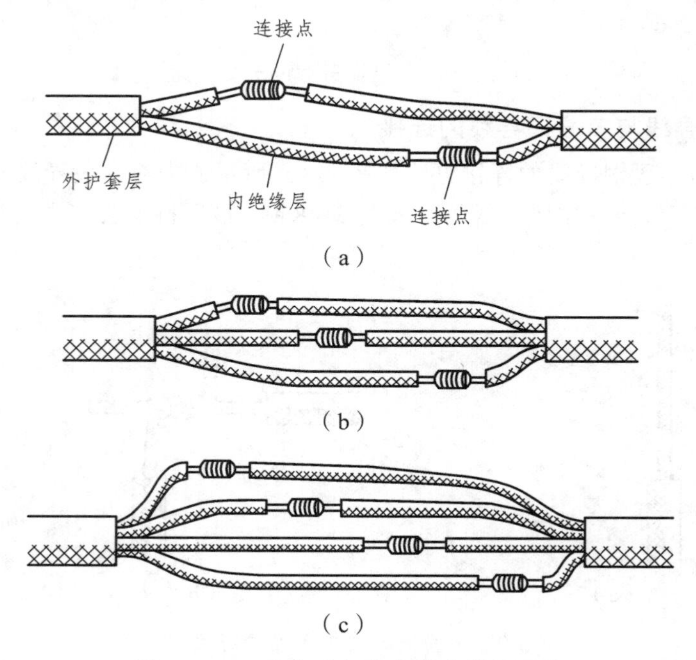

图 4-3-11　双芯或多芯电线电缆的连接

铝导线虽然也可采用绞合连接，但铝芯线的表面极易氧化，日久将造成线路故障，因此铝导线通常采用紧压连接。

2. 紧压连接

紧压连接是指用铜或铝套管套在被连接的芯线上，再用压接钳或压接模具压紧套管使芯线保持连接。铜导线（一般是较粗的铜导线）和铝导线都可以采用紧压连接，铜导线的连接应采用铜套管，铝导线的连接应采用铝套管。紧压连接前应先清除导线芯线表面和压接套管内壁上的氧化层和黏污物，以确保接触良好。

2.1 铜导线或铝导线的紧压连接

压接套管截面有圆形和椭圆形两种。圆截面套管内可以穿入一根导线，椭圆截面套管内可以并排穿入两根导线。

圆截面套管使用时，将需要连接的两根导线的芯线分别从左右两端插入套管相等长度，以保持两根芯线线头的连接点位于套管内的中间；然后用压接钳或压接模具压紧套管，一般情况下只要在每端压一个坑即可满足接触电阻的要求。在对机械强度有要求的场合，可在每端压两个坑，如图 4-3-12 所示。对于较粗的导线或机械强度要求较高的场合，可适当增加压坑的数目。

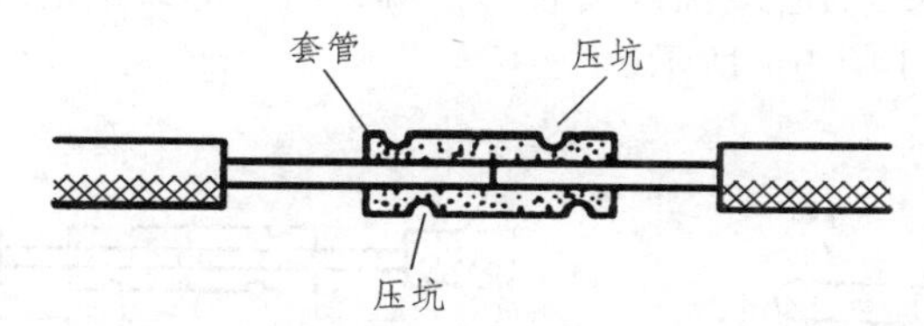

图 4-3-12 圆截面内铜导线或铝导线的紧压连接

椭圆截面套管使用时，将需要连接的两根导线的芯线分别从左右两端相对插入并穿出套管少许，如图 4-3-13（a）所示，然后压紧套管即可，如图 4-3-13（b）所示。椭圆截面套管不仅可用于导线的直线压接，而且可用于同一方向导线的压接，如图 4-3-13（c）所示；还可用于导线的 T 字分支压接或十字分支压接，如图 4-3-13（d）和图 4-3-13（e）所示。

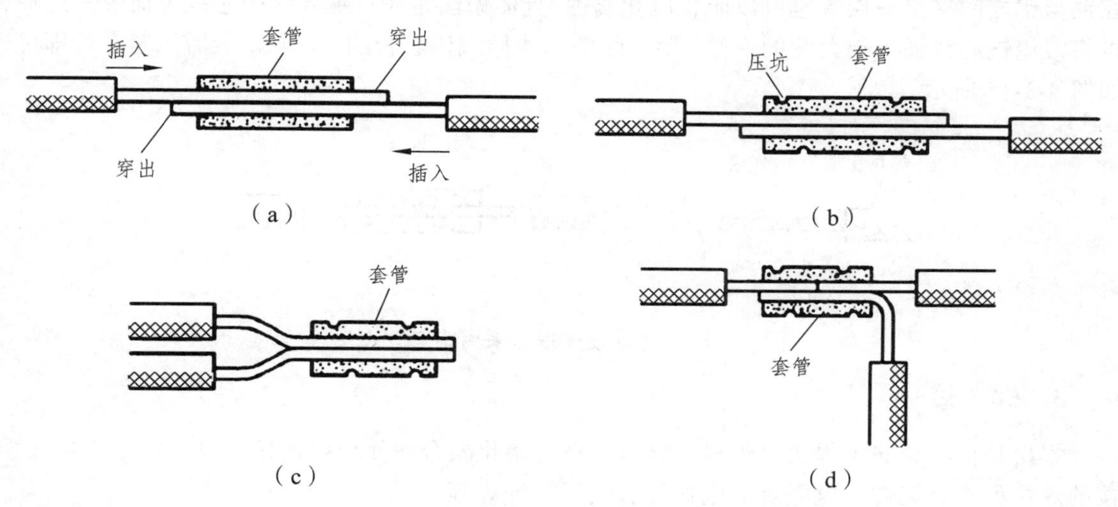

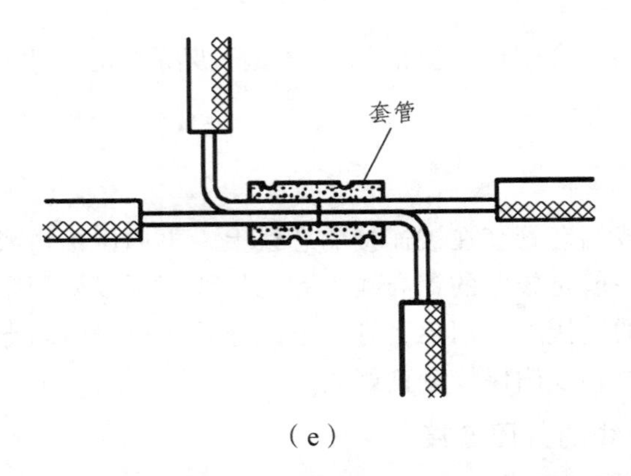

（e）

图 4-3-13　椭圆截面内铜导线或铝导线的紧压连接

2.2　铜导线与铝导线之间的紧压连接

当需要将铜导线与铝导线进行连接时，必须采取防止电化腐蚀的措施。因为铜和铝的标准电极电位不一样，如果将铜导线与铝导线直接绞接或压接，在其接触面将发生电化腐蚀，引起接触电阻增大而过热，造成线路故障。常用的防止电化腐蚀的连接方法有两种。

一种方法是采用铜铝连接套管。铜铝连接套管的一端是铜质，另一端是铝质，如图 4-3-14（a）所示。使用时将铜导线的芯线插入套管的铜端，将铝导线的芯线插入套管的铝端，然后压紧套管即可，如图 4-3-14（b）所示。

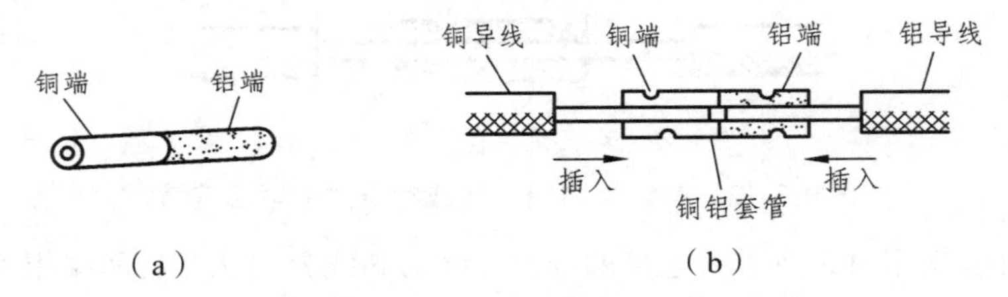

图 4-3.14　铜导线与铝导线之间的紧压连接

另一种方法是将铜导线镀锡后采用铝套管连接。由于锡与铝的标准电极电位相差较小，在铜与铝之间夹垫一层锡也可以防止电化腐蚀。具体做法是先在铜导线的芯线上镀上一层锡，再将镀锡铜芯线插入铝套管的一端，铝导线的芯线插入该套管的另一端，最后压紧套管即可，如图 4-3-15 所示。

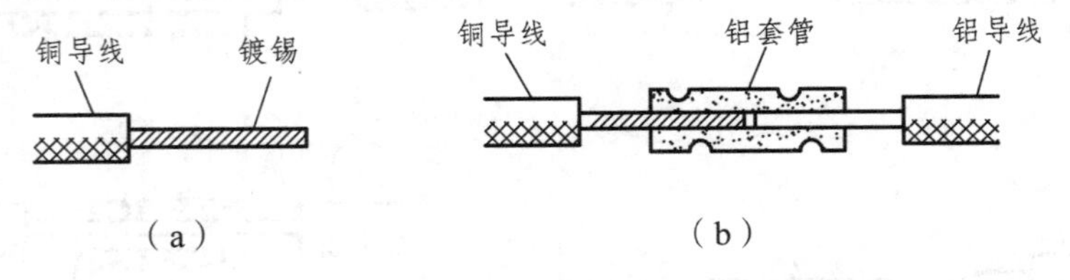

（a）　　（b）

图 4-3-15　铜导线镀锡后采用铝套管连接

3. 焊　接

焊接是指将金属（焊锡等焊料或导线本身）熔化融合而使导线连接。电工技术中导线连接的焊接种类有锡焊、电阻焊、电弧焊、气焊、钎焊等。

3.1 铜导线接头的锡焊

较细的铜导线接头可用大功率（例如 150 W）电烙铁进行焊接。焊接前应先清除铜芯线接头部位的氧化层和黏污物。为增加连接可靠性和机械强度，可将待连接的两根芯线先行绞合，再涂上无酸助焊剂，用电烙铁蘸焊锡进行焊接即可，如图 4-3-16 所示。焊接中应使焊锡充分熔融渗入导线接头缝隙中，焊接完成的接点应牢固光滑。

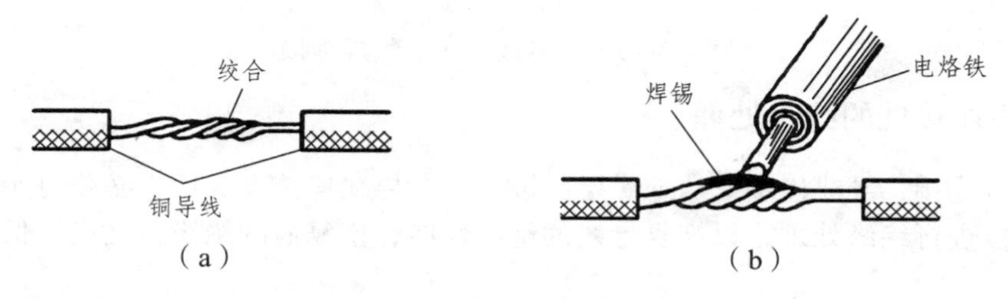

图 4-3-16　铜导线接头的锡焊

较粗（一般指截面 16 mm^2 以上）的铜导线接头可用浇焊法连接。浇焊前同样应先清除铜芯线接头部位的氧化层和黏污物，涂上无酸助焊剂，并将线头绞合。将焊锡放在化锡锅内加热熔化，当熔化的焊锡表面呈磷黄色，说明锡液已达符合要求的高温，即可进行浇焊。浇焊时将导线接头置于化锡锅上方，用耐高温勺子盛上锡液从导线接头上面浇下，如图 4-3-17 所示。刚开始浇焊时因导线接头温度较低，锡液在接头部位不会很好渗入，应反复浇焊，直至完全焊牢为止。浇焊的接头表面也应光洁平滑。

3.2 铝导线接头的焊接

铝导线接头的焊接一般采用电阻焊或气焊。电阻焊是指用低电压大电流通过铝导线的连接处，利用其接触电阻产生的高温高热将导线的铝芯线熔接在一起。电阻焊应使用特殊的降压变压器（1 kV·A、初级 220 V，次级 6 ~ 12 V），配以专用焊钳和碳棒电极，如图 4-3-18 所示。

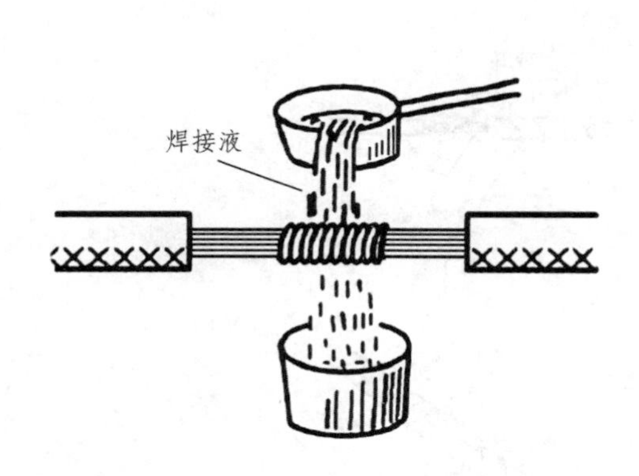

图 4-3-17　铜导线接头的浇焊法连接

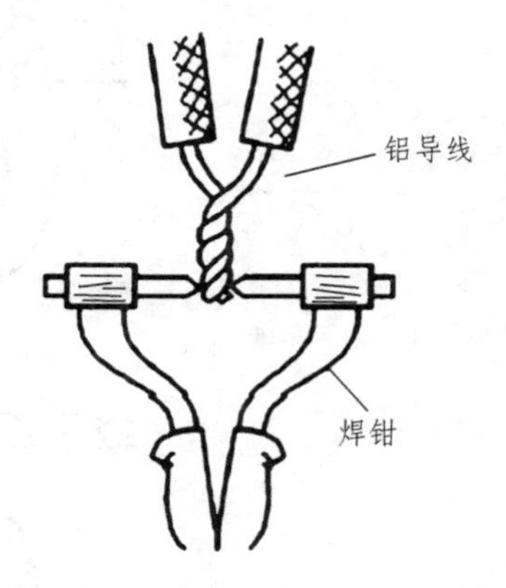

图 4-3-18　铝导线接头的电阻焊焊接

气焊是指利用气焊枪的高温火焰，将铝芯线的连接点加热，使待连接的铝芯线相互熔融连接。气焊前应将待连接的铝芯线绞合，或用铝丝或铁丝绑扎固定，如图 4-3-19 所示。

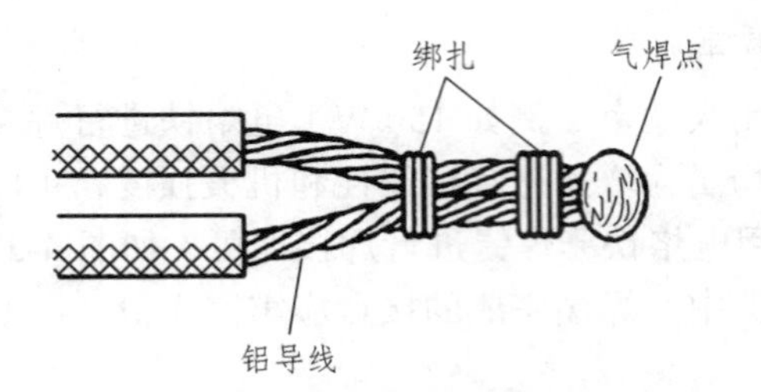

图 4-3-19　铝导线接头的气焊焊接

4. 导线连接处的绝缘处理

为了进行连接，导线连接处的绝缘层已被去除。导线连接完成后，必须对所有绝缘层已被去除的部位进行绝缘处理，以恢复导线的绝缘性能，恢复后的绝缘强度应不低于导线原有的绝缘强度。

导线连接处的绝缘处理通常采用绝缘胶带进行缠裹包扎。一般电工常用的绝缘带有黄蜡带、涤纶薄膜带、黑胶布带、塑料胶带、橡胶胶带等。绝缘胶带的宽度常用 20 mm，这样使用较为方便。

4.1　一般导线接头的绝缘处理

一字形连接的导线接头可按图 4-3-20 所示进行绝缘处理，先包缠一层黄蜡带，再包缠一层黑胶布带。将黄蜡带从接头左边绝缘完好的绝缘层上开始包缠，包缠两圈后进入剥除了绝缘层的芯线部分，见图 4-3-20（a）。包缠时黄蜡带应与导线成 55° 左右倾斜角，每圈压叠带宽的 1/2，见图 4-3-20（b），直至包缠到接头右边两圈距离的完好绝缘层处。然后将黑胶布带接在黄蜡带的尾端，按另一斜叠方向从右向左包缠，见图 4-3-20（c）、图 4-3-20（d），仍每圈压叠带宽的 1/2，直至将黄蜡带完全包缠住。包缠处理中应用力拉紧胶带，注意不可稀疏，更不能露出芯线，以确保绝缘质量和用电安全。对于 220 V 线路，也可不用黄蜡带，只用黑胶布带或塑料胶带包缠两层。在潮湿场所应使用聚氯乙烯绝缘胶带或涤纶绝缘胶带。

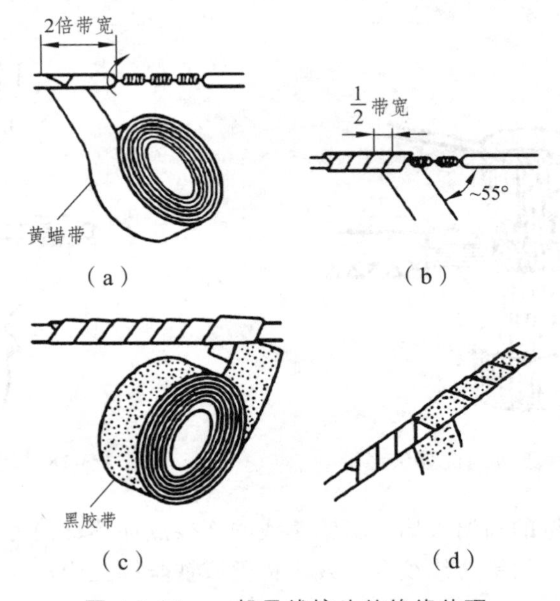

图 4-3-20　一般导线接头的绝缘处理

4.2 T 字分支接头的绝缘处理

导线分支接头的绝缘处理基本方法同上，T 字分支接头的包缠方向如图 4-3-21 所示，走一个 T 字形的来回，使每根导线上都包缠两层绝缘胶带，每根导线都应包缠到完好绝缘层的两倍胶带宽度处。

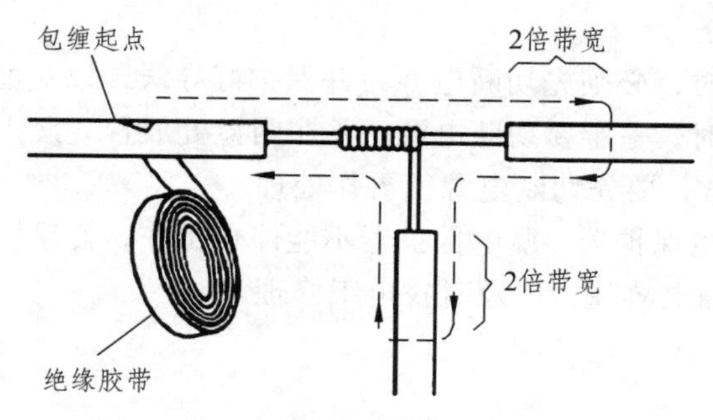

图 4-3-21　T 字分支接头的绝缘处理

4.3 十字分支接头的绝缘处理

对导线的十字分支接头进行绝缘处理时，包缠方向如图 4-3-22 所示，走一个十字形的来回，使每根导线上都包缠两层绝缘胶带，每根导线也都应包缠到完好绝缘层的两倍胶带宽度处。

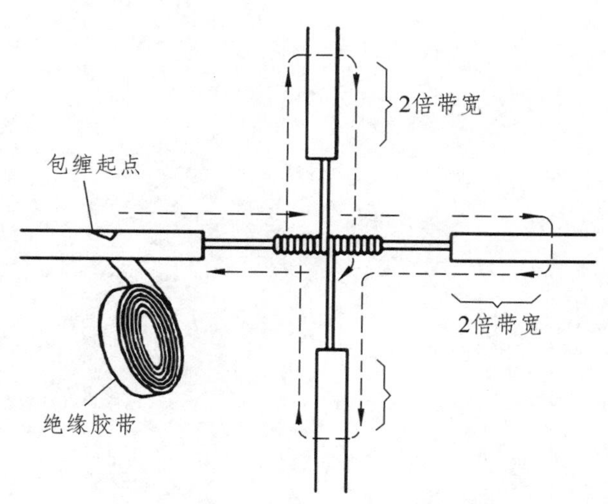

图 4-3-22　十字分支接头的绝缘处理

四、实验内容

1. 由教师播放视频：电工实验实训室。
2. 了解电工实验实训室操作规程，树立规范操作职业意识。
3. 学习使用常用的电工工具、常用导线、焊接工具以及绝缘材料。
4. 学习不同导线的连接方法、焊接方法以及绝缘恢复方法。

五、注意事项

1. 电器要按规定接线，不得随便改动或私自修理实验电气设备。

2. 经常接触和使用的配电箱、配电板、闸刀开关、插座以及导线等，必须保持完好，不得有破损或裸露带电部分。

3. 在移动电气设备时，必须先切断电源，并保护好导线，以免磨损或拉断。

4. 对设备进行维修时，一定要切断电源，并在明显处放置“禁止合闸，有人工作”的警示牌。用电器具出现异常，要先切断电源，再作处理。

5. 配电箱要装有漏电保护器，漏电保护器不能停止工作，若保护器一直跳闸，说明实验室中电气设备和线路有漏电故障，应及时找电工修理。

实验四　手工焊接工艺实训

一、实验目的

1. 掌握电子元器件的插装方法与工艺。
2. 掌握手工焊接的基本方法。
3. 掌握五步法进行手工焊接。
4. 掌握元器件的拆卸方法。

二、实验器材

电子元器件、焊锡丝、烙铁、镊子、防静电手腕、防静电指套、防静电周转盒、箱，吸锡枪、斜头钳等。

三、实验操作规范

1. 电子元器件的插装

1.1　元器件引脚折弯及整形的基本要求

手工弯引脚可以借助镊子或小螺丝刀对引脚整形。所有元器件引脚均不得从根部弯曲，一般应留 1.5 mm 以上，因为制造工艺上的原因，根部容易折断。折弯半径应大于引脚直径的 1 ~ 2 倍，避免弯成死角。二极管、电阻等的引出脚应平直，要尽量将有字符的元器件面置于容易观察的位置，如图 4-4-1 所示。

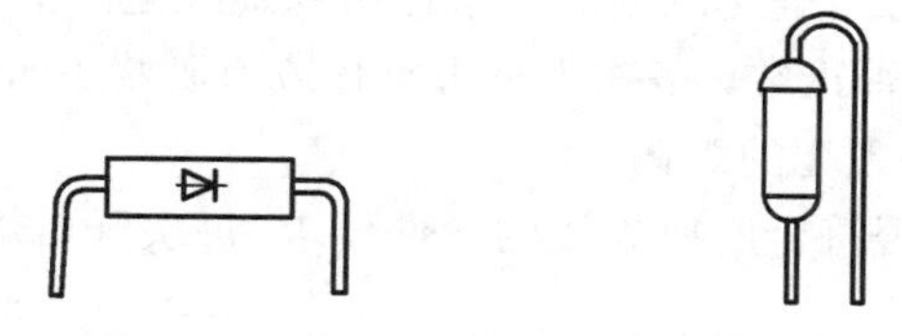

图 4-4-1　元器件引脚折弯及整形

1.2　元器件插装的原则

电子元器件插装要求做到整齐、美观、稳固，元器件应插装到位，无明显倾斜、变形现象，同时应方便焊接和有利于元器件焊接时的散热。

手工插装、焊接，应该先插装那些需要机械固定的元器件，如功率器件的散热器、支架、卡子等，然后再插装需焊接固定的元器件。插装时不要用手直接碰元器件引脚和印制板上的铜箔。手工插焊遵循先低后高、先小后大的原则。

插装时，应检查元器件，应正确、无损伤；插装有极性的元器件，按线路板上的丝印进行插装，不得插反和插错；对于有空间位置限制的元器件，应尽量将元器件放在丝印范围内。

1.3 元器件插装的方式

① 直立式：电阻器、电容器、二极管等都是竖直安装在印刷电路板上的。

② 俯卧式：二极管、电容器、电阻器等元器件均是俯卧式安装在印刷电路板上的。

③ 混合式：为了适应各种不同条件的要求或某些位置受面积所限，在一块印刷电路板上，有的元器件采用直立式安装，也有的元器件采用俯卧式安装。

④ 长短脚的插焊方式：

· 长脚插装（手工插装）插装时可以用食指和中指夹住元器件，再准确插入印制电路板，如图 4-4-2 所示。

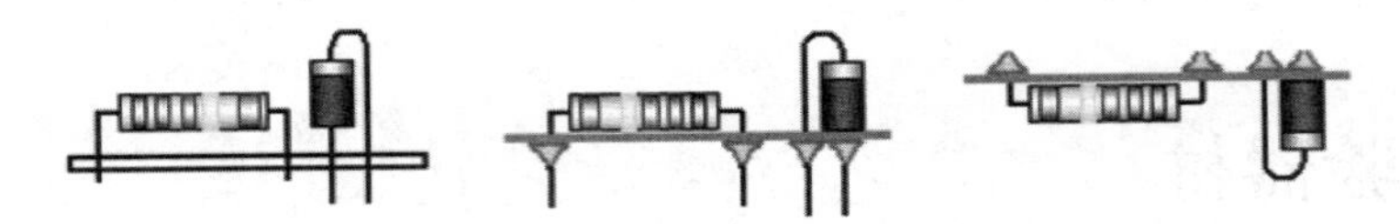

图 4-4-2 长脚的插焊方式

· 短脚插装：短脚插装的元器件整形后，引脚很短，靠板插装，当元器件插装到位后，用镊子将穿过孔的引脚向内折弯，以免元器件掉出，如图 4-4-3 所示。

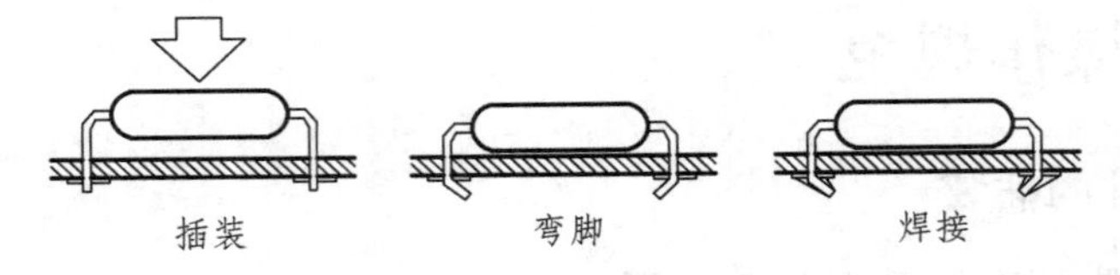

图 4-4-3 短脚的插焊方式

2. 手工焊接工艺要求

2.1 手工焊接前的准备工作

① 保证焊接人员戴防静电手腕、绝缘手套、防静电工作服。

② 确认烙铁接地，用万用表交流挡测试烙铁头和地线之间的电压，要求小于 5 V，否则不能使用。检查烙铁发热是否正常，烙铁头是否氧化或有脏物，如有可在湿海绵上擦去脏物，烙铁头在焊接前应挂上一层光亮的焊锡。

③ 检查烙铁头温度是否符合所要焊接的元件要求，每次开启烙铁和调整烙铁温度都必须进行温度测试，并做好记录。

④ 要熟悉所焊印制电路板的装配图，并按图纸配料，检查元器件型号、规格及数量是否符合图纸上的要求。

2.2 手工焊接的方法

（1）电烙铁与焊锡丝的握法

手工焊接握电烙铁的方法有反握、正握及握笔式三种；焊锡丝的两种拿法如图 4-4-4 所示。

（a）电烙铁的三种握法

（b）焊锡丝的两种拿法

图 4-4-4　电烙铁与焊锡丝的握法

（2）手工焊接的步骤

① 准备焊接。清洁焊接部位的积尘及油污，做好元器件的插装、导线与接线端钩连，为焊接做好前期的预备工作。

② 加热焊接。将沾有少许焊锡的电烙铁头接触被焊元器件约几秒钟。若是要拆下印刷板上的元器件，则待烙铁头加热后，用手或镊子轻轻拉动元器件，看是否可以取下。

③ 清理焊接面。若所焊部位焊锡过多，可将烙铁头上的焊锡甩掉（注意不要烫伤皮肤，也不要甩到印刷电路板上！），然后用烙铁头“沾”些焊锡出来。若焊点焊锡过少、不圆滑时，可以用电烙铁头“蘸”些焊锡对焊点进行补焊。

④ 检查焊点。看焊点是否圆润、光亮、牢固，是否有与周围元器件连焊的现象。

（3）手工焊接的方法

① 加热焊件。电烙铁的焊接温度由实际使用情况决定。一般来说，焊接一个锡点的时间限制在 4 s 最为合适。焊接时烙铁头与印制电路板呈 45° 角，电烙铁头顶住焊盘和元器件引脚，然后给元器件引脚和焊盘均匀预热，如图 4-4-5 所示。

② 移入焊锡丝。焊锡丝从元器件脚和烙铁接触面处引入，焊锡丝应靠在元器件脚与烙铁头之间，如图 4-4-6 所示。

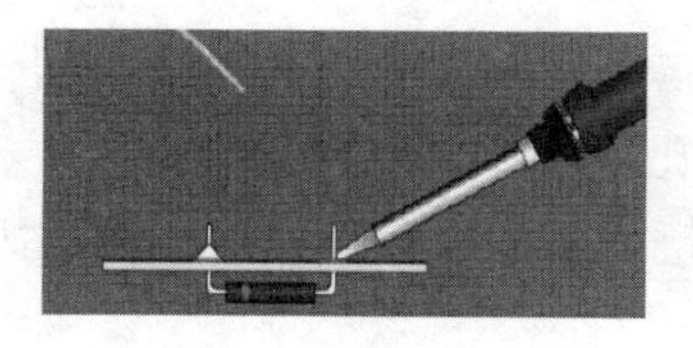

图 4-4-5　加热焊件

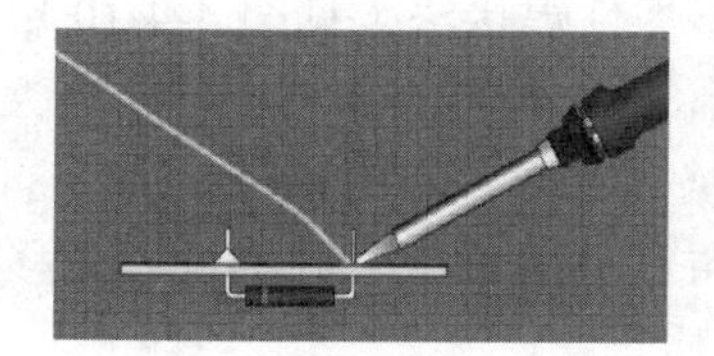

图 4-4-6　移入焊锡丝

③ 移开焊锡。当焊锡丝熔化（要掌握进锡速度），焊锡散满整个焊盘时，即可以 45° 角方向拿开焊锡丝，如图 4-4-7 所示。

④ 移开电烙铁。焊锡丝拿开后，烙铁继续放在焊盘上持续 1 ~ 2 s，当焊锡只有轻微烟雾冒出时，即可拿开烙铁，拿开烙铁时，不要过于迅速或用力往上挑，以免溅落锡珠、锡点或使焊锡点拉尖等，同时要保证被焊元器件在焊锡凝固之前不要移动或受到震动，否则极易造成焊点结构疏松、虚焊等现象，如图 4-4-8 所示。

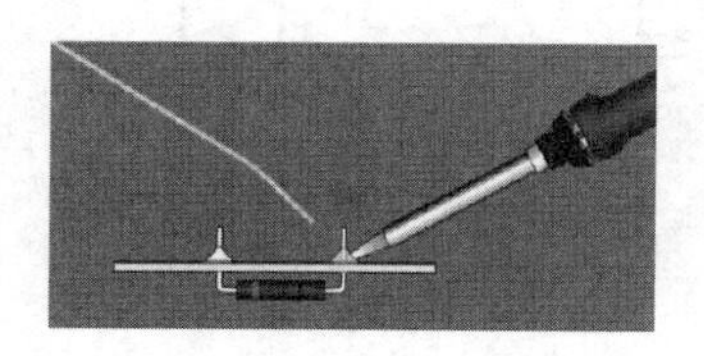

图 4-4-7　移开焊锡

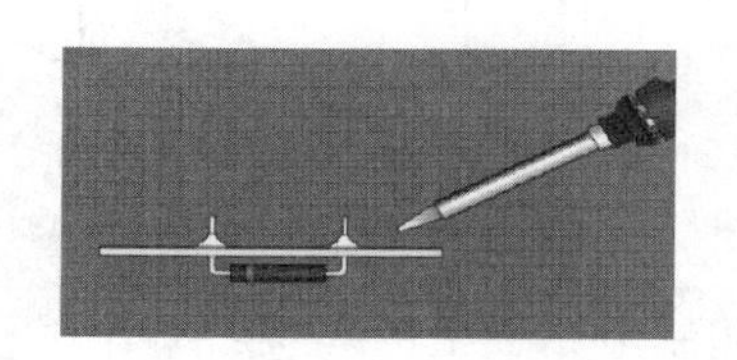

图 4-4-8　移开电烙铁

（4）常用元器件的焊接方法

① 导线和接线端子的焊前处理：

· 剥线：用剥线钳或普通偏口钳剥线时，要注意对单股线不应伤及导线，多股线及屏蔽线不断线，否则将影响接头质量。对多股线剥除绝缘层时，应注意将线芯拧成螺旋状，一般采用边拽边拧的方式。剥线的长度应根据工艺资料要求进行操作。

· 预焊：是导线焊接的关键步骤。导线的预焊又称为挂锡，但注意，导线挂锡时要边上锡边旋转，旋转方向与拧合方向一致，多股导线挂锡要注意“烛心效应”，即焊锡浸入绝缘层内，造成软线变硬，容易导致接头故障。

② 导线和接线端子的焊接方法（见图 4-4-9）：

· 绕焊：把经过上锡的导线端头在接线端子上缠一圈，用钳子拉紧缠牢后进行焊接，绝缘层不要接触端子，导线一定要留 1 ~ 3 mm 为宜。

· 钩焊：是将导线端子弯成钩形，钩在接线端子上并用钳子夹紧后施焊。

· 搭焊：把经过镀锡的导线搭到接线端子上施焊。

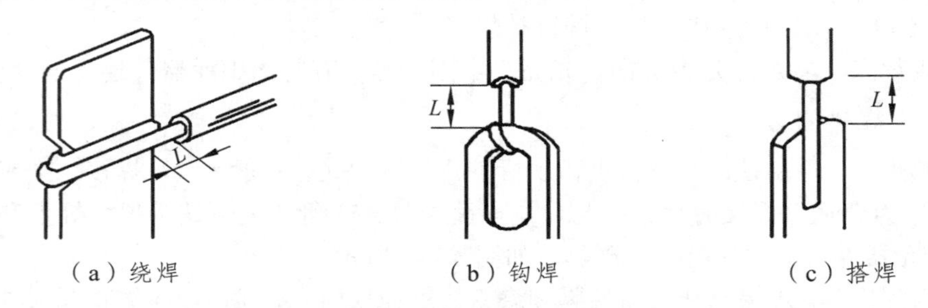

图 4-4-9　导线和接线端子的焊接方法

③ 杯形焊件焊接法（见图 4-4-10）：

· 往杯形孔内滴助焊剂。若孔较大，用脱脂棉蘸助焊剂在孔内均匀擦一层。

· 用烙铁加热并将锡熔化，靠浸润作用流满内孔。

· 将导线垂直插入到孔的底部，移开烙铁并保持到凝固。在凝固前，导线切不可移动，以保证焊点质量。

· 完全凝固后立即套上套管，并用热风枪进行吹烘紧固。

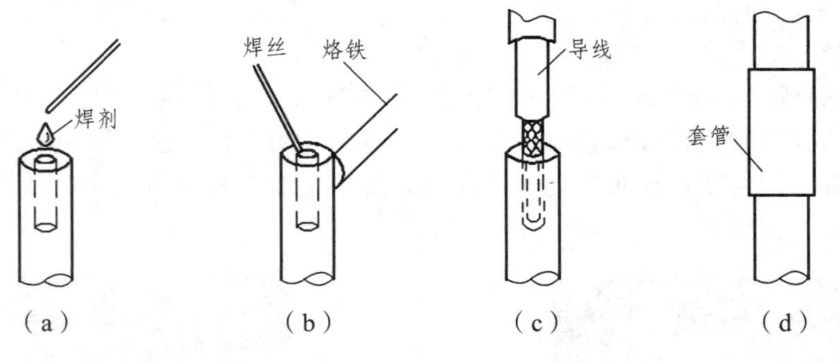

图 4-4-10　杯形焊件焊接法

④ 印制电路板上的焊接：

Ⅰ. 印制电路板焊接的注意事项：加热时，应尽量使烙铁头同时接触印制板上铜箔和元器件引脚，如图 4-4-11 所示，对于较大的焊盘（直径大于 5 mm），焊接时可移动烙铁，即烙铁绕焊盘转动，以免长时间停留一点导致局部过热。

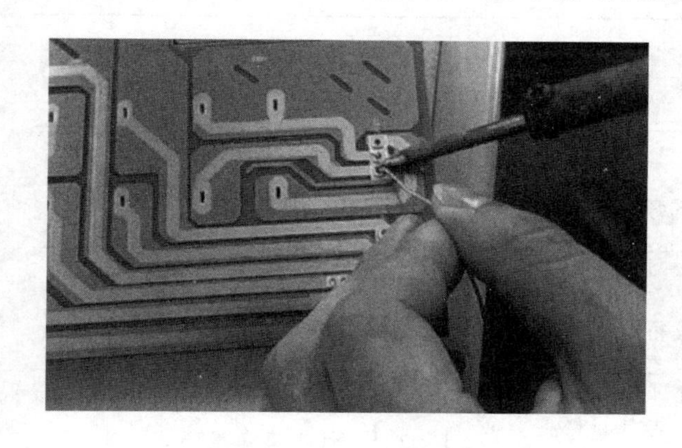

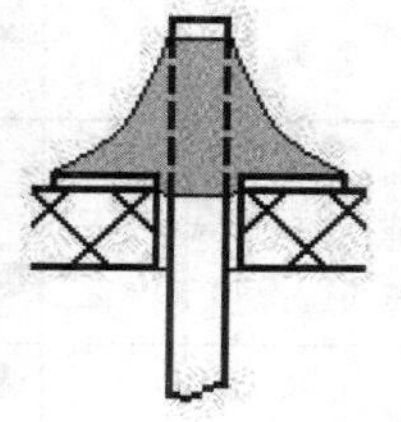

（a）单面板

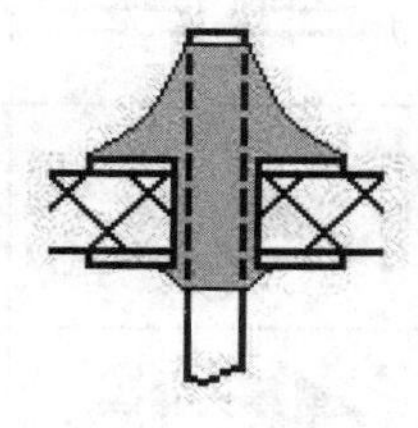

（b）双面板

图 4-4-11　印制电路板上的焊接

Ⅱ. 金属化孔的焊接：焊接时不仅要让焊料润湿焊盘，而且孔内也要润湿填充。因此金属化孔加热时间应长于单面板，焊接时不要用烙铁头摩擦焊盘的方法增强焊料润湿性能，而要靠表面清理和预焊。

Ⅲ. 印制电路板上常用元器件的焊接要求：

· 电阻器的焊接：按图将电阻器准确地装入规定位置，并要求标记向上，字向一致。装完一种规格再装另一种规格，尽量使电阻器的高低一致。焊接后将露在印制电路板表面上多余的引脚齐根剪去。

· 电容器的焊接：将电容器按图纸要求装入规定位置，并注意有极性的电容器其“+”与“－”极不能接错：电容器上的标记方向要易看得见。先装玻璃釉电容器、金属膜电容器、瓷介电容器，最后装电解电容器。

· 二极管的焊接：正确辨认正负极后按要求装入规定位置，型号及标记要看得见。焊接立式二极管时，对最短的引脚焊接时，时间不要超过 2 s。

· 三极管的焊接：按要求将 e、b、c 三根引脚装入规定位置。焊接时间应尽可能的短些，焊接时用镊子夹住引脚，以帮助散热。焊接大功率三极管时，若需要加装散热片，应将接触面平整，打磨光滑后再紧固。若要求加垫绝缘薄膜片，千万不能忘记管脚与线路板上的焊点需要连接时要用塑料导线。

· 集成电路的焊接：将集成电路插装在印制线路板上，按照图纸要求，检查集成电路的型号、引脚位置是否符合要求。焊接时先焊集成电路边沿的两只引脚，以使其定位，然后再从左到右或从上至下进行逐个焊接。焊接时，烙铁一次沾取锡量为焊接 2～3 只引脚的量，烙铁头先接触印制电路的铜箔，待焊锡进入集成电路引脚底部时，烙铁头再接触引脚，接触时间以不超过 3 s 为宜，而且要使焊锡均匀包住引脚。焊接完毕后要检查是否有漏焊、碰焊、虚焊之处，并清理焊点处的焊料（见表 4-4-1）。

表 4-4-1　手工焊接常见的不良现象及原因分析对照表

焊点缺陷	外观特点	危害	原因分析
过热	焊点发白，表面较粗糙，无金属光泽	焊盘强度降低，容易剥落	烙铁功率过大，加热时间过长
冷焊	表面呈豆腐渣状颗粒，可能有裂纹	强度低，导电性能不好	焊料未凝固前焊件抖动
拉尖	焊点出现尖端	外观不佳，容易造成桥连短路	1. 助焊剂过少而加热时间过长 2. 烙铁撤离角度不当
桥连	相邻导线连接	电气短路	1. 焊锡过多 2. 烙铁撤离角度不当
铜箔翘起	铜箔从印制板上剥离	印制电路板已被损坏	焊接时间太长，温度过高
虚焊	焊锡与元器件引脚和铜箔之间有明显黑色界限，焊锡向界限凹陷	设备时好时坏，工作不稳定	1. 元器件引脚未清洁好、未镀好锡或锡氧化 2. 印制板未清洁好，喷涂的助焊剂质量不好
焊料过多	焊点表面向外凸出	浪费焊料，可能包藏缺陷	焊丝撤离过迟
焊料过少	焊点面积小于焊盘的 80%，焊料未形成平滑的过渡面	机械强度不足	1. 焊锡流动性差或焊锡撤离过早 2. 助焊剂不足 3. 焊接时间太短

⑤ 手工拆焊及补焊：

Ⅰ. 拆卸工具：在拆卸过程中，主要用的工具有电烙铁、吸锡枪、镊子等。

Ⅱ. 拆卸方法：

a. 手插元器件的拆卸：

· 引脚较少的元器件拆法：一手拿着电烙铁加热待拆元器件引脚焊点，一手用镊子夹着元器件，待焊点焊锡熔化时，用夹子将元器件轻轻往外拉。注意拉时不能用力过猛，以免将焊盘拉脱。

· 多焊点元器件且引脚较硬的元器件拆法：采用吸锡枪逐个将引脚焊锡吸干净后，再用夹子取出元器件，如图 4-4-12 所示。借助吸锡材料（如编织导线，吸锡铜网）靠在元器件引脚用烙铁和助焊剂加热后，抽出吸锡材料将引脚上的焊锡一起带出，最后将元器件取出。

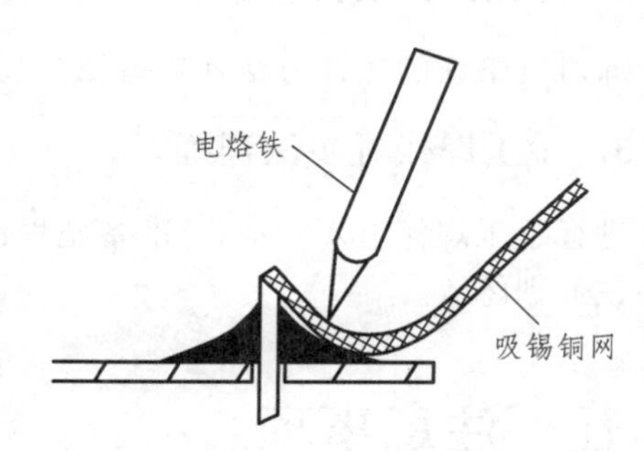

图 4-4-12　手插元器件的拆卸

b. 机插元器件的拆卸：右手握住烙铁将锡点融化，并继续对准锡点加热，左手拿着镊子，对准锡点中倒角将其夹紧后掰直。用吸锡枪或吸锡器将焊锡吸净后，用镊子将引脚掰直后取出元器件。对于双列或四列扁平封装 IC 的贴片焊接元器件，可用热风枪拆焊，温度控制在 3 500 °C，风量控制在 3 ~ 4 格，对着引脚垂直、均匀的来回吹热风，同时用镊子的尖端靠在集成电路的一个角上，待所有引脚焊锡熔化时，用镊子尖轻轻将 IC 挑起。

Ⅲ. 补焊：补焊的步骤及方法可遵照上面的手工焊接工艺要求，如图 4-4-13 所示。注意焊接时温度及时间的控制，以防止元器件及线路板的损坏。

图 4-4-13　补焊

2.3　手工焊接后续工作

① 手工焊接完成后，先检查一遍所焊元器件有无错误，有无焊接质量缺陷，确认无误后将已焊接的线路板或部件转入下道工序的生产；

② 将未用完的材料或元器件分类放回原位，将桌面上残余的锡渣或杂物扫入指定的周转盒中，将工具归位放好，保持台面整洁。

③ 关掉电源，按照电烙铁使用要求放好电烙铁，并做好防氧化保护工作。

④ 工作人员应先洗净手后才能喝水或吃饭，以防锡珠对人体的危害。

四、实验内容

1. 元器件的插装训练

按照标准规范插装元器件。

2. 焊接操作姿势训练

练习电烙铁的操作方法（正握法、反握法、握笔法三种方法）和焊锡丝的使用方法。

3. 手工焊接五步法训练

进行手工焊接五步法（1．准备施焊；2．加热焊件；3．熔化焊料；4．移开焊锡；5．移开烙铁）训练。

五、注意事项

1. 每位学生必须服从安排，遵守电工实训操作规程。

2. 不得在室内喧哗、打闹、随意走动。

3. 不得用电工工具损坏桌（台）面。

4. 收拾整理所用设备和工量具，清理工作场所。

5. 选用合适的焊锡，应选用焊接电子元件用的低熔点焊锡丝。

6. 助焊剂，用 25% 的松香溶解在 75% 的酒精中作为助焊剂。

7. 电烙铁使用前要上锡，具体方法是：将电烙铁烧热，待刚刚能熔化焊锡时，涂上助焊剂，再用焊锡均匀地涂在烙铁头上，使烙铁头均匀的吃上一层锡。

8. 焊接方法，把焊盘和元件的引脚用细砂纸打磨干净，涂上助焊剂。用烙铁头沾取适量焊锡，接触焊点，待焊点上的焊锡全部熔化并浸没元件引线头后，电烙铁头沿着元器件的引脚轻轻往上一提离开焊点。

9. 焊接时间不宜过长，否则容易烫坏元件，必要时可用镊子夹住管脚帮助散热。

10. 焊点应呈正弦波峰形状，表面应光亮圆滑，无锡刺，锡量适中。

11. 焊接完成后，要用酒精把线路板上残余的助焊剂清洗干净，以防炭化后的助焊剂影响电路正常工作。

12. 集成电路应最后焊接，电烙铁要可靠接地，或断电后利用余热焊接。或者使用集成电路专用插座，焊好插座后再把集成电路插上去。

13. 电烙铁应放在烙铁架上。

实验五　测量三相异步电动机的绝缘电阻实验

一、实验目的

1. 熟练掌握使用兆欧表的方法；
2. 学会用兆欧表检测电机的绝缘性能。

二、实验设备

电动机、兆欧表。

三、实验原理

1. 设备描述

摇表，也叫兆欧表、绝缘电阻表，是为了避免事故发生，用于测量各种电器设备的绝缘电阻的兆欧级电阻表。

2. 兆欧表的正确选择

对 500 V 以下电压的电动机用 500 V 兆欧表测量。如选用 1 000 V、2 500 V 兆欧表测量，会造成测量值不符合要求，并可能造成设备绝缘被击穿，这点请特别注意。

3. 兆欧表接线端的介绍

兆欧表有三个接线端钮，其中 L 表示“线”，E 表示“地”，G 表示“保护环”（即屏蔽接线端钮）。

4. 电动机绝缘电阻的概念

测量电动机的绝缘电阻以判断电动机绝缘性能的好坏。就是测量：

① 电动机绕组对机壳的绝缘电阻。

② 绕组相互间的绝缘电阻。

各相绕组的始末端均引出机壳外，应断开各相之间的连接线或连接片，分别测量每相绕组的绝缘电阻值，即绕组对地的绝缘电阻；然后测量各相绕组之间的绝缘电阻值，即相间绝缘电阻。电动机在热状态（75 °C）条件下，一般中小型低压电动机的绝缘电阻值应不小于 0.5 MΩ。

四、实验内容

1. 电动机绝缘电阻测量时，兆欧表的连接

测量电动机绕组对地（外壳）的绝缘电阻时，兆欧表接线端钮 L 与绕线接线端子连接，端钮 E 接电动机外壳或 PE 螺丝处；测量电动机的相间绝缘电阻时，L 端钮和 E 端钮分别与两部分接线端子相接。

2. 电动机绝缘电阻测量前的准备工作

测量前必须将被测电机的电源切断，并对地短路放电，决不允许电机带电进行测量，以保证人身和设备的安全。

3. 电动机绝缘电阻的测量步骤

① 断开电控柜的电机回路电源，拆除柜内与电动机的连线。拆除电动机的外部接线。将电动机接线盒内 6 个端头的联片拆开。（普通电机是 6 个端头，特殊电机端头就不好说了）

② 把兆欧表放平，先不接线，摇动兆欧表。表针应指向“∞”处，否则说明兆欧表有故障。再将表上有“L”（线路）和“E”（接地）的两接线柱用带线的试夹短接，慢慢摇动手柄（注意：千万不能快速摇动，否则会损坏摇表的），表针应指向“0”处。校试好兆欧表的 0 位和 ∞ 位后，即可进行测量了。

③ 测量电动机三相绕组之间的电阻。将两测试夹分别接到任意两相绕组的任意端头上，平放摇表，刚开始时，应很慢地摇动，等确定没有短路现象后，再以 120 rad/min 的匀速摇动兆欧表约 1 min 时，读取表针稳定的指示值（注意：摇动期间，双手或身体千万不能触碰到电机的任何端头和摇表的接线端头）。

④ 用同样方法，依次测量每相绕相与机壳的绝缘电阻值。但应注意，表上标有“E”或“接地”的接线柱，应接到机壳上无绝缘的地方。

⑤ 在测量前，应该先编制标准表格，如表 4-5-1 所示。

表 4-5-1 电动机绝缘电阻测量记录表格

实验项目					
设备名称					
摇表型号		测量人		时间	
电机编号		电机型号			
L1-L2 阻值	L2-L3 阻值	L3-L1 阻值	L1 对地阻值	L2 对地阻值	L3 对地阻值
备注					

注：1.“备注”一栏可以对有问题的电机提出整改要求。
2. 每测量一台电机，都要填写好此表格，以备事故检查。

⑥ 测量结束后，应将电机的线圈对地放电，防止伤人。

五、注意事项

1. 测量时，如果发现被测设备的绝缘电阻等于零，应立即停止摇转手炳，以免损坏兆欧表。

2. 在兆欧表没有停止摇转和设备没有对地放电之前，切勿触及测量部分和兆欧表的接线端钮，以免触电。

3. 测量完毕，应将被测设备对地放电。

4. 兆欧表也叫绝缘电阻表，它是测量绝缘电阻最常用的仪表。它在测量绝缘电阻时本身就有高电压电源，这就是它与测电阻仪表的不同之处。兆欧表用于测量绝缘电阻既方便又可靠。

5. 摇表未停止转动之前或被测设备未放电之前，严禁用手触及，防止人身触电。

六、思考题

1. 为什么不能用万用表欧姆挡测量电气设备的绝缘电阻?

2. 选用兆欧表时，为什么要求兆欧表的额定电压要与被测电气设备的工作电压相适应?

实验六　三相鼠笼式异步电动机点动和自锁控制

一、实验目的

1. 通过对三组鼠笼式异步电动机点动控制和自锁控制线路的实际安装接线；掌握由电气原理图变换成安装接线图的知识。

2. 通过实验进一步加深理解点动控制和自锁控制的特点。

二、实验设备

实验设备如表 4-6-1 所示。

表 4-6-1　实验元器件清单

序　号	名　称	型号与规格	数　量	备　注
1	三相交流电源	380V		
2	三相鼠笼式异步电动机	Y80M2-4	1	
3	交流接触器	CDC10-10	1	380 V
4	小型断路器	DZ47-63	1	C10
5	热继电器	JR36-20	1	
6	按钮	LA4	1	三联
7	万用电表		1	

三、实验原理

1. 继电-接触控制在各类生产机械中获得了广泛的应用，凡是需要进行前后、上下、左右、进退等运动的生产机械，均采用传统的正/反转继电-接触控制。

交流电动机继电-接触控制电路的主要设备是交流接触器，其主要构造为：

① 电磁系统：铁芯、吸引线圈和短路环。

② 触头系统：主触头和辅助触头，还可按吸引线圈得电前后触头的动作状态，分动合（常开）、动断（常闭）两类。

③ 消弧系统：在切断大电流的触头上装有灭弧罩，以迅速切断电弧。

④ 接线端子，反作用弹簧等。

2. 在控制回路中常采用接触器的辅助触头来实现自锁和互锁控制。要求接触器线圈得电后能自动保持动作后的状态，这就是自锁，通常用接触器自身的动合触头与启动按钮相并联来实现，以达到电动机的长期运作，这一动合触头称为“自锁触头”。使两个电器不能同时得电的控制，称为互锁控制，例如，为避免正、反转两个接触器同时得电而造成三相电源短路事故，必须增设互锁控制环节。为操作的方便，也为防止因接触器主触头长期大电流的烧蚀而偶发触头粘连后造成三相电源短路事故，通常在具有正、反转控制的线路中采用既有接触器的动断辅助触头的电气互锁，又有复合按钮机械互锁的双重互锁的控制环节。

3. 控制按钮通常用于短时通、断小电流的控制回路，以实现近、远距离控制电动机等执行部件的启、停或正、反转控制。按钮是专供人工操作使用的。对于复合按钮，其触点的动作规律是：当按下时，其动断触头先断，动合触头后合；当松手时，则动合触头先断，动断触头后合。

4. 在电动机运行过程中，应对可能出现的故障进行保护。

采用熔断器作短路保护，当电动机或电器发生短路时，及时熔断熔体，达到保护线路、保护电源的目的。熔体的熔断时间与电流的关系称为熔断器的保护特性，这是选择熔体的主要依据。采用热继电器实现过载保护，使电动机免受长期过载之危害。其主要的技术指标是整定电流值，即电流过此值的 20% 时，其动断触头应能在一定时间内断开，切断控制同路，动作后只能由人工进行复位。

5. 在电气控制线路中，最常见的故障发生在接触器上。接触器线圈的电压等级通常有 220 V 和 380 V 等，使用时必须认请，切勿疏忽；否则，电压过高易烧坏线圈，电压过低，吸力不够，不易吸合或吸合频繁，这不但会产生很大的噪声，也会因磁路气隙增大，导致电流过大，极易烧坏线圈。此外，在接触器铁芯的部分端面嵌装有短路铜环，其作用是为了使铁芯吸合牢靠，消除颤动与噪声，若发生短路环脱落或断裂现象，接触器将会产生很大的振动与噪声。

四、实验内容

认识各个电器的结构、图形符号、接线方法，抄录电动机及各电器的铭牌数据，并用万用电表欧姆挡检查各个电器的线圈、触头是否完好。

鼠笼式异步电机接成△形接法；实验线路电源端接三相自耦调压器输出端 U、V、W，供电线电压为 220 V。

1. 点动控制

按图 4-6-1 所示的点动控制线路进行安装接线，接线时，先接主电路，即从 220 V 三相交流电源的输出端 U、V、W 开始，经接触器 KM 的主触头，热继电器 FR 的热元件到电动机 M 的三个接线端 A、B、C，用导线按顺序串联起来。主电路连接完整无误后，再连接控制电路，即从 220 V 三相交流电源某输出端（如 V）

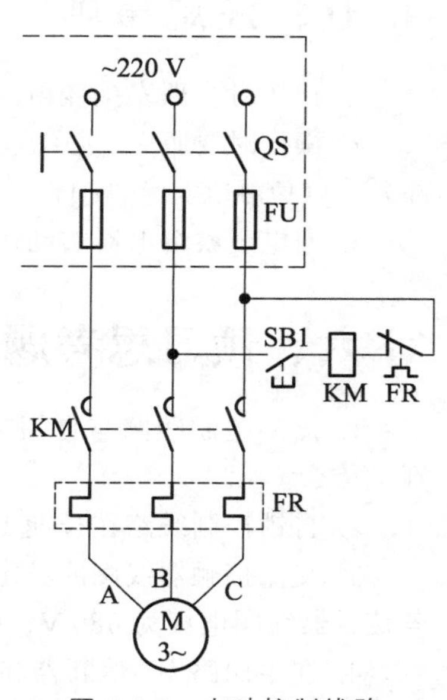

图 4-6-1 点动控制线路

开始，经过常开按钮 SB1、接触器 KM 的线圈、热继电器 FR 的常闭触头到三相交流电源的另一输出端（如 W）。显然这是对接触器 KM 线圈供电的电路。

接好线路，经指导教师检查后，方可进行通电操作。

① 开启控制屏电源总开关，按启动按钮，调节调压器输出，使输出电压为 220 V。

② 按启动按钮 SB1，对电压机 M 进行点动操作，比较按下 SB1 与松开 SB2 电动机和接触器的运行情况。

③ 实验完毕，按控制屏按钮，切断实验线路三相交流电源。

2. 自锁控制电路

按图 4-6-2 所示的自锁线路进行接线，它与图 4-6-1 的不同点在于控制电路中多串联一只常闭按钮 SB2，同时在 SB1 上并联 1 只接触器 KM 的常用触头，它起自锁作用。

接好线路经指导教师检查后，方可进行通电操作。

① 按控制屏启动按钮，接通 220 V 三相交流电源。

② 按启动按钮 SB1，松手后观察电动机 M 是否继续运转。

③ 按控制屏停止按钮，切断实验线路三相电源，拆除控制回路中自锁触头 KM；再接通三相电源，启动电动机，观察电动机及接触器的运转情况，从而验证自锁触头的作用。

实验完毕，将自耦调压器调回零位，按控制屏停止按钮，切断实验线路的三相交流电源。

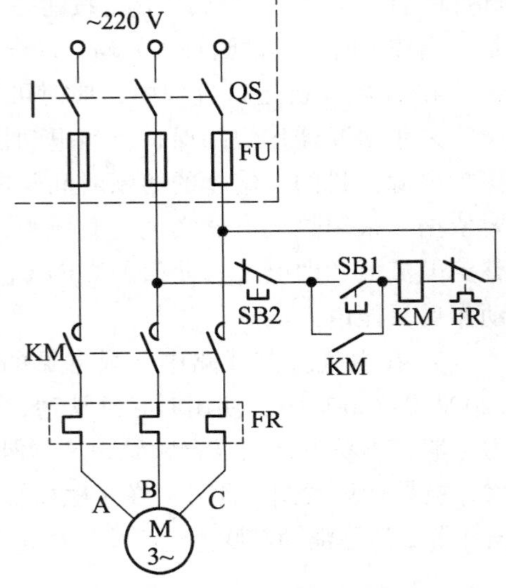

图 4-6-2　自锁控制线路

五、注意事项

1. 接线时合理安排挂箱位置，接线要求牢靠、整齐、清楚、安全可靠。

2. 操作时要胆大、心细、谨慎，不允许用手触及各电器元件的导电部分及电动机的转动部分，以免触电及意外损伤。

3. 通电观察继电器的动作情况时，要注意安全，防止碰触带电部位。

六、预习思考题

1. 点动控制线路与自锁控制线路从结构上看的主要区别是什么？从功能上看的主要区别是什么？

2. 自锁控制线路在长期工作后可能出现失去自锁作用，试分析产生的原因是什么？

3. 交流接触器线圈的额定电压为 220 V,若误接到 380 V 电源上会产生什么后果？反之，若接触器线圈电压为 380 V，而电源线电压为 220 V，其结果又如何？

4. 在主回路中，熔断器和热继电器可否少用一只或两只？熔断器和热继电器两者可否只采用其中一种就可以起到短路和过载保护作用？为什么？

实验七　三相鼠笼式异步电动机可逆控制

一、实验目的

1. 通过对三相鼠笼式异步电动机正反转控制线路的安装接线，掌握由电气原理图接成实际操作电路的方法。

2. 加深对电气控制系统各种保护、自锁、互锁等环节的理解。

3. 学会分析、排除继电-接触控制线路故障的方法。

二、实验设备

实验设备如表 4-7-1。

表 4-7-1　实验元器件清单

序号	名称	型号与规格	数量	备注
1	三相交流电源	380 V		
2	三相鼠笼式异步电动机	Y80M2-4	1	
3	交流接触器	CDC10-10	2	380 V
4	小型断路器	DZ47-63	1	C10
5	热继电器	JR36-20	1	
6	按钮	LA4	1	三联
7	万用电表		1	

三、实验原理

在鼠笼式电动机正反转控制线路中，通过相序的更换来改变电动机的旋转方向。本实验给出两种不同的正、反转控制线路如图 4-7-1 和图 4-7-2 所示，具有如下特点：

① 电气互锁。为了避免接触器 KM1（正转）、KM2（反转）同时得电吸合造成三相电源短路，在 KM1（KM2）线圈支路中串接有 KM1（KM2）动断触头，它们保证了线路工作时 KM1、KM2 不会同时得电（见图 4-7-1），以达到电气互锁的目的。

② 电气和机械双重互锁。除电气互锁外，可再采用复合按钮 SB1 与 SB2 组成的机械互锁环节（见图 4-7-2），以求线路工作更加可靠。

③ 线路具有短路、过载，失、欠压保护等功能。

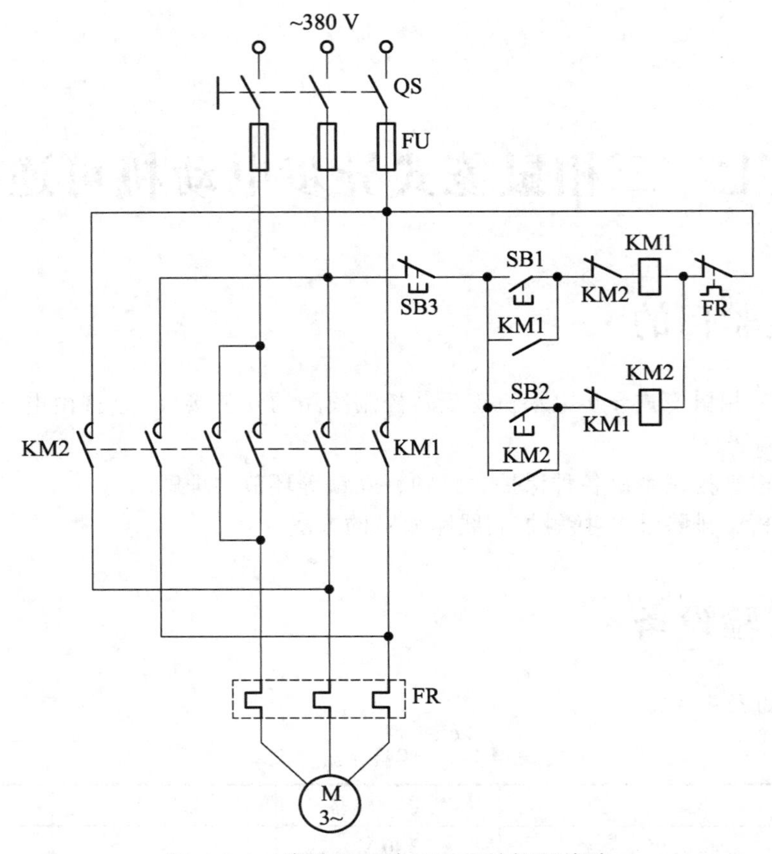

图 4-7-1　接触器联锁的正反转控制线路

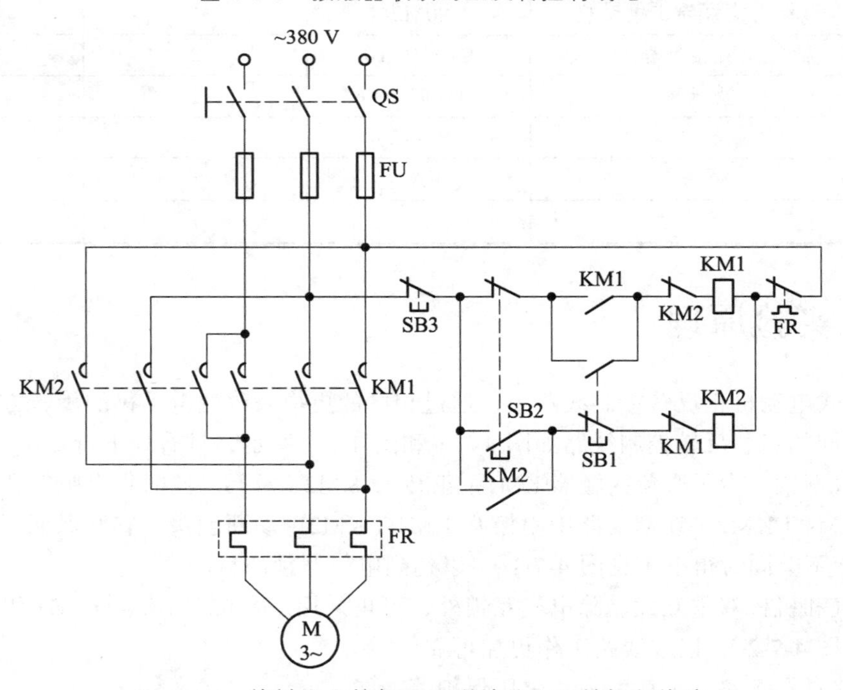

图 4-7-2　接触器和按钮双重联锁的正反转控制线路

四、实验内容

认识各个电器的结构、图形符号、接线方法：抄录电动机及各电器的铭牌数据，并用万用电表欧姆挡检查各个电器的线圈、触头是否完好。

鼠笼式电动机接成△形接法：实验线路电源端接三相自耦调压器输出端 U、V、W，供电线电压为 220 V。

1. 接触器联锁的正反转控制线路

按图 4-7-1 接线，经指导教师检查后，方可进行通电操作。

① 开启控制屏电源总开关，按启动按钮，调节调压器输出，使输出线电压为 380 V。

② 按正向启动按钮 SB1，观察并记录电动机的转向和接触器的运行情况。

③ 按反向启动按钮 SB2，观察并记录电动机和接触器的运行情况。

④ 按停止按钮 SB3，观察并记录电动机的转向和接触器的运行情况。

⑤ 再按 SB2，观察并记录电动机的转向和接触器的运行情况。

⑥ 实验完毕，按控制屏的停止按钮，切断三相交流电源。

2. 接触器和按钮双重联锁的正反转控制线路

按图 4-7-2 接线，经指导教师检查后，方可进行通电操作。

① 按控制屏的启动按钮，接通 380 V 三相交流电源。

② 按正向启动按钮 SB1，电动机正向启动，观察电压机的转向及接触器的动作情况。按停止按钮 SB3，使电动机停转。

③ 按反向启动按钮 SB2，电动机反向启动，观察电动机的转向及接触器的动作情况。按停止按钮 SB3，使电动机停转。

④ 按正向（或反向）启动按钮，电动机启动后，再去按反向（或正向）启动按钮，观察有何情况发生。

⑤ 电动机停稳后，同时按正、反向两只启动按钮，观察有何情况发生。

⑥ 失压与欠压保护：

· 按启动按钮 SB1（或 SB2）电动机启动后，按控制屏停止按钮，断开实验线路三相电源，模拟电动机失压（或零压）状态。观察电动机与接触器的动作情况，随后，再按控制屏上的启动按钮，接通三相电源，但不按 SB1（或 SB2），观察电动机能否自行启动。

· 重新启动电动机后，逐渐减小三相自耦调压器的输出电压，直至接触器释放，观察电动机是否自行停转。

⑦ 过载保护：打开热继电器的后盖，当电动机启动后，人为地拨动双金属片模拟电动机过载情况，观察电机、电器的动作情况。

注意：此项内容较难操作且危险，有条件的情况下可由指导教师作示范操作。

实验完毕，将自耦调压器调回零位，按控制屏停止按钮，切断实验线路电源。

五、故障分析

1. 接通电源后，按启动按钮（SB1 或 SB2），接触器吸合，但电动机不转且发出“嗡嗡”声响；或者虽能启动，但转速很慢。这种故障大多是主回路一相断线或电源缺相。

2. 接通电源后，按启动按钮（SB1 或 SB2），接触器通断频繁且发出连续的“劈啪”声或吸合不牢，发出颤动声，此类故障原因可能是：

① 线路接错，将接触器线圈与自身的动断触头串在同一条线路上了。

② 自锁触头接触不良，时通时断。

③ 接触器铁芯上的短路环脱落或断裂。

④ 电源电压过低或与接触器线圈电压等级不匹配。

六、注意事项

1. 接线时合理安排挂箱位置，接线要求牢靠、整齐、清楚、安全可靠。

2. 操作时要胆大、心细、谨慎，不允许用手触及各电器元件的导电部分及电动机的转动部分，以免触电及意外损伤。

3. 通电观察继电器的动作情况时，要注意安全，防止碰触带电部位。

七、预习思考题

1. 在电动机正、反转控制线路中，为什么必须保证两个接触器不能同时工作？采用哪些措施可解决此问题，这些方法有何利弊，最佳方案是什么？

2. 在控制线路中，短路、过载，失、欠压保护等功能是如何实现的？在实际运行过程中，这几种保护有何意义？

实验八　三相异步电动机 Y-△换接启动及正反转控制

一、实验目的

1. 掌握自锁、互锁、定时等常用电路的编程；
2. 利用基本顺序指令编写电机正反转和 Y-△启动控制程序；
3. 掌握电动机 Y-△换接启动主回路的接线。

二、实验器材

三相鼠笼式异步电动机 3 台，交流接触器 3 个，热继电器若干个，按钮开关若干个，熔断器若干个，小型三相断路器 1 个，连接导线及相关工具若干。

三、实验原理

降压启动的含义：是指利用启动设备将电压适当降低后，加到电动机的定子绕组上进行启动，待电动机启动运转后，再使其电压恢复到额定电压正常运转。

Y-△降压启动的含义：是指电动机启动时，把定子绕组接成 Y 形，以降低启动电压，限制启动电流。当电动机启动后，再把定子绕组接成△形，使电动机全压运行。

时间继电器自动控制的 Y-△ 降压启动控制线路如图 4-8-1 所示，该线路由三个接触器、一个热继电器、一个时间继电器和两个按钮组成。接触器 KM 做引入电源用，接触器 KM_Y 和 $KM_\triangle$ 分别用于 Y 形降压启动和△形运行，时间继电器 KT 用来控制 Y 形降压启动的时间和完成 Y-△自动切换。SB1 是启动按钮，SB2 是停止按钮，FU1 作主电路的短路保护，FU2 作控制电路的短路保护，KH 作过载保护。

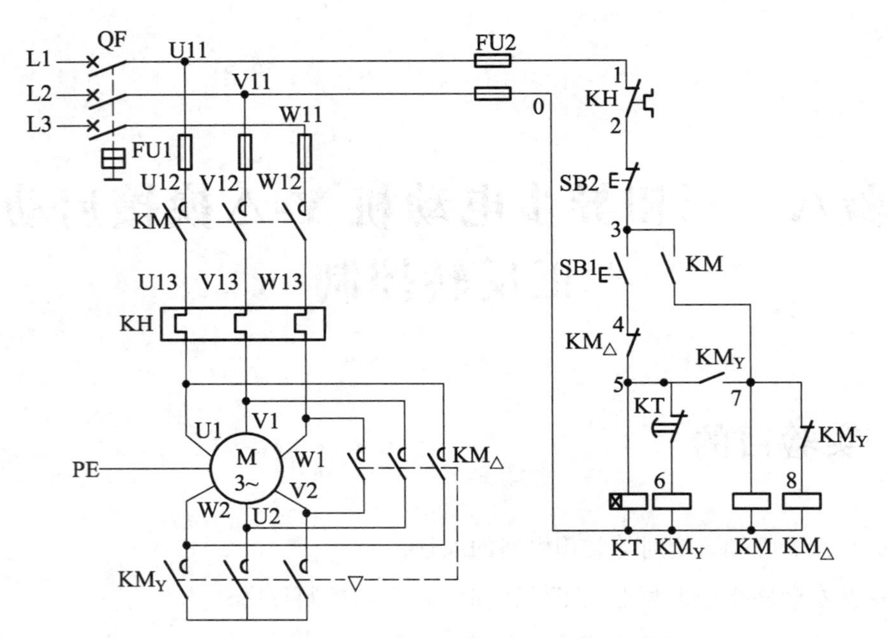

图 4-8-1　时间继电器自动控制的 Y-△降压启动线路原理图

线路的工作原理如下：

降压启动：先合上电源开关 QF。

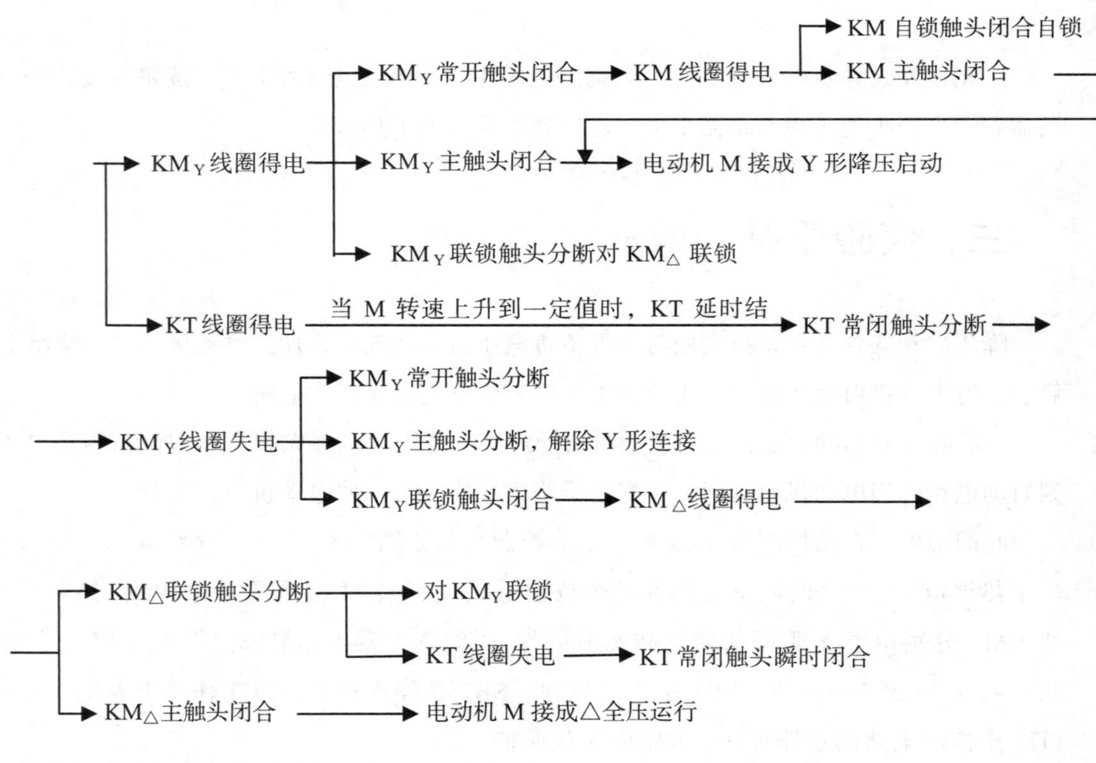

停止时，按下 SB2 即可。

该线路中，接触器 KM_Y 得电以后，通过 KM_Y 的辅助常开触头使接触器 KM 得电动作，这样 KM_Y 的主触头是在无负载的条件下进行闭合的，故可延长接触器 KM_Y 主触头的使用寿命。

四、实验步骤及内容

1. 按元件明细表将所需器材配齐并检验元件质量。
2. 在控制板上合理布置、固定安装所有电器元件，并贴上醒目的文字符号。
3. 在控制板上按时间继电器自动控制 Y-△降压启动控制线路原理图进行板前布线，并在导线端部套编码套管。
4. 不带电自检，检查控制板线路的正确性。
5. 交验检查无误后安装电动机。
6. 可靠连接电动机和控制板外部的导线。
7. 经指导教师初检后，通电校验，接电动机空转试运行。
8. 拆去控制板外接线和评分。

五、注意事项

1. 电动机必须安放平稳，其金属外壳与按钮盒的金属部分必须可靠接地。
2. 用于 Y-△降压启动控制的电动机，必须有 6 个出线端且定子绕组在△接法时的额定电压等于电源线电压。
3. 接线时要保证电动机△形接法的正确性，即接触器 $KM_{\triangle}$ 主触头闭合时，应保证定子绕组的 U1 与 W2、V1 与 U2、W1 与 V2 相连接。
4. 接触器 KM_Y 的进线必须从三相定子绕组的末端引入，若误将其首端引入，则在 KM_Y 吸合时，会产生三相电源短路事故。
5. 控制板外部配线，必须按要求一律装在导线通道内，使导线有适当的机械保护，以防止液体、铁屑和灰尘的侵入。在训练时可适当降低标准，但必须以能确保安全为条件，如采用多芯橡皮线或塑料护套软线。
6. 通电校验前，要再检查一下熔体规格及时间继电器、热继电器的各整定值是否符合要求。
7. 通电校验时，必须有指导教师在现场监护，学生应根据电路的控制要求独立进行校验，若出现故障也应自行排除。
8. 安装训练应在规定定额时间内完成，同时要做到安全操作和文明生产。

六、实验报告及要求

1. 绘出电路原理图和接线图。
2. 叙述线路的工作原理。
3. 叙述自检过程。

七、思考题

1. 电动机定子绕组 Y 接法和 △ 接法时，其绕组上的电压和电流有什么区别？
2. 电动机定子绕组 Y 接法和 △ 接法如何实现？

实验九　三相电机两地控制

一、实验目的

1. 掌握三相异步电动机单向直接启动的两地一控方法。
2. 进一步熟悉控制电器的功能和使用。

二、实验设备

如表 4-9-1 所示。

表 4-9-1　元器件列表

代　号	名　称	型　号	规　格	数　量	备　注
QS	低压断路器	DZ47	5A/3P	1	
FU	螺旋式熔断器	RL1-15	配熔体 3A	3	
KM	交流接触器	CJX2-9/380	AC380V	1	
SB11 SB12 SB21 SB22	实验按钮	LAY3-11	一常开 一常闭 自动复位	4	SB11 绿 SB21 绿 SB12 红 SB22 红
FR	热继电器	JR-36	整定电流 0.68 A	1	
M	三相鼠笼式异步电动机		380 V/0.45A/120 W	1	

三、实验原理

如果要实现更多地点的控制，可以采用同时在所在地点增加关断按钮和启动按钮，即关断按钮采用常闭触点，串联在控制电路的支路上；启动按钮采用常开触点，并联在控制电路的自锁触点上。实验原理图如图 4-9-1 所示。

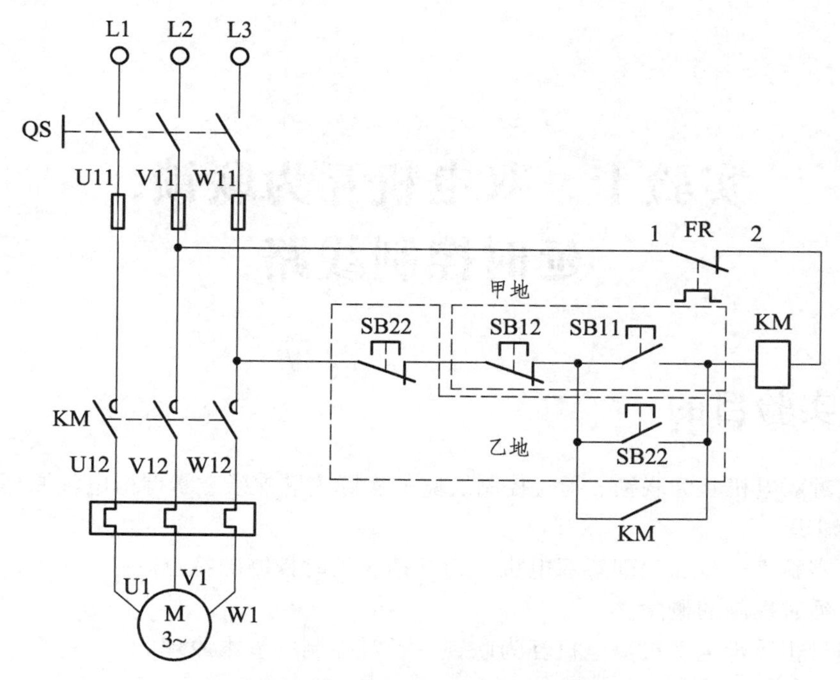

图 4-9-1　三相异步电动机的两地一控

四、实训步骤和内容

1. 分析电路原理。
2. 列出元器件表。
3. 按照图 4-9-1 连接电路并运行查看。

五、思考与练习

1. 设计一种三地一控的交流电动机直接启动的电路图。
2. 设计一种三地一控的交流电动机点动的电路图。

六、注意事项

1. 接线时合理安排挂箱位置，接线要求牢靠、整齐、清楚、安全可靠。

2. 操作时要胆大、心细、谨慎，不允许用手触及各电器元件的导电部分及电动机的转动部分，以免触电及意外损伤。

3. 通电观察继电器的动作情况时，要注意安全，防止碰触带电部位。

实验十　双电机互为联锁、延时控制线路

一、实验目的

1. 通过对双电机互为联锁、延时控制线路的实际安装接线，掌握由电气原理图变换成安装接线图的知识。
2. 通过实验进一步加深理解双电机互为联锁、延时控制的特点。
3. 理解延时控制的概念。
4. 理解三相异步电动机双电机互为联锁、延时控制的基本原理。

二、实验设备

实验设备如表 4-10-1 所示。

表 4-10-1　元器件表

元器件名称	数　量
三相笼型异步电动机	2 台
热继电器	1 个
按钮	3 个
交流接触器	3 个
可调三相交流电源（0～450 V）	
空气开关	1 个
时间继电器	1 个

三、实验原理

实验电气原理图如图 4-10-1 所示。

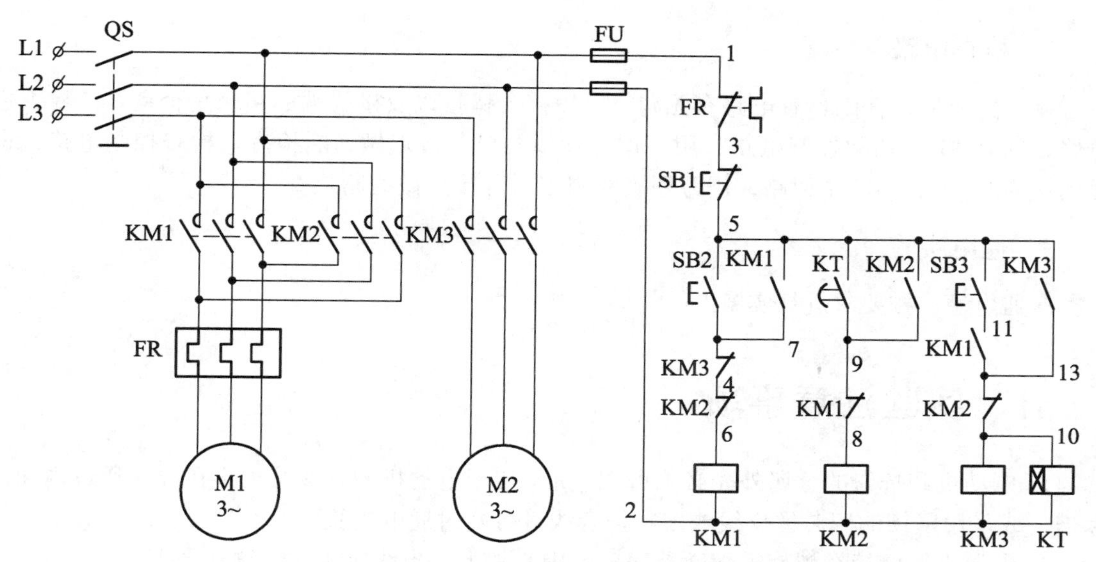

图 4-10-1 双电机互为联锁、延时控制线路的实验接线原理图

四、实验步骤

1. 熟悉、检查电器元件

查看本次实验各电气元件，并将其型号规格等填入表 4-10-2 中。检查各电气元件的质量，用万用表的欧姆挡检测各个电器的常开、常闭触点的通断情况。

表 4-10-2 元器件表

名 称	文字符号	型号规格	数 量	用 途
异步电动机				
接触器				
热继电器				
熔断器				
按钮				
空气开关				
时间继电器				

2. 按图接线

按图 4-10-1 所示电路接线，从空气开关的下端开始自上而下地接线，按“先接主电路后接控制电路，先串联后并联，先控制点后保护点”的接线规律连接，最后接电源进线。

主电路使用导线的粗细按电动机的工作电流选取，中小容量电动机的辅助电路一般采用截面积为 1 mm^2 左右的导线，实验中使用实验室提供的导线即可。

3. 检查电路

接线完成后，仔细检查电路有无漏接、短接、错接以及接线端的接触是否良好。检查主电路，断开 FU，切除控制电路，用万用表欧姆挡对各接点做通断检查。检查控制电路，也是同样断开 FU，切断主回路，用万用表欧姆挡对各接点做通断检查。

4. 通电实验

接通电源，按要求进行实验。

五、实验注意事项

1. 电动机和按钮的金属外壳必须可靠接地。接至电动机的导线必须穿在导线通道内加以保护，或采用坚韧的四芯橡皮线或塑料护套线进行临时通电校验。

2. 电源进线应接在螺旋式熔断器底座的中心端上，出线应接在螺纹外壳上。

3. 电动机必须安放平稳，以防在可逆运转时产生滚动而引起事故。

4. 要特别注意接触器的联锁触点不能接错，否则会造成主电路中两相电源短路事故。

5. 通电校验时，应先合上 QS，再检验 SB1、SB3 及 SB3 按钮的控制是否正常。

6. 接电前必须经教师检查无误后，才能通电操作。

7. 实验中一定要注意安全操作。

实验十一　PLC 基本指令练习

一、实验目的

1. 掌握 PLC 的梯形图语言；

2. 熟练掌握编译软件，会利用梯形图编写“1 秒断、2 秒通”的脉冲信号。

二、实验设备

PLC 1 台，PC 机 1 台。

三、实验原理及内容

1. 和利时 LM3105 PLC 的硬件连接

如图 4-11-1 和图 4-11-2 所示。

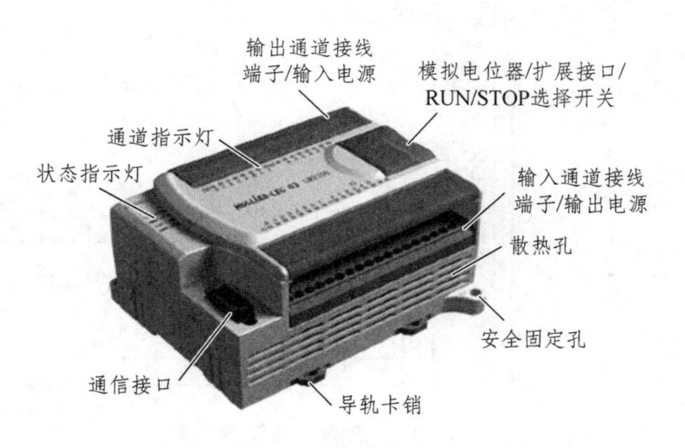

图 4-11-1　和利时 PLC 模块的结构示意图

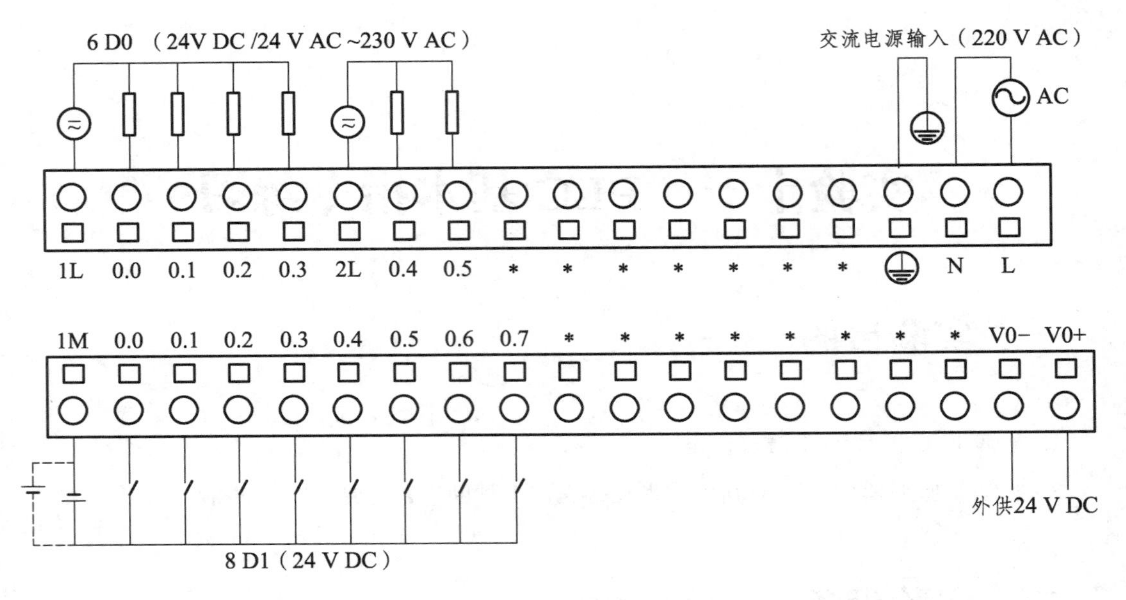

图 4-11-2 和利时 LM3105PLC 的端子定义与接线图

2. 和利时 PLC 的编程练习

利用梯形图语言编程产生一个“1 秒断、2 秒通”的脉冲信号。

① 在工具栏里面点击表示触点“串联”的按钮（见图 4-11-3）。

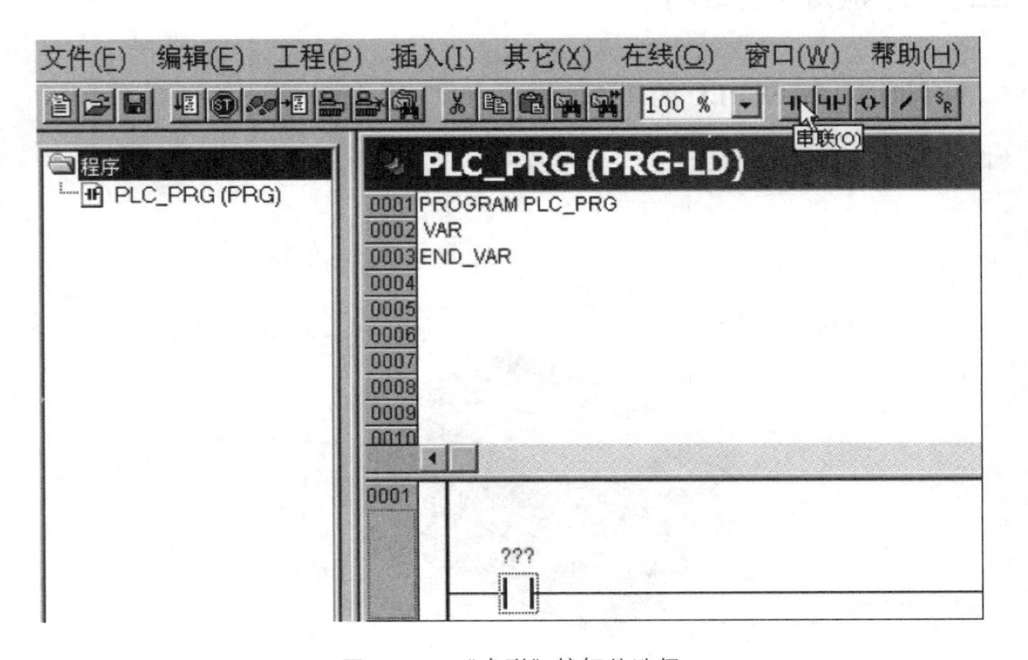

图 4-11-3 “串联”按钮的选择

② 串联触点的标记文本缺省值为“？？？”，点击此文本输入“I.0”（见图 4-11-4）。

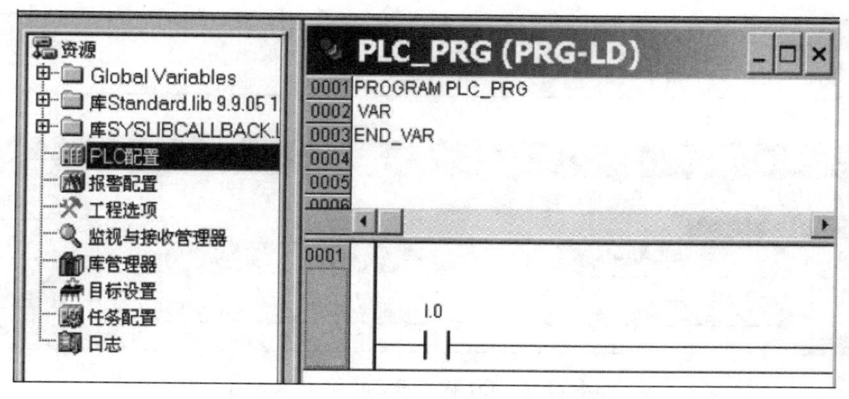

图 4-11-4 “串联”按钮的文本定义

③ 在 I.0 触点后点击鼠标右键，选择“功能块”，见图 4-11-5。

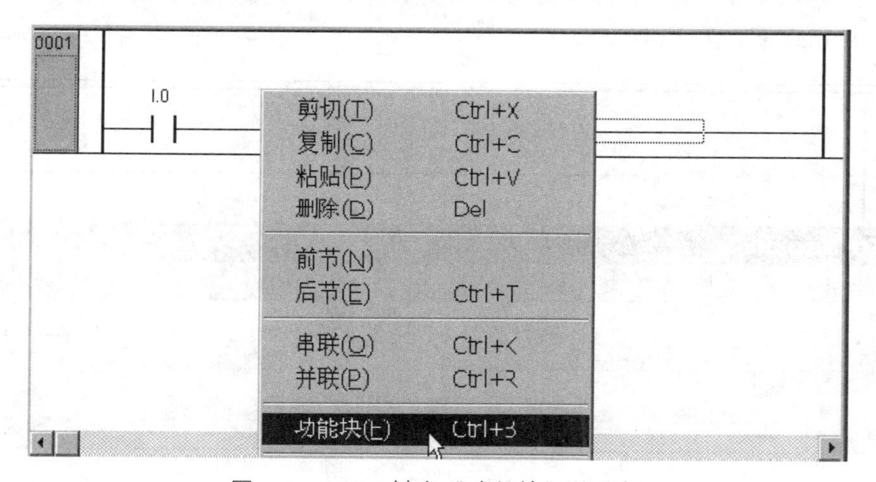

图 4-11-5 I.0 触点“功能块”的选择

④ 点击“功能块”，弹出如图 4-11-6 所示的对话框，选择“TON (FB)”。

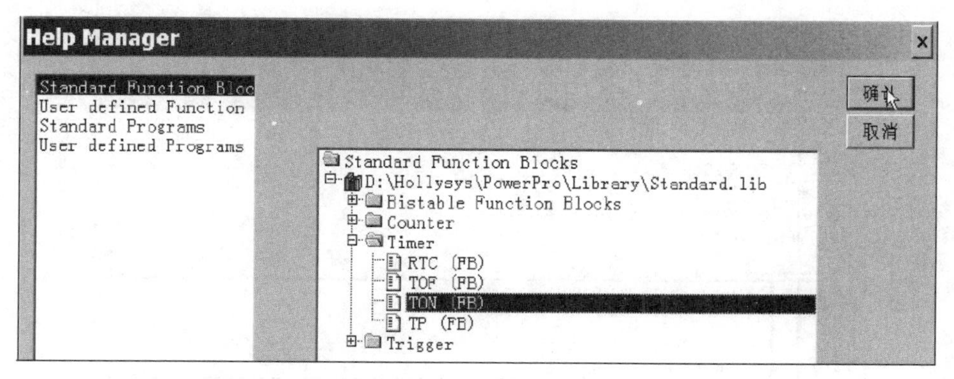

图 4-11-6 I.0 触点 TON 类型的选择

⑤ 在“？？？”光标所在位置处，输入 T1 后回车，会弹出如图 4-11-7 所示的对话框，选择默认类型为“TON”，点击“确认”按钮。

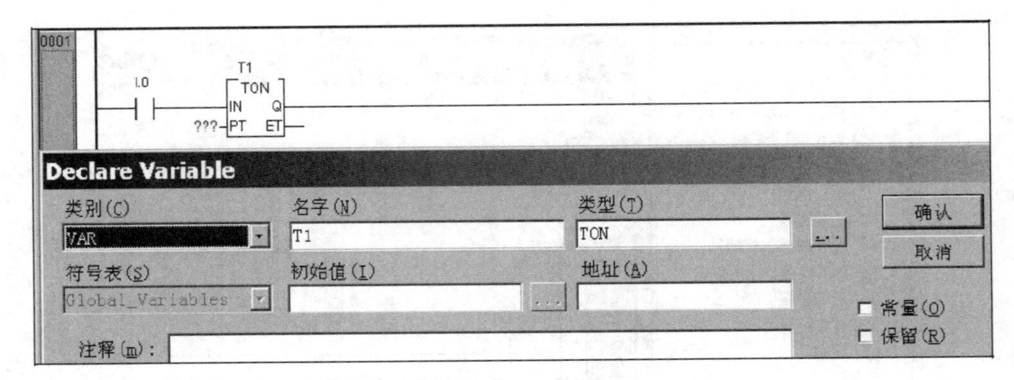

图 4-11-7　I.0 触点 TON 类型的设置

⑥ 在“PT”的标记文本“？？？”处，点击文本，输入表示延时 1 s 的常量“T#1S”。在“ET”处，输入变量“ET”，此变量为时间类型变量，“类型”选择时间类型“TIME”，点击“确认”按钮返回，见图 4-11-8。

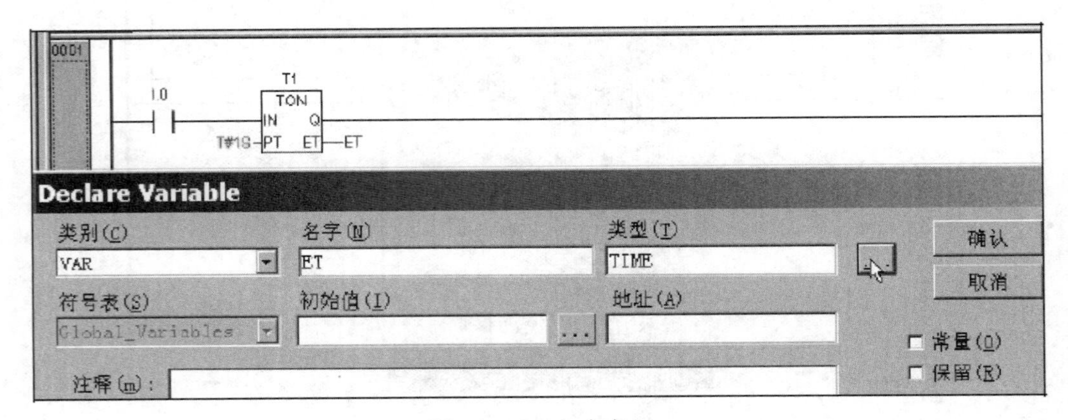

图 4-11-8　文本定义

⑦ 当光标位于“T1”后时，在工具栏中选择表示输出线圈的按钮，见图 4-11-9。

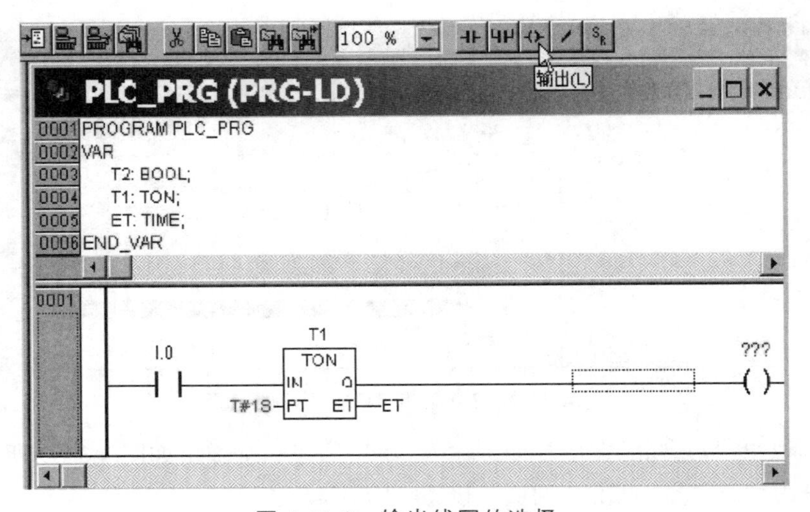

图 4-11-9　输出线圈的选择

⑧ 在相应的文本“？？？”处，输入变量名“M”，类型为“BOOL”，点击“确认”按钮返回，见图 4-11-10。

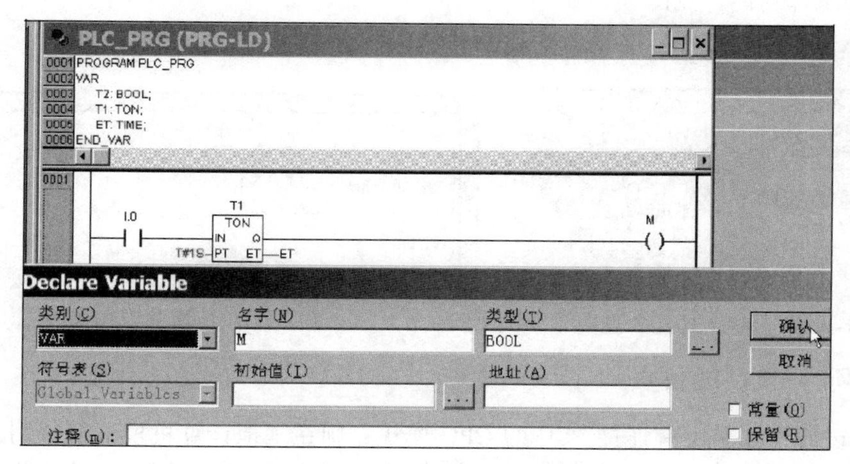

图 4-11-10　输出线圈变量的设置

⑨ 在工作区域中点击鼠标右键，选择“后节”，见图 4-11-11。

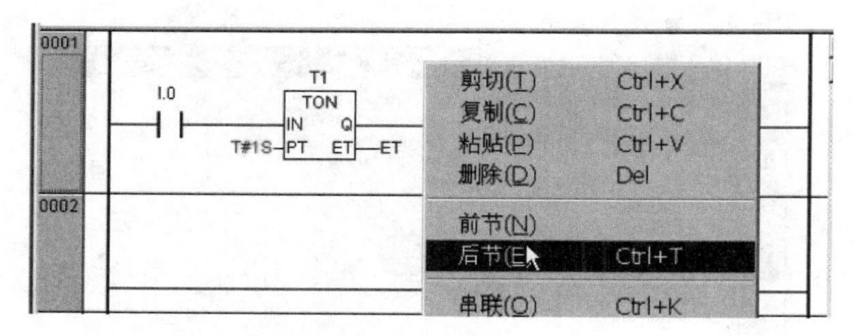

图 4-11-11　“后节”的选择

⑩ 依照上述方法完成梯形图，见图 4-11-12。

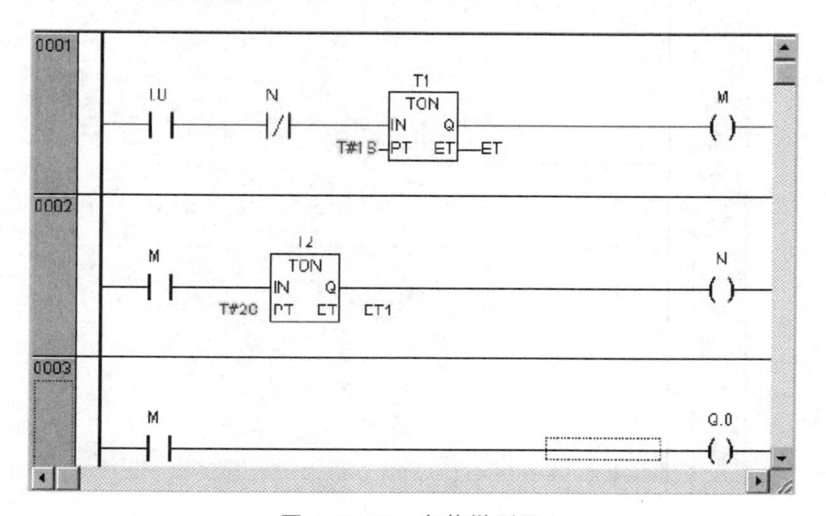

图 4-11-12　完整梯形图

3. 和利时 PLC 的编译

① 选择编译功能，见图 4-11-13。

② 消息窗口会弹出相应的编译状态，见图 4-11-14。

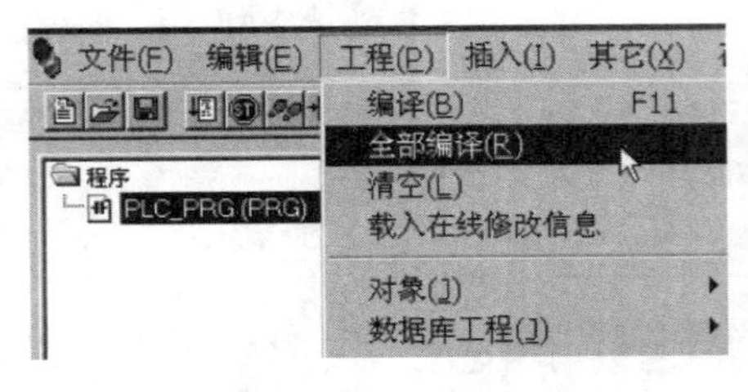

图 4-11-13 编译功能的选择

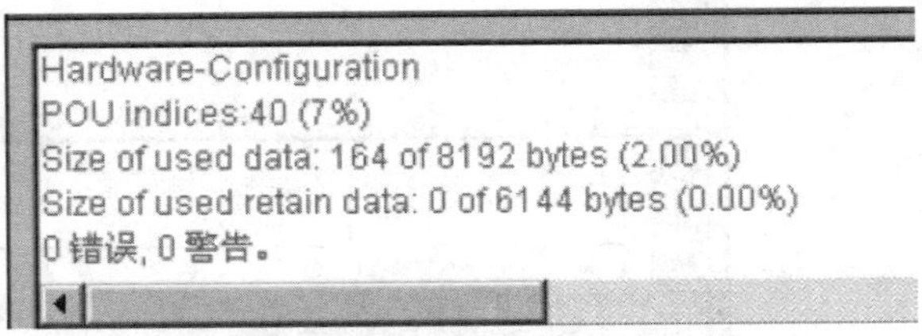

Hardware-Configuration
POU indices:40 (7%)
Size of used data: 164 of 8192 bytes (2.00%)
Size of used retain data: 0 of 6144 bytes (0.00%)
0 错误, 0 警告。

图 4-11-14 编译状态

4. 和利时 PLC 的仿真

编译通过后，如果没有连接 PLC 的 CPU 模块，则在本地计算机模拟运行用户程序，成为仿真模式。在菜单栏中，打开“在线”下拉菜单，选择“仿真模式”，然后在仿真模式下选择“登陆”，见图 4-11-15。

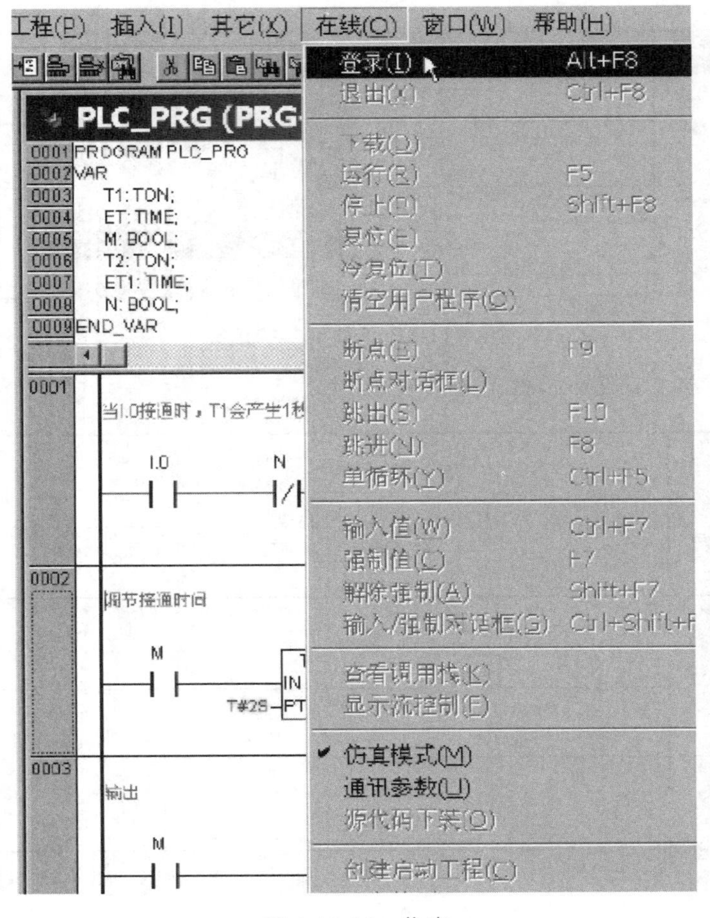

图 4-11-15 仿真

双击“I.0”，按“CTRL+F7”组合功能键输入值，或按“F7”功能键强制值，使“I.0”闭合，再按“F5”功能键，使程序运行。

四、预习要求

预习 PLC 的各种基本逻辑指令。

五、实验报告要求

1. 在实验数据记录部分写出编写的程序，并绘制时序图。
2. 实验结果分析部分写出实验过程中遇到的问题和解决的方法。

六、思考题

1. 通过实验体会 PLC 与继电器的区别在哪里。
2. 如何利用定时器和计数器模拟时钟？试编制程序。

实验十二　PLC 控制的电动机启/停实验

一、实验目的

1. 了解继电器控制系统和 PLC 控制系统的不同点和相同点。
2. 掌握电动机启动主回路的接线。
3. 学会用可编程控制器实现电动机启动过程的编程方法。

二、实验设备

三相异步电动机 1 台，PLC 1 台，PC 机 1 台，实验导线若干。

三、实验原理

图 4-12-1 所示是三相异步电动机启动的继电器控制线路，它是最常用的电动机启动控制线路。主回路由接触器 KM 的常开主触头、热继电器 FR 热元件、熔断器 FU、低压断路器 QS 及电动机 M 等构成。图中所示的控制电路部分由启动按钮 SB1、停止按钮 SB2、接触器 KM 的线圈和常开辅助触头、热继电器 FR 的常闭触头构成。

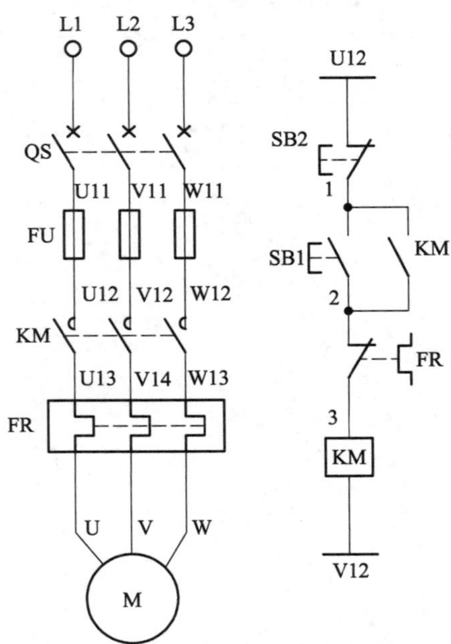

图 4-12-1　三相异步电动机启动的继电器控制线路

三相异步电动机启动的 PLC 控制系统的主回路与继电器控制线路相同，由接触器 KM 的常开主触头、热继电器 FR 热元件、熔断器 FU、低压断路器 QS 及电动机 M 等构成。图 4-12-2 所示是三相异步电动机启动的 PLC 梯形图。

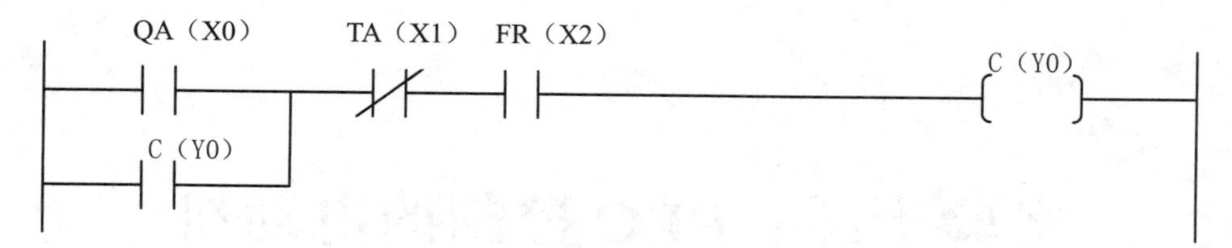

图 4-12-2　三相异步电动机启动的 PLC 梯形图

在可编程控制器中，TA、QA、FR 和 C 被设置好具体的地址，这些地址与离散输入/输出模块的接线端子有一一对应的关系。这一梯形图执行控制功能的具体过程如下：

① QA、TA、FR 地址对应于输入模块的接线端子，C 对应于输出模块的接线端子。

② QA 端由信号输入时，梯形条件成立，C 地址单元被设置为 1；与 C 位地址对应的端子输出信号启动电动机。

③ TA、FR 端子有信号输入时，梯形条件不成立，C 地址单元被置为 0；与 C 位地址对应的端子无信号输出，电动机停止运行。

三相异步电动机启动的 PLC 控制系统的主回路与继电器控制线路相同，参照图 4-12-2 所示的左半部分。

试验接线图如图 4-12-3 所示。

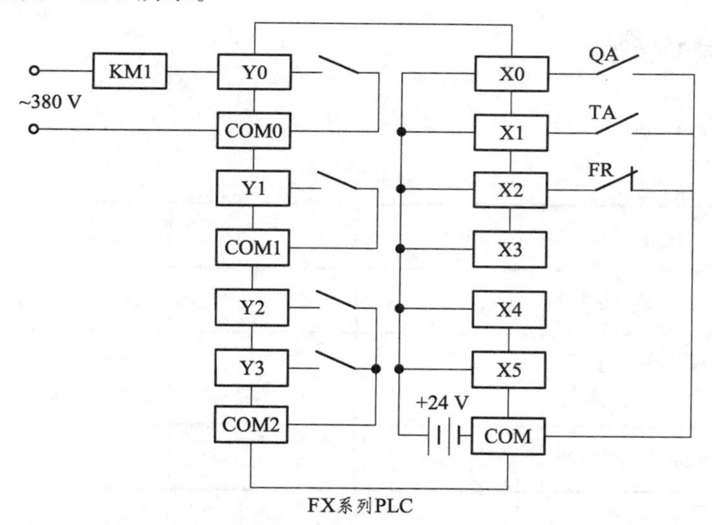

图 4-12-3　三相异步电机启动的 PLC 控制线路的试验接线图

四、实验前的准备

预习实验报告，复习教材的相关章节。

五、实验报告要求

1. 记录实验中所用异步电动机的铭牌数据。
2. 绘制继电器控制电路图和 PLC 梯形图。

六、思考题

电动机为什么采用直接启动的方法？

实验十三　PLC 控制的电动机正反转实验

一、实验目的

1. 了解继电器控制系统和 PLC 控制系统的不同点和相同点。
2. 掌握三相异步电动机正反转控制主回路的接线。
3. 学会用可编程控制器实现三相异步电动机正反转控制的编程方法。

二、实验设备

实验设备如表 4-13-1 所示。

表 4-13-1　设备表

序号	设备名称	数量	序号	设备名称	数量
1	计算机	1 台	4	S32 实验挂箱	1 台
2	可编程控制器实验装置	1 台	5	三相鼠笼式异步电动机	1 台
3	S21 实验挂箱	1 台	6	导线	若干

三、实验原理

图 4-13-1（a）所示为 PLC 控制系统主回路的接线图；图 4-13-1（b）所示为本实验的 PLC 主机接线图。按钮 SB1 为电动机正转控制按钮，按钮 SB2 为电动机反转控制按钮，按钮 SB3 为急停控制按钮，KM1 为正转接触器，KM2 为反转接触器，FR 为热继电器，QS 为低压断路器。

要求实现以下的控制目的：当按下正转控制按钮 SB1，线圈 KM1 通电，KM1 主触头闭合，电动机 M 正向旋转，当松开按钮时，电动机 M 不会停转；当按下反转控制按钮 SB2 时，线圈 KM2 通电，KM2 主触头闭合，电动机 M 反向旋转，当松开按钮时，电动机 M 不会停转；按下按钮 SB3，电机 M 停止运转（正转或反转）。

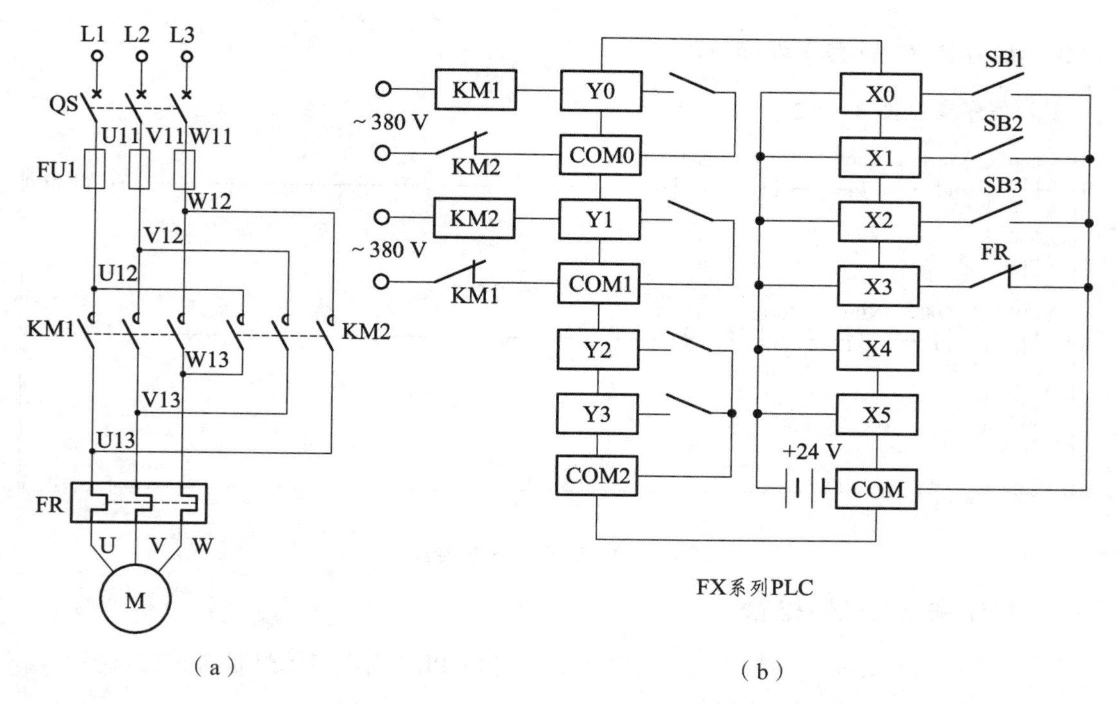

图 4-13-1　PLC 控制系统主回路接线图以及 PLC 主机接线图

四、实验内容

1. 检查、熟悉实验器材和设备

① 熟悉实验台上的所有实验器材和设备的性能、用法。

② 对 PLC 的具体接线参照实物样板接线，绘出电气原理图及输入、输出接线说明表并接线。由于 PLC 是精密设备，在连线时一定要准确，输入、输出的接线最好用不同颜色的导线进行区分。接线完成后，一定要在指导老师检查之后才可通电。

2. 组接电路

本实验的电气控制回路比较复杂，而且涉及强电、弱电的混合连接，实验设备也比较精密，这就要求我们接线时一定要仔细检查，切不可在未检查确认无误之前通电。

① 主电路连接：按照电气控制回路原理图连接电路，输入的三相电源从多功能电源板上引入，多功能电源板自带保险和空气开关，使用继电器应用板上的交流接触器和热继电器。

② 控制电路连接：控制电路的电压是不相同的，在接线之前一定要区分开来，切不可接错。注：PLC 内部的电压是 DC24 V，在 PLC 主机板上已经接好。

在电路连接过程中，应对照电气控制回路原理图和输入、输出端子接线说明，连接完成后，一定要进行多次校对、确认。

实验完成之后，拆除电路，将器材清点无误后，放回原处，并告知指导老师检查。

3. 编写 PLC 的实验程序

实验程序参见图 4-13-2。

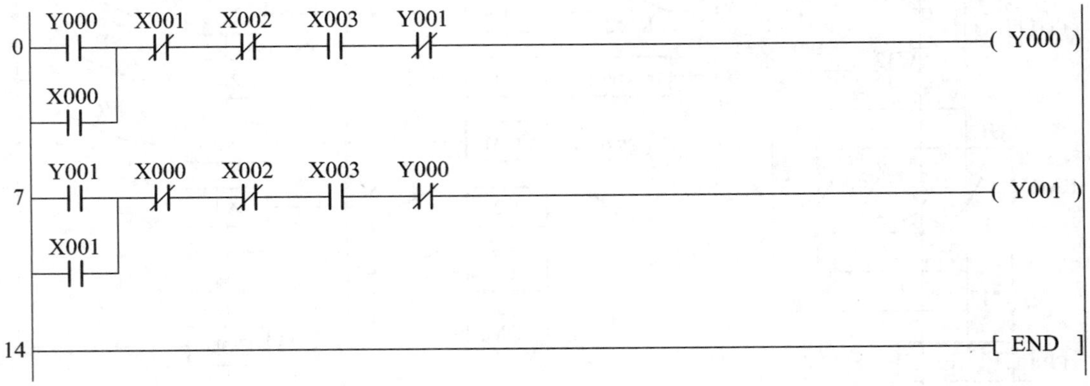

0 Y000 X001 X002 X003 Y001 (Y000)
X000
7 Y001 X000 X002 X003 Y000 (Y001)
X001
14 [END]

图 4-13-2 PLC 的实验程序

4. 程序调试及故障排除

① 先不向三相异步电动机供电，操作按钮，监测 PLC 输出指示灯是否正确点亮。若不正确，应排除故障。

② 向三相异步电动机供电，再次操作按钮，观察三相异步电动机的动作。若动作不正常，应排除故障。

五、预习思考题

1. 绘制实验中 PLC 电气控制原理系统图（三相异步电动机正反转控制）。

2. 什么是互锁控制？三相异步电动机正反转控制为什么要采用互锁控制？画出梯形图并说明

3. PLC 编程中用的中间变量主要是什么？利用它编程有什么好处？

六、注意事项

1. 由实验老师检查后才能开启电源，接通电路。在老师同意并检查通过后，才可以进行程序传送，电路连接，并要在断电的情况下才能进行拆、接线。

2. 由于三相异步电动机的工作电压为 380 V，因此在电源尤其是强电电源接通后不要用手接触三相异步电动机或实验台。

实验十四　三相异步电动机的 Y-△降压启动控制

一、实验目的

1. 进一步提高按图接线的能力。
2. 掌握电动机 Y-△换接启动主回路的接线。
3. 熟悉异步电动机 Y-△降压启动控制的运行情况和操作方法。
4. 学会用 PLC 实现电动机 Y-△换接启动过程的编程方法。

二、实验设备

三相交流电源 1 个，三相异步电动机 1 台，开关 1 个，熔断器 3 个，交流接触器 3 个，热继电器 1 个，按钮 2 个，万用表 1 块，PLC 1 台，编程器（PC 机）1 台，导线若干。

三、实验原理

图 4-14-1 所示是三相异步电动机 Y-△降压启动的典型继电器控制电路。

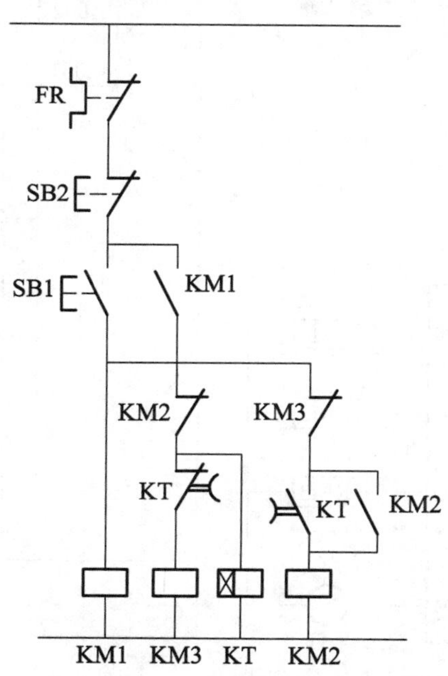

图 4-14-1　三相异步电动机 Y-△降压启动的典型继电器控制电路

1. 分析控制要求

启动时，按启动按钮 SB1，接触器 KM1、KM3 相继吸合。三相异步电动机定子绕组接成星形（降压）启动，同时延时继电器 KT 接通计时。经 10 s（启动时间整定值）后接触器 KM3 释放，KM2 吸合。为了避免 KM3 尚未释放时 KM2 就吸合而造成短路，可在 KM3 释放后再经过一级延时才使 KM2 吸合，此时电动机的定时绕组接成三角形，成正常运行。

停车时，按停止按钮 SB2，接触器 KM1、KM2 释放，电动机停转。电机热保护继电器为 FR，当电动机过载时，1002 触点断开，2000-2003 失电，电动机也停车。

2. 确定 PLC 所需的各类继电器

对各元件编号（热保护继电器作为输入控制信号），如表 4-14-1 所示。

表 4-14-1　输入/输出端口地址分配

输　入		输　出		定时器	
名称	地址	名称	地址	名称	地址
SB1	1000	KM1	2000	一级定时	8000
SB2	1001	KM2	2001	二级定时	8001
FR	1002	KM3	2002		

3. 画出 PLC 的外部输入/输出电路

画出 PLC 的外部输入/输出电路如图 4-14-2 所示。图中停止按钮 SB2 和热继电器 FR 采用常闭接法。

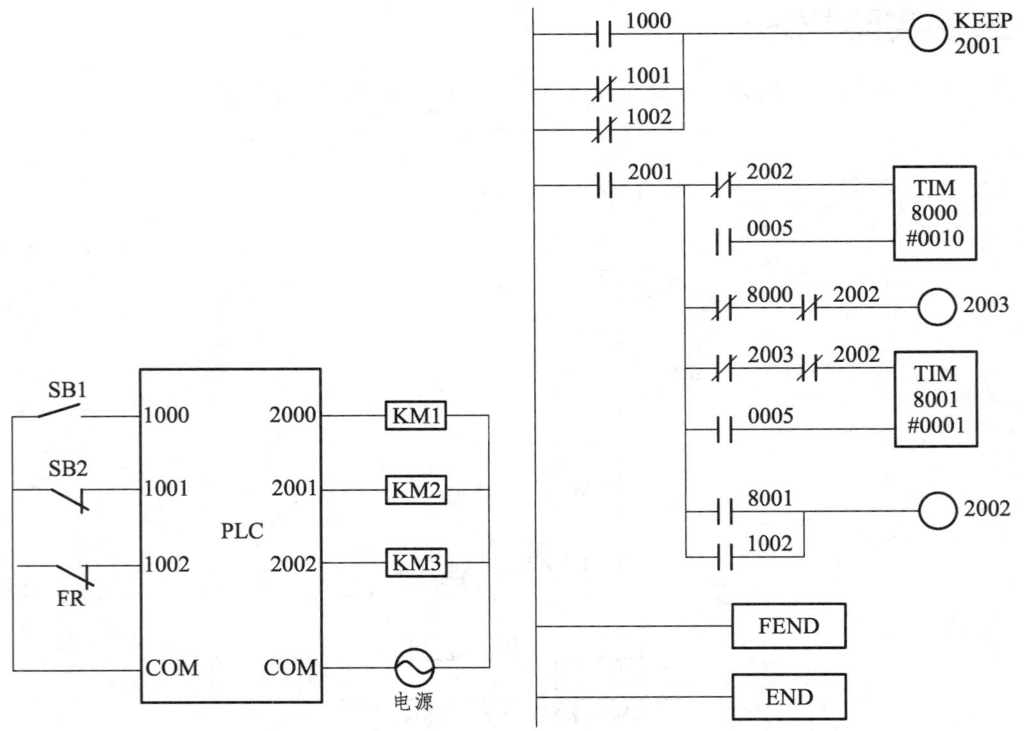

图 4-14-2　PLC 的外部输入/输出电路及梯形图

4. 编制梯形图并写出语句表

实验梯形图的参考语句表如表 4-14-2 所示。

表 4-14-2　语 句 表

步序	指令	地址/数据	说明	步序	指令	地址/数据	说明
0000	LD	1000		0012	OUT	2003	
0001	LDNT	1001		0013	LD	2003	
0002	LDNT	1002		0014	ANDNT	2002	
0003	KEEP	2001		0015	LD	0005	
0004	LD	2001		0016	TIM	8001	
0005	IL			0017	#	0001	
0006	LDNT	2002		0018	LD	8001	
0007	LD	0005		0019	OR	2002	
0008	TIM	8000		0020	OUT	2002	
0009	#	0010		0021	ILC		
0010	LDNT	8000		0022	FEND		主程序结束
0011	ANDNT	2002		0023	END		总程序结束

四、实验内容

实验电路如图 4-14-3 所示。

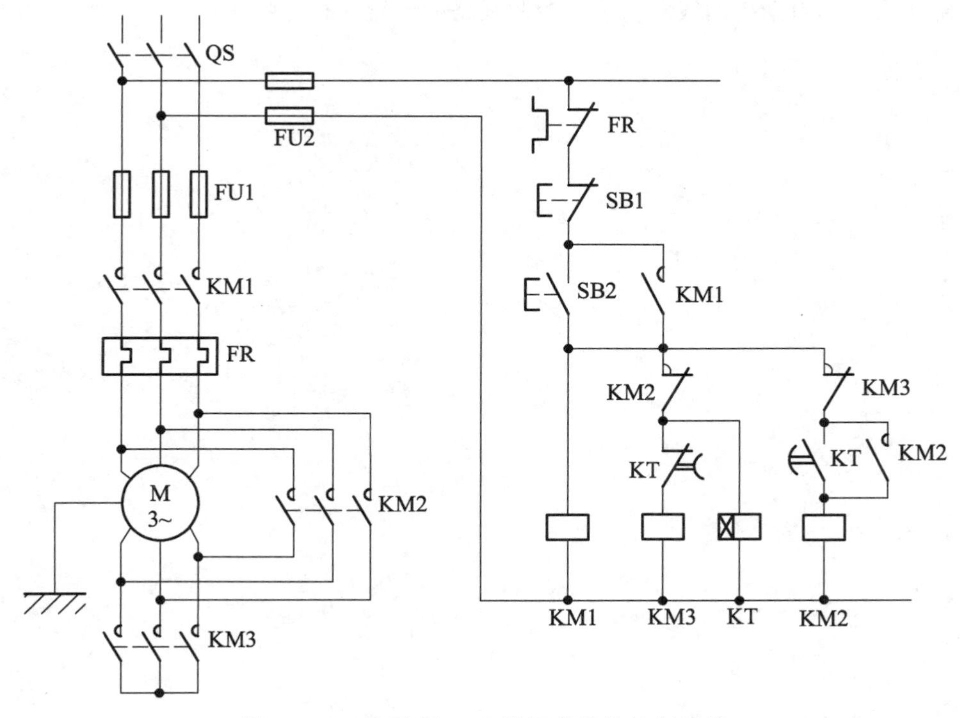

图 4-14-3　电动机 Y-△降压启动的控制线路

1. 电动机定子绕组 Y 接启动

当按下启动按钮 SB2 时，接触器 KM1 得电，配电回路中主触点闭合，使电动机定子绕组端子接通电源；同时接触器 KM3 得电，其主触点闭合，使电动机定子绕组端子短接，此时电动机定子绕组接成 Y 形，并开始启动运转。

2. 电动机定子绕组△接启动

电动机定子绕组△接线，转入正常运行，经时间继电器 KT 延时，电动机 Y 运行达到一定转速，KT 常闭触点打开，接触器 KM3 失电，其主触点断开、常闭辅助触点闭合，使接触器 KM2 得电（接触器 KM2、KM3 互锁），KM2 主触点闭合，定子绕组端子相接，此时电动机定子绕组接成△形，Y-△启动过程结束，进入正常△形运行状态。

五、实验注意事项

1. 注意安全，严禁带电操作。
2. 只有在断电的情况下，方可用万用电表欧姆挡来检查线路的接线正确与否。

六、预习思考题

1. 采用 Y-△降压启动对电动机有何要求。
2. 降压启动的自动控制线路与手动控制线路相比较，有哪些优点？

第五部分

创新型设计实验

设计一 万能转换开关控制的电动机正反转电路

一、实验目的

1. 了解万能转换开关控制电动机正反转电路的基本原理。
2. 熟悉万能转换开关控制电动机正反转电路的控制过程。
3. 掌握万能转换开关控制电动机正反转电路的接线技能。
4. 熟悉电气控制及采用线槽布线的工艺。
5. 熟悉各控制元器件的工作原理及构造。

二、实训器材

三相鼠笼式异步电动机 1 台，热继电器 1 个，交流接触器 2 个，指示灯 3 个，按钮开关 2 个，万能转换开关 1 个，熔断器 3 只，小型三相断路器 1 个，小型两相断路器 1 个，连接导线及相关工具若干。

三、实验内容

万能转换开关控制的电动机正反转电路主回路和控制回路的原理如图 5-1-1 所示。

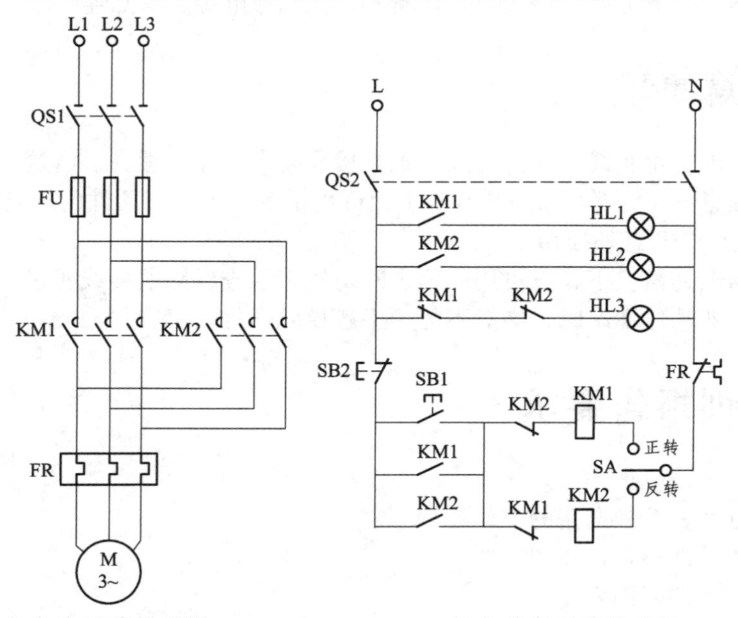

（a）主回路原理图　（b）控制回路原理图

图 5-1-1 双速电机控制电路原理图

四、工作原理

要使电动机反转，只需将引向电动机定子中的三相电源线中的任意两根导线对调一下即可。本实训中利用万能转向开关 SA 先预选正反转，然后用单个按钮控制启停。

五、实验步骤

1. 参考图 5-1-1 接线，将电动机接成△接法，经指导教师检查正确后，方可进行通电操作。
2. 先合上电源控制屏上的电源总开关，并按下电源启动按钮。
3. 合上开关 QS1、QS2，分别给主回路和控制回路供电。
4. 正转控制：

① 将万能转向开关 SA 预先打至正转控制方式位置。

② 按下启动按钮 SB1，使 KM1 线圈得电，接通主回路中 KM1 的常开主触头，正转启动电动机 M，观察并记录相关电气元件及电动机的运转情况。

③ 按下停止按钮 SB2，使 KM1 线圈失电，其主触点断开，停止电动机的运转，观察并记录相关电气元件及电动机的运转情况。

5. 反转控制：

① 将万能转向开关 SA 预先打至正转控制方式位置。

② 按下启动按钮 SB1，使 KM2 线圈得电，接通主回路中 KM1 的常开主触头，正转启动电动机 M，观察并记录相关电气元件及电动机的运转情况。

③ 按下停止按钮 SB2，使 KM2 线圈失电，其主触点断开，停止电动机的运转，观察并记录相关电气元件及电动机的运转情况。

6. 实训完毕，按下电源停止按钮，切断三相交流总电源，拆除连线。

六、注意事项

1. 接线时合理安排布线，保持走线美观，接线要求牢靠、整齐、清楚、安全可靠。
2. 操作时注意安全，严禁带电操作。不允许用手触及各电气元件的导电部分及电动机的转动部分，以免触电及意外损伤。
3. 只有在断电的情况下，方可用万用表欧姆挡来检查线路的接线正确与否。
4. 在观察电器动作情况时，绝对不能用手触摸元器件。

七、实训报告要求

1. 画出控制电路原理图。
2. 分析主电路、控制电路的工作原理。
3. 画出电气元件布置接线图。
4. 列出电气元件明细表。
5. 总结实训的目的、心得。

设计二 C6140 型普通车床的电气控制电路

一、实训目的

1. 通过普通车床控制电路的模拟安装，了解普通车床电气控制电路的结构、工作原理和安装接线方法。

2. 学会根据生产机械对电力拖动控制电路的要求进行设计，合理选择电气元件及导线，设计电器的安装布线方案，并按工艺要求进行安装、接线，进一步提高实际操作能力。

二、实训器材

电工基本工具一套。

三、工作原理

实训电路如图 5-2-1 所示。

1. 主电路分析

M1 为主轴电动机，拖动主轴的旋转并通过传动机构实现车刀的进给。电动机 M1 只需作正转，而主轴的正反转是由摩链来实现的。电动机 M1 的容量小于 10 kW，所以采用直接启动。

M2 为冷却泵电动机，进行车削加工时，刀具的温度高，需用冷却液来进行冷却。为此，车床备有一台冷却泵电动机拖动冷却泵，喷出冷却液，实现刀具的冷却。M3 为快速移动电动机。

M2、M3 的容量都很小，分别加装熔断器 FU1 和 FU2 作短路保护。热继电器 FR1 和 FR2 分别作 M1 和 M2 的过载保护，快速移动电动机 M3 是短时工作的，所以不需要过载保护。带钥匙的低压短路器 QF 是电源总开关。

2. 控制电路分析

控制电路的供电电压是 127 V，是通过控制变压器 TC 将 380 V 的电压降为 127 V 得到的。控制变压器的一次侧由 FU3 作短路保护，二次侧由 FU6 作短路保护。

注意：变压器 0 V 电压端要接地。

① 电源开关的控制：带钥匙的按钮开关（替低压短路器 QF 的行程开关是电源总开关）。

② 主轴电动机 M1 的控制：按下绿色的启动按钮 SB1，接触器 KM1 的线圈通电动作，其主触点闭合，主轴电动机启动运行。同时，KM1 动和触点（3-5）闭合，起自锁作用。另一组动合触点 KM1（9-11）闭合，为冷却泵电动机启动做准备。停车时，按下红色蘑菇形按钮 SB2，KM1 线圈断电，M1 停车；SB2 在按下后可自行锁住，要复位需要向右旋转。

③ 冷却泵电动机的控制：若车削时需要冷却，则先合上旋钮开关 SA1，在 M1 运转的情况下，KM2 线圈通电吸合，其 KM2 主触电闭合，冷却泵电动机运行。当 M1 停止时，M2 也自动停止。

④ 快速移动电动机 M3 的控制：M3 的启动是由安装在进给操作手柄顶端的按钮 SB3 来控制的，与 KM3 组成点动控制环节。将操作手柄扳到所需方向，压下 SB3，KM3 通电，M3 启动，刀架就向指定方向快速移动。

3. 照明和信号电路分析

照明电路采用 36 V 安全交流电压，信号回路采用 6.3 V 的交流电压，均由控制变压器二次侧提供。FU5 是照明电路的短路保护，照明灯 EL 的一端必须保护接地。FU4 为指示灯的短路保护，合上电源开关 QF，指示灯 HL 亮，表明控制电路有电。

四、电气控制线路的安装及调试

1. 安装用工具、仪表及器材

工具：测电笔、电工刀、剥线钳、尖嘴钳、斜口钳、螺钉旋具等。

仪表：万用表、500 V 兆欧表、钳形电流表。

器材：控制板、走线槽、各规格软线和紧固体、金属软管、编码套管等。

2. 安装步骤及工艺要求

① 配齐电气设备及元器件，并逐个检验其规格和质量是否合格。

② 按照电动机容量、线路走向及要求和各元件的安装尺寸，正确选配导线的规格、导线的通道类型和数量、接线端子板的型号及节数、控制板、管夹、束节、紧固件等。

③ 在控制板上安装电气元件，并在各电气元件附近做好与电路图上相同代号的标记。

④ 按照控制板内布线的工艺要求进行布线和套编码管。

⑤ 选择合理的导线走向，做好导线通道的支持准备，并安装控制板外部的所有电器。

⑥ 进行控制箱外部布线，并在导线头上套装与电路图相同线号的编码套管。对于可移动的导线通道应放适当的余量，使金属软管在运动时不承受拉力，并按规定在通道内放好备用导线。

⑦ 检查电路的接线是否正确和接地通道是否具有连续性。

⑧ 检查热继电器的整定值是否符合要求。各级熔断器的熔体是否符合要求。

⑨ 检查电动机的安装是否牢固，与生产机械传动装置的连接是否可靠。

⑩ 检测电动机及线路的绝缘电阻，清理安装场地。

3. 电气控制线路的调试

（1）准备

查看各电气元件上的接线是否紧固，各熔断器是否安装良好；独立安装好接地线，设备下方垫好绝缘垫，将各开关置于分断位置；插上三相电源后，按下列步骤进行机床电气操作。

（2）试运行

机床不带负载调试（空运转调试）：

① 接通电源开关，点动控制各电动机启动，观察操作对应的元件动作是否正确，各电动机的转向是否符合要求。

② 通电空转试验时，应认真观察各电气元件、线路、电动机及传动装置的工作情况。如不正常，应立即切断电源进行检查，在调整或修复后方能再次通电试车。

（3）注意事项

① 不要漏接接地线。严禁采用金属软管作为接地通道。

② 在控制箱外部进行布线时，导线必须穿在导线通道内或敷设在机床底座内的导线通道里。所有的导线不允许有接头。

③ 在导线通道内敷设的导线进行接线时，必须集中思想，做到查出一根导线，立即套上编码套管，接上再进行复检。

④ 在进行快速进给时，要注意将运动部件处于行程的中间位置，以防止运动部件与车头或尾架相撞产生设备事故。

⑤ 在安装、调试过程中，工具、仪表的使用应符合要求。

⑥ 通电操作时，必须严格遵守安全操作规程。

五、电气原理图、布置接线图

如图 5-2-1 所示。

六、实训报告要求

1. 画出控制电路原理图。
2. 分析主电路、控制电路的工作原理。
3. 画出电气元件布置接线图。
4. 列出电气元件明细表。
5. 总结实训的目的、心得。

1	2	3	4	5	6	7	8	9	10	11	12
电源保护	电源开关	主电动机	冷却泵电动机	快速移动电动机	变压器	指示灯	照明	主轴启停	快进	冷却泵	电源控制

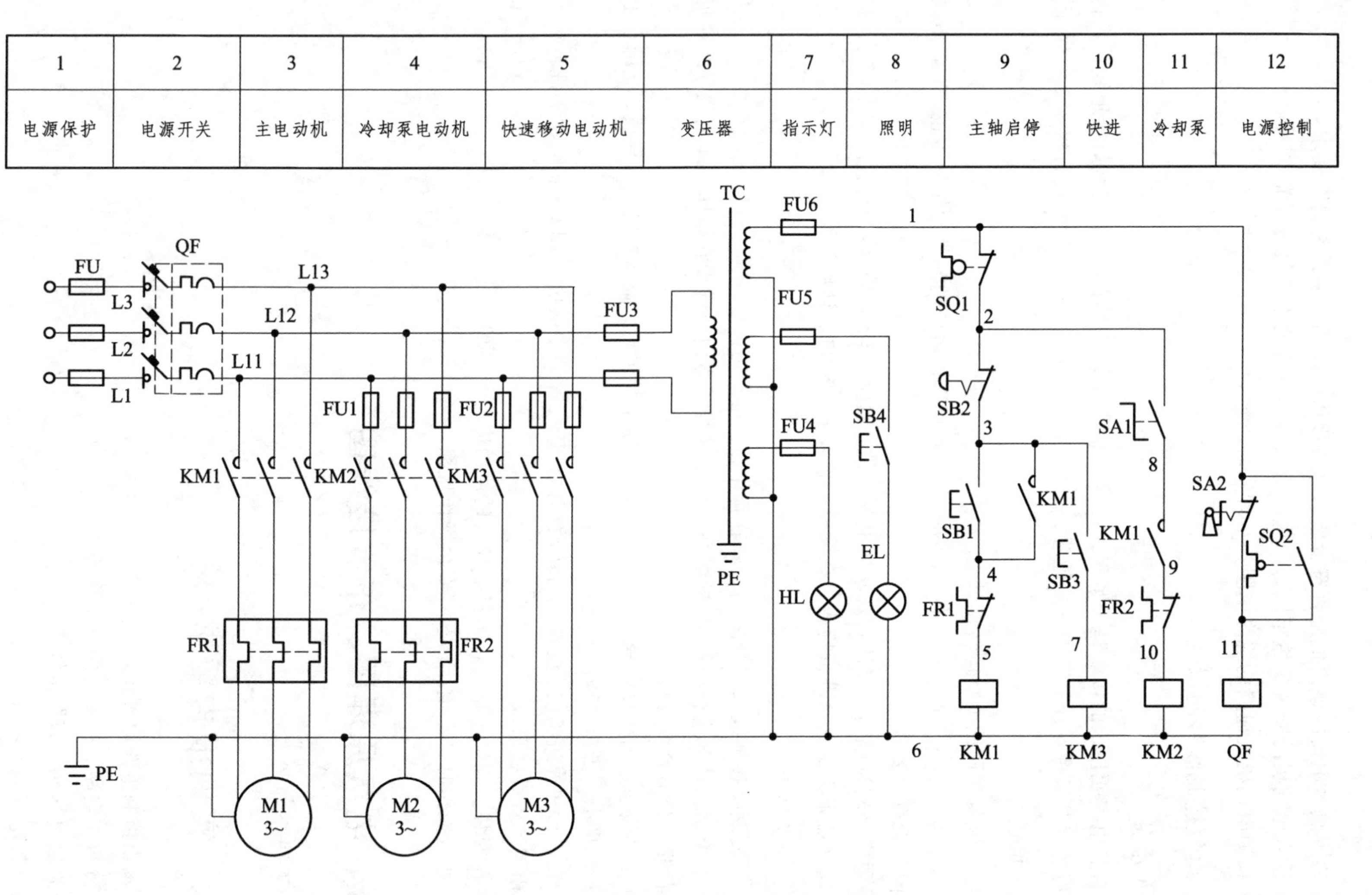

图 5-2-1　C6140 型普通车床的电气控制电路

设计三　C650 型车床的电气控制电路

C650 型车床是一种应用最广泛的金属切削车床，能够车削外圆、内圆、端面、螺纹、定型表面，并可以用钻头、铰刀等进行加工。

1. 主轴电动机 M1 采用电气正反转控制。
2. M1 容量为 20 kW，采用电气反接制动，实现快速停车。
3. 为便于对刀操作，主轴设有点动控制。
4. 采用电流表来检测电动机负载情况。

一、实验目的

1. 通过普通车床控制电路的模拟安装，了解普通车床电气控制电路的结构、工作原理和安装接线方法。
2. 学会根据生产机械对电力拖动控制电路的要求进行设计，合理选择电气元件及导线，设计电器的安装布线方案，并按工艺要求进行安装、接线，进一步提高实际操作能力。

二、实验器材

1. 材料：电流互感器 3 块，有功电能表 1 块，无功电能表 1 块，电流表 1 块，熔断器 6 只，三相漏电保护空气开关 1 只，热继电器 1 只，380 V/0.18 kW 三相电动机 1 台，各色导线若干。
2. 工具：电工基本工具一套。

三、工作原理

实训电路如图 5-3-1 所示。

1. 主轴电动机的控制

（1）主轴正反转控制

由按钮 SB2、SB3 和接触器 KM1、KM2 组成主轴电动机反转控制电路，并由接触器 KM3 主触点短接制动电阻 R，实现全压直接启动运转。

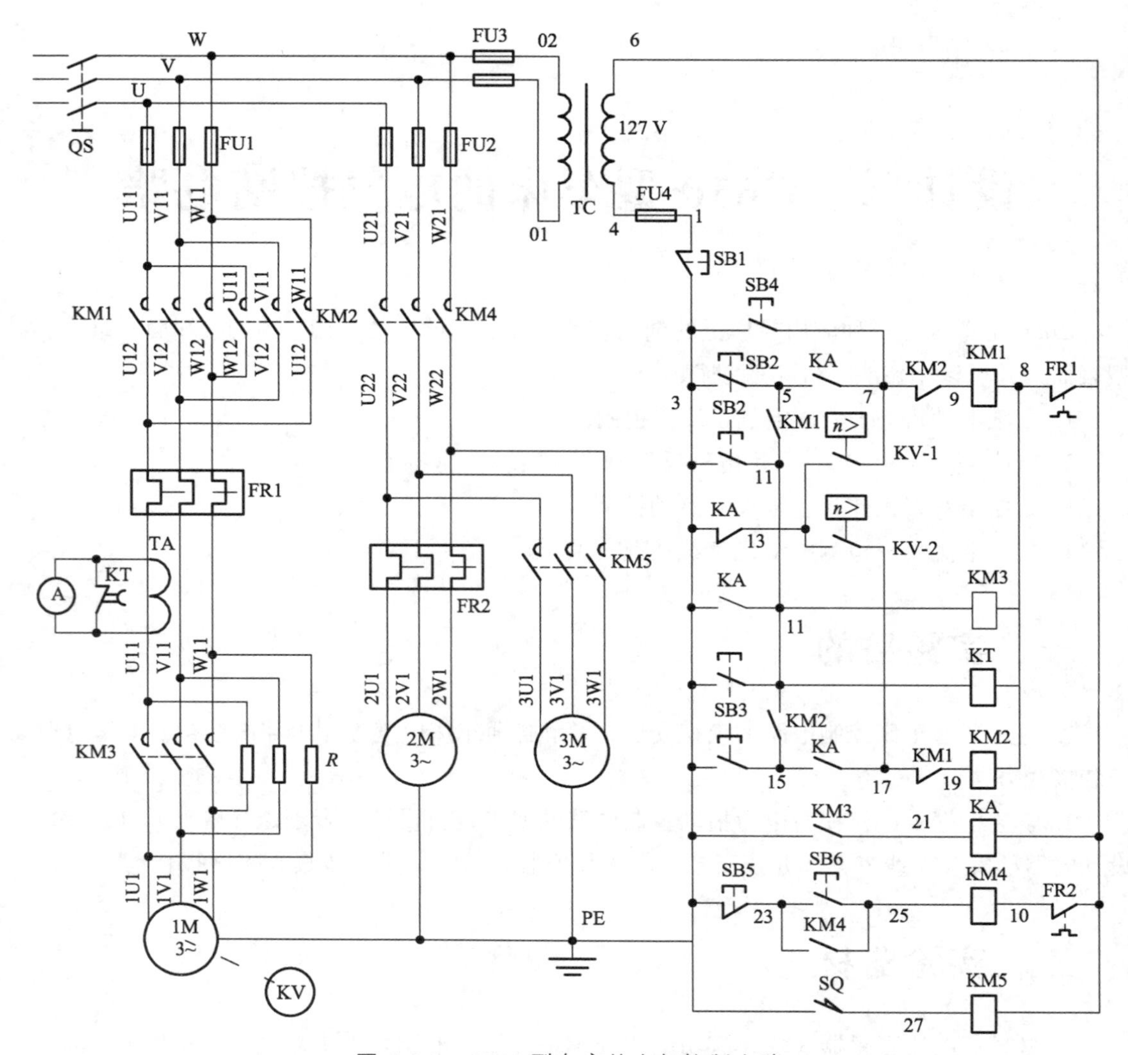

图 5-3-1　C650 型车床的电气控制电路

（2）主轴的点动控制

由主轴点动按钮 SB4 与接触器 KM1 控制，并且在主轴电动机 M1 主电路中串入电阻 *R* 减压启动和低速运转，获得单方向的低速点动，便于对刀操作。

（3）主轴电动机反接制动的停车控制

主轴停车时，由停止按钮 SB1 与正反转接触器 KM1、KM2 及反接制动接触器 KM3、速度继电器 KS，构成电动机正反转反接制动控制电路，在 KS 的控制下实现反接制动停车。

（4）主轴电动机负载检测及保护环节

C650-2 型车床采用电流表检测主轴电动机的定子电流。为防止启动电流的冲击，采用时间继电器 KT 的常闭通电延时断开触点连接在电流表的两端，为此 KT 延时就稍长于 M1 的启动时间。而当 M1 制动停车、按下停止按钮 SB2 时，KM3、KA、KT 线圈相继断电释放，KT 触点瞬时闭合，将电流表短接，使其不会受到反接制动电流的冲击。

2. 刀架快速移动的控制

当扳动刀架快速移动手柄时，压下行程开关 ST，接触器 KM5 线圈通电吸合，使 M3 电动机直接启动，拖动刀架快速移动。当将快速移动手柄扳回原位时，ST 不受压，KM5 断电释放，M3 断电停止，刀架快速移动结束。

3. 冷却泵电动机的控制

由按钮 SB2、SB6 和接触器 KM4 构成电动机单方向启动、停止电路，实现对冷却泵电动机 M2 的控制。

四、电气控制线路的安装及调试

参考 CA6140 型车床的安装与调试。

五、实训报告要求

1. 画出控制电路原理图。
2. 分析主电路、控制电路的工作原理。
3. 画出电气元件布置接线图。
4. 列出电气元件明细表。
5. 总结设计目的、心得。

设计四　物料运输系统的电气控制线路

运料小车的控制系统属于双向控制，运料小车由一台三相异步电动机拖动，电机正转，小车向右行，电机反转，小车向左行，在每一个停靠点安装一个行程开关以监视小车是否到达该站点。

一、实验目的

1. 通过物料运输小车控制电路的模拟安装，了解物料运输系统电气控制电路的结构、工作原理和安装接线方法。

2. 学会根据生产机械对电力拖动控制电路的要求进行设计，合理选择电气元件及导线，设计电器的安装布线方案，并按工艺要求进行安装、接线，进一步提高实际操作能力。

二、实验器材

1. 材料：熔断器若干，三相漏电保护空气开关 1 只，热继电器 3 只，380 V/0.18 kW 三相电动机 3 台，各色导线若干。

2. 工具：电工基本工具一套。

三、原理说明

1. 工艺流程

物料传输系统如图 5-4-1 所示，工艺流程为：运料小车在初始位置 A 准备就绪，按下启动按钮，打开进料电磁阀，物料通过料斗向运料小车上料，5 s 后关闭进料电磁阀，同时启动运料小车，运料小车从位置 A 向位置 C 运行，当其运行到位置 B 时，运料车开始减速，5 s 后启动 1 号传送带，在 1 号传送带运行 20 s 后自动启动 2 号传送带；运料车到达位置 C 停车，打开卸料电磁阀，开始卸料，10 s 后卸完料，小车从位置 C 自动返回位置 A；小车返回时经过位置 B 开始减速，同时 1 号传送带停止运行，20 s 后 2 号传送带停止运行；运料小车回到位置 A 停车后等待装料进入下一个循环，执行两次循环后小车自动停止在位置 A；如果在运行过程中操作工按下急停按钮，运料车和传送带立即停止；如果在运行过程中操作工按下停止按钮，则在当前周期完成之后，运料小车自动停止于位置 A。

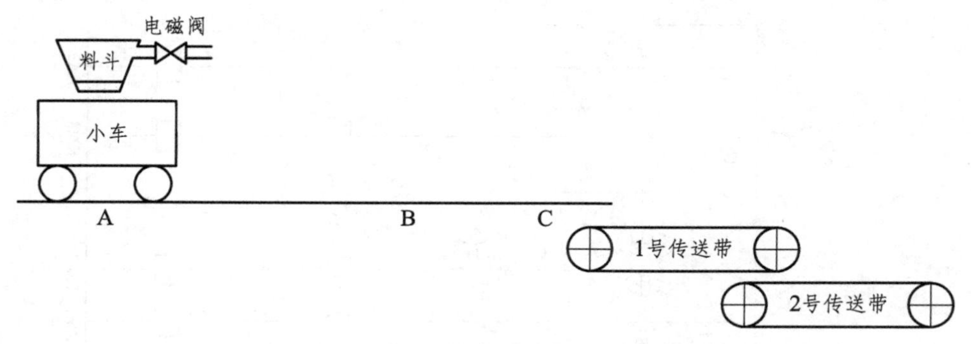

图 5-4-1　物料运输系统示意图

2. 拖动要求

① 运料小车由三相绕线式异步电动机拖动，采用转子回路串电阻（两级电阻）启动（间隔 5 s 切除 *R*）、调速（减速：间隔 5 s 增加 *R*）。

② 1、2 号传送带由三相鼠笼式异步电动机拖动，为调试方便，能够实现单独的正、反向点动。

③ 进料及卸料电磁阀为 220 V 直通式电磁阀。

④ 位置 A、B、C 三处各安装一只行程开关用于正常控制；在位置 A、C 还要设置超程保护。

3. 主回路

本系统的工作过程主要是物料装车，小车启动采用电枢回路串两级电阻启动，到 B 点时减速，并依次启动传送带 1、传送带 2，到达 C 点卸料，之后反转再次到达 A 点装料，如此往复。

电气主电路如图 5-4-2 所示。图中 QF 为空气开关，当 KM1 接通时，电动机 M1 正转，KM2 接通则 M1 反转。以此来控制小车往返运动。同理，M2 和 M3 分别控制一、二号传送带的正、反转。用接触器 KM3、KM4 的通、断来串入或切除电阻，以实现小车的启动和调速。

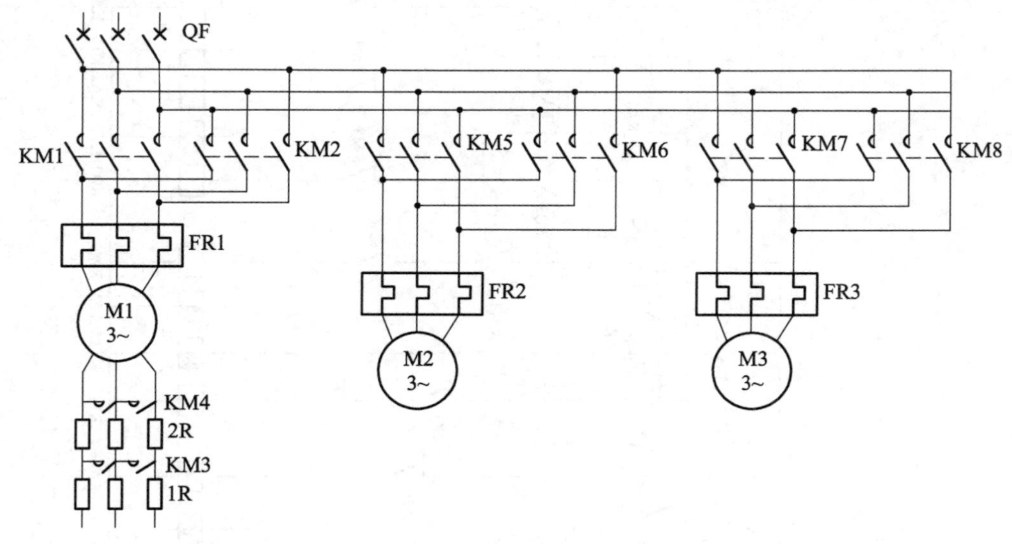

图 5-4-2　物料运输系统主回路

4. 控制回路

根据主电路及相应控制要求，可绘制出电气控制电路，如图 5-4-3 所示。

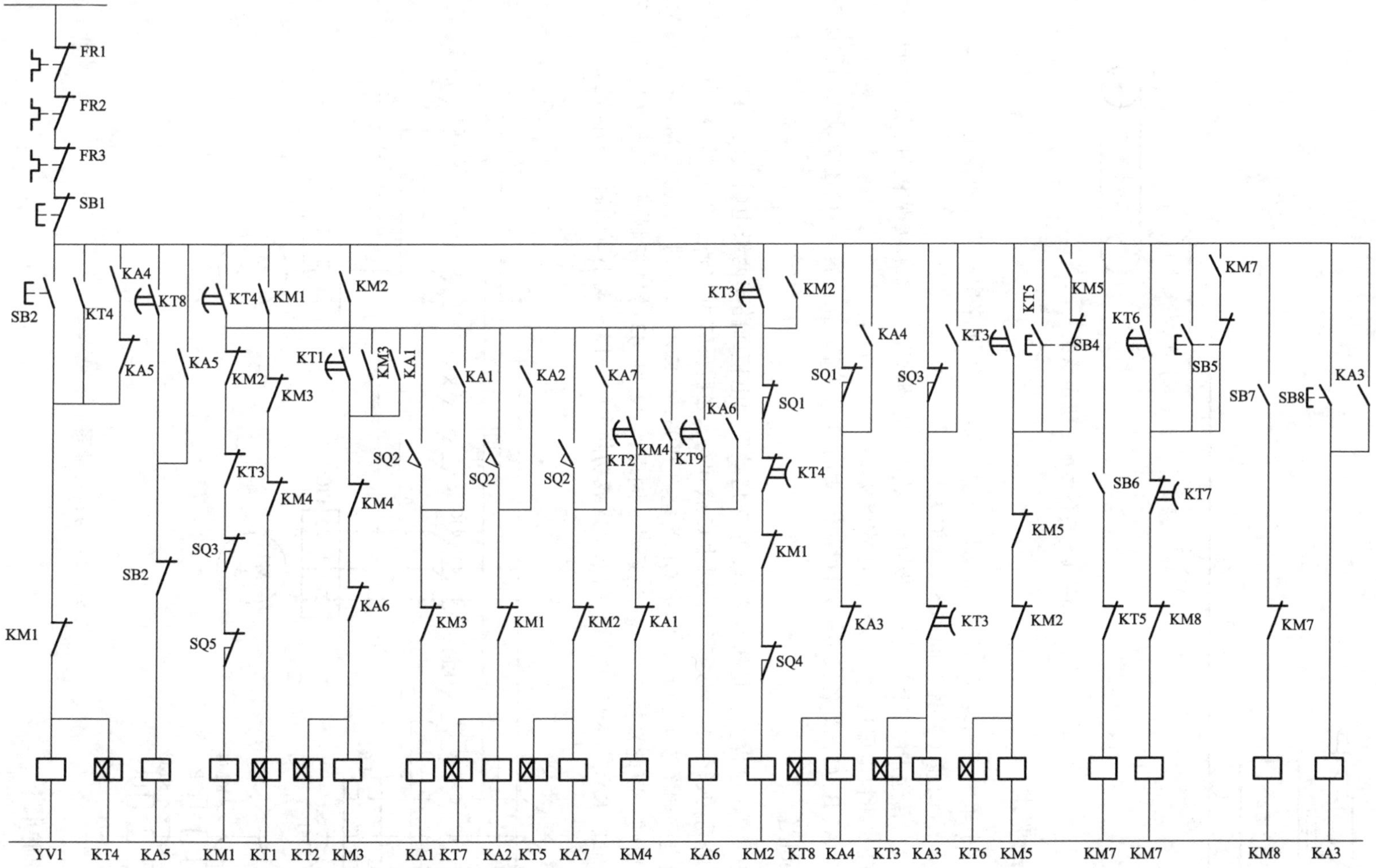

图 5-4-3　物料运输系统控制回路

四、实训报告要求

1. 画出控制电路原理图。
2. 分析主电路、控制电路的工作原理。
3. 画出电气元件布置接线图。
4. 列出电气元件明细表。
5. 总结设计目的、心得。

参考文献

[1] 胡翔骏. 电路分析[M]. 北京：高等教育出版社，2001.
[2] 董维杰，白凤仙，王宏伟等. 电路分析[M]. 北京：科学出版社，2016.
[3] 吕伟锋，董晓聪. 电路分析实验[M]. 北京：科学出版社，2010.
[4] 王超红，高德欣，王思民. 电路分析实验[M]. 北京：机械工业出版社，2015.
[5] 林育兹. 电工学实验[M]. 北京：高等教育出版社，2016.
[6] 康铁英. 电工学实验[M]. 大连：大连理工大学出版社，2008.
[7] 秦曾煌. 电工学（上册电工技术）[M]. 北京：高等教育出版社，2006.
[8] 唐介. 电工学（少学时）[M]. 北京：高等教育出版社，2005.
[9] 白雪峰，王利强，孙志诚. 电工学实验[M]. 北京：机械工业出版社，2012.
[10] 吴海燕，姜军鹏. 电子技术[M]. 北京：教育科学出版社，2014.
[11] 陈庆礼，孙秀丽. 电子技术[M]. 北京：机械工业出版社，2011.
[12] 赵桂钦. 模拟电子技术教程与实验[M]. 北京：清华大学出版社，2008.
[13] 邓延安. 模拟电子技术实验与实训教程[M]. 上海：上海交通大学出版社 2002
[14] 李长俊. 模拟电子技术学习指导实验与实训教程[M]. 北京：科学出版社，2011.
[15] 李文联，李杨，吴学军. 数字电子技术实验[M]. 西安：电子科技大学出版社，2017.
[16] 孙梯全，施琴. 数字电子技术实验[M]. 南京：东南大学出版社，2015.